北大社普通高等教育"十三五"数字化建设规划教材

U0392835

大学物理教程

（上）

主　编　杨文星　喻秋山

副主编　谢　丽　蔡昌梅　赵　明

主　审　解希顺

本书资源使用说明

北京大学出版社
PEKING UNIVERSITY PRESS

内 容 简 介

本书编者在总结多年教学经验的基础上,结合近年来在长江大学试行的研究性教学实践,同时借鉴多种同类教材的优点,编写了本书.书中涵盖了教育部颁发的 2010 年版的理工科类大学物理课程教学基本要求中的核心内容,并选取了一定数量的扩展内容,供不同专业选用.本书在保持大学物理知识体系结构完整的同时,优选了部分近代物理的内容,加强用现代观点来诠释经典物理的思想,从而体现出物理学的发展对人类认识自然所起到的基础性作用.

本书分上、下册,上册包括力学、振动和波、波动光学和热学,下册包括电磁学和近代物理.本书还配有云资源,供读者使用.

本书可作为高等学校理工科类非物理专业的"大学物理"课程教材,也可供文科相关专业选用,以及相关研究人员参阅.

图书在版编目(CIP)数据

大学物理教程. 上/杨文星,喻秋山主编. —北京:北京大学出版社,2023.1
ISBN 978-7-301-33684-7

Ⅰ. ①大… Ⅱ. ①杨… ②喻… Ⅲ. ①物理学—高等学校—教材 Ⅳ. ①O4

中国国家版本馆 CIP 数据核字(2023)第 007970 号

书　　　名	大学物理教程（上） DAXUE WULI JIAOCHENG (SHANG)
著作责任者	杨文星　喻秋山　主编
责 任 编 辑	刘　啸
标 准 书 号	ISBN 978-7-301-33684-7
出 版 发 行	北京大学出版社
地　　　址	北京市海淀区成府路 205 号　100871
网　　　址	http://www.pup.cn
电 子 邮 箱	zpup@pup.cn
新 浪 微 博	@北京大学出版社
电　　　话	邮购部 010-62752015　发行部 010-62750672　编辑部 010-62754271
印 刷 者	湖南省众鑫印务有限公司
经 销 者	新华书店
	787 毫米×1092 毫米　16 开本　14.75 印张　365 千字
	2023 年 1 月第 1 版　2024 年 12 月第 2 次印刷
定　　　价	49.80 元

前言

PREFACE

"大学物理"是高等院校理工类各专业一门非常重要的必修课,它对后续专业课程的学习有着基础性作用.然而,当前"大学物理"教学面临着诸多挑战:(1)课时被大量压缩.高校教学改革中强调提高实践课程比例,一些基础理论课程的课时被大量压缩,"大学物理"首当其冲,因此要完成原有全部授课内容面临着很大压力.(2)传统授课内容和授课方式难以激发学生的学习兴趣.一些例题、实例仍停留在理想模型而与实际问题结合较少,不少学生认为理论脱离实际,实用性差.

党的二十大报告首次将教育、科技、人才工作专门作为一个独立章节进行系统阐述和部署,明确指出:"教育、科技、人才是全面建设社会主义现代化国家的基础性、战略性支撑".这让广大教师深受鼓舞,更要勇担"为党育人,为国育才"的重任,迎来一个大有可为的新时代.为适应当前"大学物理"教学新形势,除了在教学模式和学习方式上尝试一些新的改革措施外,教学内容也亟须重新整合.本书编者在总结多年教学经验的基础上,结合近年来在长江大学试行的研究性教学实践,同时借鉴多种同类教材的优点,编写了本书.在编写过程中,编者力求做到以下几点:

(1)结构完整,逻辑清晰.虽然"大学物理"的课时被不断压缩,但本书依然努力呈现相对完整的理论知识体系架构,并以章后二维码中的思维导图对章节内容进行归纳总结,以便学生对该章知识体系进行梳理.此外,在内容安排上,本书注重逻辑顺序,以便学生充分把握物理学科的特点,认真体会物理学科的思想和方法.

(2)方法简明,难度适中.本书力求用简洁的语言将基本的物理学原理和概念讲解透彻,对重要的规律和概念尝试从多角度进行说明,以使学生充分把握规律和洞悉概念的实质.另外,本书注重整体难度的把握,回避了过于复杂的数学公式推导和概念延伸,把着力点放在物理研究的基本方法和思想上.书中对部分内容用"*"号标注,供对学习内容有不同层次要求的读者选择学习.

(3)学以致用,联系实际.本书在各章节中都列举了若干涉及基本理论的实例,以增加学生对物理学原理在实际工程技术中应用的理解.列举的实例多从实际应用问题中简化而来,并配有实际工程数据,计算结果具有较强的实际意义,以提高学生的学习兴趣.

本书由长江大学物理与光电工程学院教师共同编写而成,杨文星、喻秋山担任主编,上册由谢丽、蔡昌梅、赵明担任副主编,下册由宋明玉、鄢嫣、邹金花担任副主编.全书由东南大学解希顺教授担任主审.其中,第1~3章由谢丽负责编写;第4~5章由蔡昌梅负责编写;第6章由赵明负责编写;第7~8章由喻秋山负责编写;第9~10章由宋明玉负责编写;第11~12章由鄢嫣负责编写；第13～16章由邹金花负责编写.杨文星和喻秋山负责全书的统稿和定稿工作.长江大学物理与光电工程学院的诸位同事和武汉市常青第一中学的魏娜老师在本书的编写过程中提供了诸多建议和帮助.此外,本书在出版过程中得到了长江大学教务处、长江大学物理与光电工程学院领导的关心和支持,北京大学出版社有关工作人员也为本书的出版付出了大量的辛勤劳动,沈辉、熊诗哲、蔡晓龙、张文提供了版式和装帧设计方案,在此一并深表感谢!

由于编者水平有限,疏漏和不足之处在所难免,恳请广大同行和读者给予批评指正.

编　者

2022 年 4 月

目录
CONTENTS

第一篇　力学

💡 **第 5 章　机械波**　　　　　　　　　　　**103**

第三篇　波动光学

💡 **第 6 章　波动光学**　　　　　　　　　　　**131**

第四篇　热学

MECHANICS

第一篇

力 学

力学是一门基础学科，它不仅是物理学的基础，还是天文学、工程学、建筑学等多门学科的基础．早在几千年前，人类就已经对力学中的平衡和运动有了一定的认识，他们通过观察来获取经验，总结规律，并利用这些经验与规律创造出了绚烂繁荣的古代文明．

仰韶文化遗址中出土的文物汲水壶（见图1），不仅拥有极高的艺术价值与历史研究价值，还能反映几千年前先人们的智慧：壶底为何做成尖底？两侧的耳又有何用处？

图1 汲水壶

事实上，古人用绳子系于汲水壶两侧的耳中，当壶未装水时，由于壶上大下小，壶的重心位于形态学上壶两耳的上侧，此时壶口朝下，方便古人将壶口浸没至水中．水顺利涌入后，壶中水量渐渐增多，达到一定量时，壶及壶中水整体的重心便移至形态学上壶两耳的下侧，之后壶口便逐渐翻转朝上，直至汲水壶装满水．最后拉着绳子将壶提起，壶口会稳定地朝上，不会让水洒出．或许古人并未将经验总结为完备的理论知识，但他们却将力学知识运用到了寻常生活的方方面面．

时至今日，小到一家一户的房屋，大到三峡的发电站，近到马路上的自行车，远到外太空的航天器，处处涉及力学．生活中各种建筑、机械、工具的设计也离不开力学．我们可以预见，力学在未来仍有极大的发展潜力．

力学是一门研究物体机械运动规律的学科，大体可分为静力学 (statics)、运动学 (kinematics) 和动力学 (dynamics) 三部分．静力学主要研究物体在受力平衡时的规律；运动学主要研究物体本身的运动规律，不考虑物体所受作用力；动力学主要研究作用于物体的力与物体运动的关系．本篇主要涉及运动学与动力学．千里之行，始于足下，学习力学篇内容后，我们将对运动与力有一个最基础的认识，而对于"为何水壶会上下翻转"也能脱离直觉性的判断，做出更为科学的解答．

第1章

质点运动学

宇宙中的一切物质都在不间断地运动. 从原子内部的微小粒子到遥远的星系, 无论大小, 它们都在运动着. 世界上的事物千姿百态, 人们认识物质, 也必须认识物质的运动形式. 在物质的各种运动形式中, 最简单、最普遍的一种是机械运动, 它是指一个物体相对于其他物体位置的变化. 地球的转动、火车的运动、弹簧的伸长和压缩等都是机械运动. 本章在引入质点、参考系、坐标系这些概念的基础上, 介绍确定质点位置的方法以及描述质点运动的重要物理量, 继而阐述物体运动的相对性.

■ 1.1 质点 参考系 坐标系

1.1.1 质点

本章我们研究的运动仅限于机械运动. 机械运动是我们日常生活中最熟悉的一种运动. 物体之间或物体各部分之间相对位置的变化, 就叫作机械运动 (mechanical motion). 为了研究物体的机械运动, 我们不仅要引入描述物体运动的方法, 还需要对复杂的物体运动进行科学合理的抽象化处理, 提出物理模型, 以便突出主要矛盾, 简化问题.

自然界中的物体无一例外都有大小、质量和内部结构. 一般来说, 物体不同部位受力的大小、方向与发生的机械运动往往千变万化. 如果我们想要研究一辆汽车从北京到上海的受力与运动情况, 显然车轮、车窗与车门是不能一概而论的, 各个部分具体的受力与运动情况也无法进行精确的描述.

汽车本身各部位之间的位置变化对研究从北京到上海的过程无明显影响. 汽车及车体各部分的运动, 都属于机械运动. 但为了研究 "从北京到上海" 这一运动, 我们需要忽略车轮转动、车门开关、车窗升降、车头车尾间距等无关条件, 而采用 "科学合理的抽象化处理", 将汽车近似地看作一个有质量而无体积的点.

推而广之, 在物体的形状对研究的过程本身无影响或影响很小, 以至于可以忽略不计时, 我们可以近似地把该物体看作一个只具有质量, 而其形状、体积可以忽略不计的点.

这个用来表示物体的有质量的点即为质点（particle）.它是一种理想化的模型,现实世界中并不存在.

一般来说,可看作质点的物体只是相对于所研究的运动过程较小,不一定是真的小.例如,研究地球绕太阳公转这一运动时,因为地球半径（约为 6 370 km）远小于地球到太阳的距离（约为 1.50×10^8 km）,所以地球上各点相对于太阳的运动就可以看作是相同的.在这种情况下,我们可以不计大小与形状,把地球当作一个质点.

当然,若要研究地球的自转,则不能继续将地球看作一个质点.在面对实际问题时,我们要根据具体问题来决定研究对象是否能看作质点.当研究的对象（一个或多个物体）本身比较复杂,无法当作质点处理时,我们可以将其分割,看作是由许多质点组合在一起构成的质点系.弄清楚质点系中每一个质点的运动,即可明白物体整体的运动.

1.1.2 参考系和坐标系

自然界中,运动是绝对的,而静止是相对的,任何物体都在永不停歇地运动.想要研究一个物体的运动情况,需要假定一个静止的参照物,与参照物固定在一起并连通着的整片空间,我们称作**参考系**（reference frame）.

我国古代对于运动和静止的相对性有很深的认识.葛洪的《抱朴子·内篇·塞难》中有"见游云西行,而谓月之东驰."通常来说,我们会认为明月是静止的,而游云飘动.抱朴子却认识到,若将游云视为静止,则明月相对而言在飞速运动.

"两岸青山相对出,孤帆一片日边来"也是同理.选取不同的参考系,物体的运动状况也会不同.选取漂流中的小船为参考系,船上乘客便是静止的,远处青山是运动的;选取青山为参考系,乘客与船则是运动的.这便是选取了不同参考系的效果.

虽然参考系可以自由选取,但为了方便观察与理解,以及对物体运动形式进行描述,在研究地球上物体的运动时,我们一般以地面,也就是地球作为参考系,将地球看作静止不动的物体.而在研究地球绕太阳的转动时,就把太阳作为参考系,将其看作静止不动的物体.

想要更加方便与准确地描述物体的运动,在建立参考系后,往往还需要建立适当的**坐标系**（coordinate system）,用以定量描述物体的位置及其变化.在参考系中,为确定空间一点的位置,按规定方法选取的有次序的一组数据,就叫作**坐标**（coordinate）.在某一问题中规定坐标的方法,就是该问题所用的坐标系.

坐标系的种类很多,常用的坐标系有直角坐标系、极坐标系、柱面坐标系（柱坐标系）和球面坐标系（球坐标系）等.坐标系实质上是对实物构成的参考系的数学抽象,在讨论运动的一般性问题时,人们往往给出坐标系而不必具体限定它所参照的物体.

思考题

1.一个物体能否被看作质点取决于什么?

2.当我们坐在美丽的校园内,学习毛泽东的诗句"坐地日行八万里,巡天遥看一千河"时,感觉自己是静止不动的,这与诗句里的描述是否矛盾?请说明理由.

1.2 描述质点运动的物理量

在参照物上建立坐标系,能够定量地描述质点相对于参照物的运动.生活中最显而易懂的坐标系就是直角坐标系,运动质点相对参照物的位置,都可以用该点的三个坐标值来表示.本节中,我们介绍质点运动参量在直角坐标系中的表达式.

1.2.1 位置矢量

质点运动的典型特征是质点的空间位置会随时间变动,于是我们自然会想到用质点的空间位置去描述质点的运动.我们知道,质点在某一时刻的位置,需要包含质点相对原点的距离和方位这两个信息.在数学上,矢量恰能同时提供距离和方位这两个信息,因此在运动学中,我们借用矢量的概念去描述质点的位置,并称这样的矢量为位置矢量(position vector),简称位矢.

位矢是从原点指向质点所在位置的有向线段,用矢量 $\boldsymbol{r}$ 表示,如图 1-1 所示.我们以原点 O 为参考点建立空间直角坐标系,$\boldsymbol{r}$ 是 P 点在这个坐标系中的位矢,表示为由 O 点指向 P 点的有向线段.

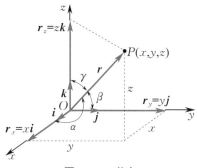

图 1-1 位矢

与数学中的矢量相同,设 P 点的坐标为 (x,y,z),则 x,y,z 为 $\boldsymbol{r}$ 沿坐标轴的三个分量.同时,位矢的大小可表示为

$$r = |\boldsymbol{r}| = \sqrt{x^2 + y^2 + z^2}, \tag{1-1}$$

其中 x,y,z 也是位矢 $\boldsymbol{r}$ 分别在 x 轴、y 轴、z 轴上的投影.

若分别引入 x 轴、y 轴、z 轴正方向上的单位矢量 $\boldsymbol{i},\boldsymbol{j},\boldsymbol{k}$,则 $x\boldsymbol{i},y\boldsymbol{j},z\boldsymbol{k}$ 分别表示 $\boldsymbol{r}$ 在该坐标系中的各个分矢量,即

$$\boldsymbol{r} = x\boldsymbol{i} + y\boldsymbol{j} + z\boldsymbol{k}. \tag{1-2}$$

位矢的方向余弦分别为

$$\cos \alpha = \frac{x}{r}, \tag{1-3}$$

$$\cos \beta = \frac{y}{r}, \tag{1-4}$$

$$\cos \gamma = \frac{z}{r}. \tag{1-5}$$

1.2.2 位移

如图 1-2 所示，一质点沿曲线运动，弧 $\overset{\frown}{AB}$ 为其运动轨迹中的一部分. 设该质点于 t 时刻在 A 点，于 $t+\Delta t$ 时刻到达 B 点，A，B 两点位置分别用位矢 $\boldsymbol{r}_A$，$\boldsymbol{r}_B$ 来表示. 在 Δt 时间内，该质点的位置变化可用从 A 点到 B 点的有向线段 $\overrightarrow{AB}$ 来表示，$\overrightarrow{AB}$ 称为质点的位移矢量，简称位移（displacement）. 位移 $\overrightarrow{AB}$ 除了表明 A 点与 B 点间的距离外，还表明了 B 点相对于 A 点的方位. 位移是矢量，它的运算遵守矢量运算的平行四边形法则或三角形法则，即

$$\overrightarrow{AB} = \Delta \boldsymbol{r} = \boldsymbol{r}_B - \boldsymbol{r}_A. \tag{1-6}$$

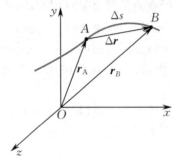

图 1-2　位移

因为位矢往往是时间的函数，所以有

$$\Delta \boldsymbol{r} = \boldsymbol{r}(t + \Delta t) - \boldsymbol{r}(t). \tag{1-7}$$

在直角坐标系 $Oxyz$ 中，位移可表示为

$$\Delta \boldsymbol{r} = (x_B - x_A)\boldsymbol{i} + (y_B - y_A)\boldsymbol{j} + (z_B - z_A)\boldsymbol{k} = \Delta x\boldsymbol{i} + \Delta y\boldsymbol{j} + \Delta z\boldsymbol{k}. \tag{1-8}$$

位移的大小为

$$|\Delta \boldsymbol{r}| = \sqrt{(x_B - x_A)^2 + (y_B - y_A)^2 + (z_B - z_A)^2}. \tag{1-9}$$

位移的大小只能记作 $|\Delta \boldsymbol{r}|$，不能记作 Δr. 通常 Δr 表示位矢的大小的增量，即 $\Delta r = |\boldsymbol{r}_B| - |\boldsymbol{r}_A|$. 而 $|\Delta \boldsymbol{r}|$ 则是位矢增量的大小（位移的大小），通常情况下，$|\Delta \boldsymbol{r}| \neq \Delta r$. 必须注意，位移表示质点位置的改变，并非质点所经历的路程. 如图 1-2 所示，路程是标量，即弧 $\overset{\frown}{AB}$ 的长度，记作 Δs. 一般来说，$|\Delta \boldsymbol{r}| \neq \Delta s$. 显然，当 $\Delta t \to 0$ 时，有 $\lim\limits_{\Delta t \to 0}|\Delta \boldsymbol{r}| = |\mathrm{d}\boldsymbol{r}| = \lim\limits_{\Delta t \to 0}\Delta s = \mathrm{d}s$. 应当指出，即使在 $\Delta t \to 0$ 时，通常情况下，依然有 $|\mathrm{d}\boldsymbol{r}| \neq \mathrm{d}r$.

1.2.3 速度

1. 平均速度

不同的质点发生同样的位移，用时一般不同；不同的质点在相同的时间内发生的位移也会有所不同. 换句话说，质点位置的变化有快慢之分. 我们用平均速度（average velocity）来描述一段时间内运动质点位置变化的快慢. 平均速度表示位移随时间的平均变化率.

设质点在 Δt 时间内的位移为 $\Delta \boldsymbol{r}$，它的平均速度即为

$$\bar{\boldsymbol{v}} = \frac{\Delta \boldsymbol{r}}{\Delta t}. \tag{1-10}$$

平均速度是矢量，其方向与位移 $\Delta \boldsymbol{r}$ 的方向相同.

2. 瞬时速度

平均速度仅能笼统反映质点位置变化的快慢,并不能精细刻画质点运动快慢的详情.例如,甲、乙两名同学,用同样的时间从教室到食堂.甲同学先是慢悠悠地走一阵,然后跑步冲进食堂;而乙同学是先跑一阵子,然后慢悠悠地走进食堂.两者的平均速度相同,但这是两种不同的运动.

因此,我们还得建立一个物理量,它可以把对运动快慢的描述精确到特定的时刻,我们把这个物理量称为瞬时速度(instantaneous velocity).显然,观察时间越短,平均速度反映的运动情况越精细.由图 1-2 可知,在 A 点附近,时间间隔 Δt 取得越小,质点的平均速度就越接近于 t 时刻它在 A 点的瞬时速度.当时间间隔 $\Delta t \to 0$ 时,质点平均速度的极限即为瞬时速度:

$$\boldsymbol{v} = \lim_{\Delta t \to 0} \frac{\Delta \boldsymbol{r}}{\Delta t} = \frac{\mathrm{d}\boldsymbol{r}}{\mathrm{d}t}. \tag{1-11}$$

式(1-11)表明,质点在 t 时刻的瞬时速度等于其位矢 $\boldsymbol{r}$ 对时间的一阶导数,这个导数是矢量导数,它仍然是一个矢量.从瞬时速度的定义式(1-11)可知,t 时刻质点瞬时速度 $\boldsymbol{v}$ 的方向就是当 $\Delta t \to 0$ 时平均速度 $\bar{\boldsymbol{v}}$ 或位移 $\Delta \boldsymbol{r}$ 的极限方向.当图 1-2 中的 B 点无限趋近于 A 点时,质点位移的方向趋近于图中质点运动轨迹曲线在 A 点的切线方向.因此,质点沿曲线运动时,瞬时速度沿轨迹的切线方向.这一点在日常生活中比较常见,如转动雨伞时,水滴将沿着轨迹的切线方向离开雨伞.

当 $\Delta t \to 0$ 时,我们可以得到质点运动的瞬时速率为

$$v = \lim_{\Delta t \to 0} \frac{\Delta s}{\Delta t} = \frac{\mathrm{d}s}{\mathrm{d}t} = \frac{|\mathrm{d}\boldsymbol{r}|}{\mathrm{d}t} = |\boldsymbol{v}|, \tag{1-12}$$

即瞬时速率就是瞬时速度的大小,它反映了质点运动的快慢程度.

在直角坐标系中,瞬时速度可以表示成

$$\boldsymbol{v} = \frac{\mathrm{d}\boldsymbol{r}}{\mathrm{d}t} = \frac{\mathrm{d}x}{\mathrm{d}t}\boldsymbol{i} + \frac{\mathrm{d}y}{\mathrm{d}t}\boldsymbol{j} + \frac{\mathrm{d}z}{\mathrm{d}t}\boldsymbol{k} = v_x\boldsymbol{i} + v_y\boldsymbol{j} + v_z\boldsymbol{k}, \tag{1-13}$$

其大小为

$$v = |\boldsymbol{v}| = \sqrt{v_x^2 + v_y^2 + v_z^2}. \tag{1-14}$$

瞬时速度一般简称为速度,瞬时速率一般简称为速率,在国际单位制(SI)中,速度和速率的单位均为米每秒(m/s).

1.2.4　加速度

1. 平均加速度

运动质点在一段时间内的速度变化量与这段时间的比值,叫作这段时间内质点的平均加速度(average acceleration).

如图 1-3 所示,设质点在 Δt 时间内由 A 点运动到 B 点,速度由 $\boldsymbol{v}_A$ 变为 $\boldsymbol{v}_B$,则 Δt 时间内质点的平均加速度为

$$\bar{\boldsymbol{a}} = \frac{\boldsymbol{v}_B - \boldsymbol{v}_A}{\Delta t} = \frac{\Delta \boldsymbol{v}}{\Delta t}. \tag{1-15}$$

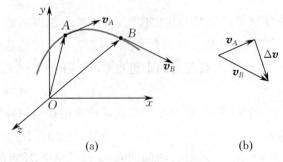

图 1-3 速度的增量

2. 瞬时加速度

瞬时加速度（instantaneous acceleration）是表征速度变化快慢的物理量. 和平均速度所面临的问题类似,平均加速度不能精细刻画瞬时速度变化的快慢情况. 为了将速度变化快慢的描述精确到特定的时刻,我们进一步引入瞬时加速度的概念,即对平均加速度取极限,可得瞬时加速度,简称加速度,即

$$\boldsymbol{a} = \lim_{\Delta t \to 0} \frac{\Delta \boldsymbol{v}}{\Delta t} = \frac{\mathrm{d}\boldsymbol{v}}{\mathrm{d}t} = \frac{\mathrm{d}^2 \boldsymbol{r}}{\mathrm{d}t^2}. \tag{1-16}$$

在直角坐标系中,加速度沿三个坐标轴的分量分别为

$$\begin{cases} a_x = \dfrac{\mathrm{d}v_x}{\mathrm{d}t} = \dfrac{\mathrm{d}^2 x}{\mathrm{d}t^2}, \\[2mm] a_y = \dfrac{\mathrm{d}v_y}{\mathrm{d}t} = \dfrac{\mathrm{d}^2 y}{\mathrm{d}t^2}, \\[2mm] a_z = \dfrac{\mathrm{d}v_z}{\mathrm{d}t} = \dfrac{\mathrm{d}^2 z}{\mathrm{d}t^2}. \end{cases} \tag{1-17}$$

加速度的大小为

$$a = |\boldsymbol{a}| = \sqrt{a_x^2 + a_y^2 + a_z^2}. \tag{1-18}$$

加速度 $\boldsymbol{a}$ 的方向可用其方向余弦表示.

从以上讨论可知,质点的运动方程(质点位矢随时间的变化关系)$\boldsymbol{r} = \boldsymbol{r}(t)$ 是描述质点运动的核心. 一旦知道了质点的运动方程,我们就可以知道任一时刻运动质点所在的位置、速度以及加速度. 在质点运动学中,位矢和速度是反映质点运动状态的量,称为**运动状态量**;加速度是反映质点运动状态变化的量,称为**状态变化量**.

一般可以把质点运动学所研究的问题分为两类:

(1)已知质点运动方程,求质点在任一时刻的速度和加速度. 求解这一类问题的基本方法是求导.

(2)已知运动质点的加速度或速度随时间变化的关系,根据初始条件($t = 0$时刻质点所处的位置和速度),求质点在任一时刻的运动方程和速度. 求解这一类问题的基本方法是积分.

下面将用具体的例子来说明以上两类问题的解决方法.

例 1-1　如图 1-4 所示,河岸上有人在高 h 处通过定滑轮以速率 v_0 收绳拉船靠岸. 求船在距离岸边 x 处的速度和加速度.

解 建立如图 1-4 所示的坐标系,设小船到岸边的距离为 x,绳子的长度为 l,则有

$$l^2 = h^2 + x^2.\qquad ①$$

由式 ① 可得

$$x = \sqrt{l^2 - h^2}.\qquad ②$$

式 ② 可以看作小船的运动方程,其中 l 是 t 的函数,故小船的速度为

$$v = \frac{\mathrm{d}x}{\mathrm{d}t} = \frac{\mathrm{d}x}{\mathrm{d}l} \cdot \frac{\mathrm{d}l}{\mathrm{d}t} = \frac{l}{x} \cdot (-v_0) = -\frac{\sqrt{x^2 + h^2}}{x} v_0.\qquad ③$$

在式 ③ 的推导中用到了 $\frac{\mathrm{d}l}{\mathrm{d}t} = -v_0$,其中负号表示绳子的长度在缩短.

小船的加速度为

$$a = \frac{\mathrm{d}v}{\mathrm{d}t} = \frac{\mathrm{d}\left(-\dfrac{l}{x} \cdot v_0\right)}{\mathrm{d}t} = -v_0 \frac{x^2 - l^2}{lx^2} \cdot v = -\frac{h^2 v_0^2}{x^3}.$$

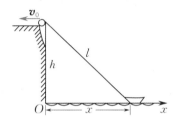

图 1-4 例 1-1 图

上面的求解过程比较烦琐,如果把式 ① 看作运动方程的隐式,用隐函数求导的方法求速度和加速度会简便一些.将式 ① 两边同时对时间 t 求导可得

$$2l \frac{\mathrm{d}l}{\mathrm{d}t} = 2x \frac{\mathrm{d}x}{\mathrm{d}t}.\qquad ④$$

注意式 ④ 中 $\frac{\mathrm{d}l}{\mathrm{d}t} = -v_0$,$\frac{\mathrm{d}x}{\mathrm{d}t} = v$,故有

$$-lv_0 = xv,\qquad ⑤$$

解得

$$v = -\frac{lv_0}{x} = -\frac{\sqrt{x^2 + h^2}}{x} v_0.$$

再将式 ⑤ 两边同时对时间 t 求导可得

$$-\frac{\mathrm{d}l}{\mathrm{d}t} v_0 = \frac{\mathrm{d}x}{\mathrm{d}t} v + x \frac{\mathrm{d}v}{\mathrm{d}t},$$

其中 $\frac{\mathrm{d}v}{\mathrm{d}t} = a$ 为船的加速度,故有

$$v_0^2 = v^2 + xa,$$

解得

$$a = \frac{v_0^2 - v^2}{x} = -\frac{h^2 v_0^2}{x^3}.\qquad ⑥$$

由式 ③ 和 ⑥ 可知,船的速度和加速度沿 x 轴负方向,船做变加速直线运动,且小船的速度

和加速度随着到岸边距离 x 的减小而增大.

例 1 - 2 一质点沿 x 轴做直线运动,已知其加速度为 $a = 3 + 4x$(其中 a 的单位为 m/s^2,x 的单位为 m),初始条件为 $t = 0$ 时,$x_0 = 0$,$v_0 = 0$,求质点的速度.

解 由已知条件及加速度的定义可得

$$a = \frac{\mathrm{d}v}{\mathrm{d}t} = \frac{\mathrm{d}v}{\mathrm{d}x} \cdot \frac{\mathrm{d}x}{\mathrm{d}t} = v\frac{\mathrm{d}v}{\mathrm{d}x} = 3 + 4x,$$

即

$$v\mathrm{d}v = (3 + 4x)\mathrm{d}x.$$

上式两边分别积分得

$$\int_0^v v\mathrm{d}v = \int_0^x (3 + 4x)\mathrm{d}x,$$

即

$$\frac{1}{2}v^2 = 3x + 2x^2,$$

由此得质点的速度为

$$v = \sqrt{6x + 4x^2}.$$

思考题

1. 速度和速率有何区别?有人说:"一辆汽车的速度最大可达 120 km/h,它的速率为向东 75 km/h." 你觉得这种说法有何不妥?

2. 当质点在 Oxy 平面内运动时,试列出其位矢、位移、速度和加速度等矢量的分量表达式. 由此如何计算这些量的大小和方向?

1.3 自然坐标系下的速度和加速度

在研究平面曲线运动时,有时也采用自然坐标系(natural coordinate system). 如图 1-5 所

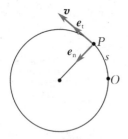

图 1 - 5 自然坐标系

示,在质点运动轨迹上任取一个点作为自然坐标系的原点 O,在运动质点上沿轨迹的切线方向和法线方向建立两个相互垂直的坐标轴. 切向坐标轴的方向指向质点前进的方向,其单位矢量用 e_t 表示;法向坐标轴的方向指向曲线的凹侧,其单位矢量用 e_n 表示. 运动质点在轨迹上某一点的坐标用距离原点 O 的路程 s 表示,则运动质点的位置坐标随时间 t 的变化规律可表示为

$$s = s(t). \tag{1-19}$$

式(1-19)即为运动质点在自然坐标系中的运动方程.

因为质点运动的速度总是沿着轨迹切线方向,所以在自然坐标系中质点的速度可以表示为

$$\boldsymbol{v} = v\boldsymbol{e}_t = \frac{\mathrm{d}s}{\mathrm{d}t}\boldsymbol{e}_t. \tag{1-20}$$

加速度 $\boldsymbol{a}$ 可由式(1-20)对时间求导得出. 应该注意,式(1-20)中不仅速率 v 是变量,由于轨迹

上各点的切线方向不同,切向单位矢量 e_t 也是变量. 设在 dt 时间内,e_t 的增量为 de_t,则由加速度的定义可得

$$a = \frac{d\boldsymbol{v}}{dt} = \frac{d(v\boldsymbol{e}_t)}{dt} = \frac{dv}{dt}\boldsymbol{e}_t + v\frac{d\boldsymbol{e}_t}{dt}. \tag{1-21}$$

式(1-21)中右端第一项 $\frac{dv}{dt}\boldsymbol{e}_t$ 的大小为质点速率的变化率,其方向指向曲线的切线方向,称为切向加速度,用 $\boldsymbol{a}_t$ 表示,即

$$\boldsymbol{a}_t = \frac{dv}{dt}\boldsymbol{e}_t = \frac{d^2s}{dt^2}\boldsymbol{e}_t.$$

下面讨论式(1-21)中右端第二项 $v\frac{d\boldsymbol{e}_t}{dt}$. 如图 1-6(a)所示,质点在 Δt 时间内沿曲线经历的路程为一段弧线 Δs,A 点处的曲率半径为 ρ,相应的曲率中心为 C. 当时间间隔很小时,Δs 可以看成半径为 ρ 的一段圆弧长度. 单位矢量 e_t 在 t 到 $t+\Delta t$ 时间内的增量为 $\Delta e_t = e'_t - e_t$,如图 1-6(b)所示. 因为 $\Delta t \to 0$ 时,$\Delta\theta \to 0$,所以有 $|\Delta e_t| = |e_t| \cdot \Delta\theta$,此时 Δe_t 的方向趋向于 e_t 的垂直方向,即 e_n 的方向. 以上的分析用数学公式可以表示为

$$\frac{d\boldsymbol{e}_t}{dt} = \lim_{\Delta t \to 0}\frac{\Delta\boldsymbol{e}_t}{\Delta t} = \lim_{\Delta t \to 0}\frac{\Delta\theta}{\Delta t}\boldsymbol{e}_n. \tag{1-22}$$

又因为 $\Delta\theta = \frac{\Delta s}{\rho}$,代入式(1-22)可得

$$\frac{d\boldsymbol{e}_t}{dt} = \lim_{\Delta t \to 0}\frac{\Delta\theta}{\Delta t}\boldsymbol{e}_n = \frac{1}{\rho}\frac{ds}{dt}\boldsymbol{e}_n = \frac{v}{\rho}\boldsymbol{e}_n,$$

即式(1-21)中右端第二项 $v\frac{d\boldsymbol{e}_t}{dt}$ 可表示为

$$v\frac{d\boldsymbol{e}_t}{dt} = \frac{v^2}{\rho}\boldsymbol{e}_n.$$

$\frac{v^2}{\rho}\boldsymbol{e}_n$ 称为法向加速度,用 $\boldsymbol{a}_n$ 表示,即

$$\boldsymbol{a}_n = \frac{v^2}{\rho}\boldsymbol{e}_n. \tag{1-23}$$

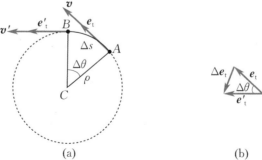

(a)　　　　　　　　　　　(b)

图 1-6　曲线运动中法向加速度表达式推导

综上所述,质点的加速度 $\boldsymbol{a}$ 可表示为

$$\boldsymbol{a} = \boldsymbol{a}_t + \boldsymbol{a}_n = \frac{dv}{dt}\boldsymbol{e}_t + \frac{v^2}{\rho}\boldsymbol{e}_n, \tag{1-24}$$

即质点在平面曲线运动中的加速度等于质点的切向加速度与法向加速度的矢量和,加速度的

大小为

$$a = \sqrt{a_t^2 + a_n^2} = \sqrt{\left(\frac{\mathrm{d}v}{\mathrm{d}t}\right)^2 + \left(\frac{v^2}{\rho}\right)^2}. \qquad (1-25)$$

加速度方向与切线方向的夹角为

$$\varphi = \arctan\frac{a_n}{a_t}. \qquad (1-26)$$

质点运动时，如果同时具有法向加速度和切向加速度，那么速度的方向和大小将同时改变，这是曲线运动的一般特征；如果只有切向加速度，没有法向加速度，那么速度只改变大小不改变方向，这就是变速直线运动；如果只有法向加速度，没有切向加速度，那么速度只改变方向不改变大小，这就是匀速曲线运动.

思考题

1. 你认为 $\frac{\mathrm{d}s}{\mathrm{d}t}$ 与 $\frac{\mathrm{d}r}{\mathrm{d}t}$ 有区别吗？如果有，区别在哪里？

2. 切向加速度 a_t 沿轨迹切线的投影 a_t 为负的含义是什么？有人说："某时刻 a_t 为负，说明该时刻质点在做减速运动."你认为这种说法对吗？如何判断质点做的曲线运动是加速还是减速的？

■ 1.4　圆周运动及其角量描述

在前面的内容中，我们已经简单了解了质点在平面曲线运动中的一些概念，下面我们再来详细研究平面曲线运动的一个特例——**圆周运动**（circular motion），即质点运动轨迹的曲率半径和曲率中心始终保持不变的运动.

设一质点在 Oxy 平面内，绕原点 O 做半径为 R 的圆周运动，如图 1-7 所示. t 时刻该质点位于 A 点，半径 OA 与 x 轴成 θ 角，θ 角叫作**位置角**（position angle）. $t+\Delta t$ 时刻该质点运动到 B 点，半径 OB 与 x 轴成 $\theta+\Delta\theta$ 角. 在 Δt 时间内，该质点转过 $\Delta\theta$ 角度，此角叫作质点对原点 O 的**角位移**（angular displacement）. 角位移不但有大小还有转向，一般规定沿逆时针转向的角位移为正值，沿顺时针转向的角位移为负值. 角位移的单位为弧度（rad）.

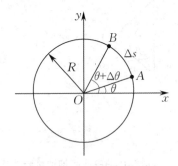

图 1-7　位置角与角位移

与前面定义速度和加速度类似（圆周运动中通常称为线速度和线加速度），角位移对时间的变化率定义为**角速度**（angular velocity），用 ω 表示，则有

$$\omega = \lim_{\Delta t \to 0} \frac{\Delta \theta}{\Delta t} = \frac{\mathrm{d}\theta}{\mathrm{d}t}. \tag{1-27}$$

质点的角速度对时间的变化率定义为**角加速度**(angular acceleration),用 α 表示,则有

$$\alpha = \lim_{\Delta t \to 0} \frac{\Delta \omega}{\Delta t} = \frac{\mathrm{d}\omega}{\mathrm{d}t} = \frac{\mathrm{d}^2 \theta}{\mathrm{d}t^2}. \tag{1-28}$$

在国际单位制(SI)中,角速度的单位为弧度每秒(rad/s),角加速度的单位为弧度每二次方秒 (rad/s²).

由图 1-7 可以看出,质点从 A 点运动到 B 点所经过的路程与角位移的关系为

$$\Delta s = R \Delta \theta. \tag{1-29}$$

联立式(1-27)和(1-12)可得速度的大小与角速度之间的关系为

$$v = \frac{\mathrm{d}s}{\mathrm{d}t} = R \frac{\mathrm{d}\theta}{\mathrm{d}t} = R\omega. \tag{1-30}$$

质点做圆周运动时,它的线速度大小可以随时间改变,也可以不变,但是由于其线速度的方向一直在改变,因此总有加速度. 下面我们来讨论质点做圆周运动的加速度.

如图 1-8 所示,圆周运动是特殊的曲线运动,质点速度方向沿着其所在位置处圆周的切线方向. 在自然坐标系中,将式(1-24)中的曲率半径 ρ 改为圆周半径 R,即可得做圆周运动的质点加速度表达式

$$\boldsymbol{a} = \boldsymbol{a}_{\mathrm{t}} + \boldsymbol{a}_{\mathrm{n}} = \frac{\mathrm{d}v}{\mathrm{d}t}\boldsymbol{e}_{\mathrm{t}} + \frac{v^2}{R}\boldsymbol{e}_{\mathrm{n}}. \tag{1-31}$$

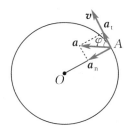

图 1-8 加速度的方向

如果线速度大小不变,则质点只有沿法线方向的法向加速度 $\boldsymbol{a}_{\mathrm{n}}$(也称为向心加速度). 此时,质点做匀速圆周运动,加速度大小为

$$a = a_{\mathrm{n}} = \frac{v^2}{R} = R\omega^2. \tag{1-32}$$

如果线速度大小发生变化,则质点在 A 点处既有沿切线方向的切向加速度,又有沿法线方向的法向加速度,其中切向加速度的大小为

$$a_{\mathrm{t}} = \frac{\mathrm{d}v}{\mathrm{d}t} = \frac{\mathrm{d}}{\mathrm{d}t}(R\omega) = R\alpha. \tag{1-33}$$

因为 $\boldsymbol{a}_{\mathrm{n}}$ 总与 $\boldsymbol{a}_{\mathrm{t}}$ 垂直,所以圆周运动的加速度的大小为

$$a = \sqrt{a_{\mathrm{t}}^2 + a_{\mathrm{n}}^2} = \sqrt{\left(\frac{\mathrm{d}v}{\mathrm{d}t}\right)^2 + \left(\frac{v^2}{R}\right)^2} = R\sqrt{\alpha^2 + \omega^4}, \tag{1-34}$$

其方向与切线方向的夹角为

$$\varphi = \arctan \frac{a_{\mathrm{n}}}{a_{\mathrm{t}}}. \tag{1-35}$$

例 1-3 如图 1-9 所示,汽车通过一个陡坡时,沿切线方向的加速度为 $0.300\ \mathrm{m/s^2}$. 将陡坡顶部近似成一段半径为 $500\ \mathrm{m}$ 的圆弧,当汽车运动至陡坡顶部时,其速度方向沿水平方向,大小为 $6.00\ \mathrm{m/s}$. 求此时汽车的加速度.

解 将汽车的运动视作变速率的圆周运动,由题目条件可知,在陡坡顶部沿切线方向的切向加速度大小为 $a_t = 0.300\ \mathrm{m/s^2}$,而汽车此时的法向加速度大小为

$$a_n = \frac{v^2}{R} = \frac{6.00^2}{500}\ \mathrm{m/s^2} = 0.072\ \mathrm{m/s^2},$$

则汽车的加速度大小为

$$a = \sqrt{a_t^2 + a_n^2} = \sqrt{0.300^2 + 0.072^2}\ \mathrm{m/s^2} \approx 0.309\ \mathrm{m/s^2}.$$

汽车加速度与速度方向的夹角为

$$\varphi = \arctan\frac{0.072}{0.300} \approx 13.5°.$$

图 1-9　例 1-3 图

1.5　相对运动

物体的运动总是相对于某个参考系而言的,我们选取的参考系不同,则在描述同一物体的运动时得到的结果可能也不同,这就是运动描述的相对性. 例如,在没有风的时候,在甲板上竖直向上抛出一小球,若选船为参考系,则小球的运动轨迹为直线;若选地面为参考系,则小球的运动轨迹为抛物线. 下面我们来讨论在存在相对运动的不同参考系中,同一运动质点的位移、速度和加速度之间的关系. 为简单起见,这里我们只研究一个参考系相对于另一个参考系平动的情况.

如图 1-10 所示,$Oxyz$ 表示固定在水平地面上的坐标系,简称 K 系,另一坐标系 $O'x'y'z'$ 相对于 K 系以某一速度 $\boldsymbol{u}$ 平动,简称 K′ 系. 假设空间中存在一质点,其在 K 系中的位矢为 $\boldsymbol{r}$,在 K′ 系中的位矢为 $\boldsymbol{r}'$. 以 $\boldsymbol{r}_0$ 代表 O' 在 K 系中相对原点 O 的位矢,由矢量相加法则可得

$$\boldsymbol{r} = \boldsymbol{r}' + \boldsymbol{r}_0. \tag{1-36}$$

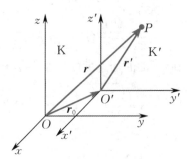

图 1-10　相对运动

式(1-36)显示,同一质点对于 K 和 K′ 两个坐标系的位矢 $\boldsymbol{r}$ 和 $\boldsymbol{r}'$ 不相等,这就是运动的相对性的表现.将式(1-36)两边同时对时间 t 求导,可得

$$\frac{\mathrm{d}\boldsymbol{r}}{\mathrm{d}t} = \frac{\mathrm{d}\boldsymbol{r}'}{\mathrm{d}t} + \frac{\mathrm{d}\boldsymbol{r}_0}{\mathrm{d}t}. \tag{1-37}$$

式(1-37)中,$\dfrac{\mathrm{d}\boldsymbol{r}}{\mathrm{d}t}$ 是质点相对于 K 系的速度,用 $\boldsymbol{v}$ 表示,一般称为绝对速度;$\dfrac{\mathrm{d}\boldsymbol{r}'}{\mathrm{d}t}$ 是质点相对于 K′ 系的速度,用 $\boldsymbol{v}'$ 表示,一般称为相对速度;$\dfrac{\mathrm{d}\boldsymbol{r}_0}{\mathrm{d}t}$ 是 K′ 系相对于 K 系的速度 $\boldsymbol{u}$,一般称为牵连速度.由此可得

$$\boldsymbol{v} = \boldsymbol{v}' + \boldsymbol{u}. \tag{1-38}$$

同一质点相对于两相对平动的参考系的速度之间的这一关系式叫作伽利略速度变换式.

将式(1-38)两边同时对时间 t 求导,可得

$$\frac{\mathrm{d}\boldsymbol{v}}{\mathrm{d}t} = \frac{\mathrm{d}\boldsymbol{v}'}{\mathrm{d}t} + \frac{\mathrm{d}\boldsymbol{u}}{\mathrm{d}t},$$

即

$$\boldsymbol{a} = \boldsymbol{a}' + \boldsymbol{a}_0. \tag{1-39}$$

式(1-39)即为同一质点相对于两相对平动的参考系的加速度之间的关系式.

如果两个参考系相对做匀速直线运动,即 $\boldsymbol{u}$ 为常量,则

$$\boldsymbol{a}_0 = \frac{\mathrm{d}\boldsymbol{u}}{\mathrm{d}t} = \boldsymbol{0}.$$

结合式(1-39)可得

$$\boldsymbol{a} = \boldsymbol{a}'. \tag{1-40}$$

式(1-40)表明,在相对做匀速直线运动的不同参考系中所测得的同一质点的加速度相同.

例 1-4 一辆卡车停在某处,已知车篷高 $h = 2\,\mathrm{m}$,由于有风,雨滴落至车内距离后端 $d = 1\,\mathrm{m}$ 处,如图 1-11(a)所示.当卡车以 $15\,\mathrm{km/h}$ 的速率向前行驶时,雨滴恰好不落入卡车内.求雨滴相对于地面的速度(设雨滴相对于地面做匀速直线运动).

解 取公路的路面为 K 系,卡车为 K′ 系,则由题目条件可知,K′ 系相对于 K 系的速率为 $15\,\mathrm{km/h}$.由伽利略速度变换式(1-38)可得(见图 1-11(b))

$$\boldsymbol{v}_{雨对地} = \boldsymbol{v}_{雨对车} + \boldsymbol{v}_{车对地}.$$

$\boldsymbol{v}_{雨对地}$ 与地面的夹角为

$$\varphi = \arctan\frac{h}{d} \approx 63.4°.$$

$\boldsymbol{v}_{雨对地}$ 的大小为

$$v_{雨对地} = \frac{v_{车对地}}{\cos\varphi} \approx 33.5\,\mathrm{km/h}.$$

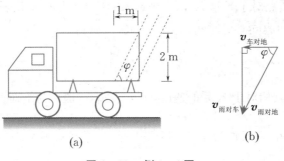

图 1-11　例 1-4 图

思考题

雪花以 8.0 m/s 的速率竖直下落，在一名以 50 km/h 的速率水平直线行驶的司机眼中，飘落的雪花偏离竖直方向的角度为多大？

本章小结　　　阅读材料 1

习　题　1

1-1　一个人自原点出发，25 s 内向东走了 30 m，又在 10 s 内向南走了 10 m，再在 15 s 内向正西北走了 18 m，求整个过程中：

(1) 该人的位移和平均速度；

(2) 该人的路程和平均速率.

1-2　一质点做直线运动，其运动方程为 $x = 12t - 6t^2$，其中 x 以 m 为单位，t 以 s 为单位，求：

(1) $t = 4$ 时，质点的位置、速度和加速度；

(2) 质点通过原点时的速度；

(3) 质点速度为 0 时的位置.

1-3　一质点的运动方程为 $x = t^2$，$y = (t-1)^2$，其中 x 和 y 均以 m 为单位，t 以 s 为单位，试求：

(1) 质点的轨迹方程；

(2) $t = 2$ 时，质点的速度 v 和加速度 a.

1-4　一个人扔石头的最大出手速率 $v_0 = 25$ m/s，他能击中一个相对于他的手水平距离为 $L = 50$ m，高为 $h = 13$ m 处的目标吗？在这个水平距离下他能击中的目标的最大高度是多少？

1-5　在人工喷泉中，高为 $h = 1$ m 的竖直喷泉管安装在圆形水池的中央，如图 1-12 所示. 水柱均以初速度 $v_0 = \sqrt{2gh}$ 沿各种仰角 $\theta(0° \leqslant \theta < 90°)$ 从喷嘴中喷出，其中 g 为重力加速度. 若不考虑池壁的高度，欲使喷出的水全部都洒在水池内，则水池的半径 R 至少为多大？

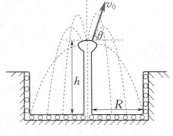

图 1-12　习题 1-5 图

1-6 一质点做半径为 $r = 10$ m 的圆周运动，其角加速度 $\alpha = \pi$ rad/s²，若质点由静止开始运动，求质点在 $t = 1$ s 时：

(1) 角速度、法向加速度和切向加速度的大小；

(2) 合加速度的大小和方向.

1-7 用雷达观测竖直向上发射的火箭，雷达与火箭发射台的距离为 l，如图 1-13 所示. 观测得到 θ 随时间 t 变化的规律为 $\theta = kt$（k 为常量）. 试写出火箭的运动方程，并求出当 $\theta = \dfrac{\pi}{6}$ 时，火箭的速度和加速度.

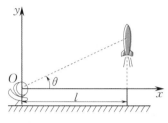

图 1-13　习题 1-7 图

1-8 如图 1-14 所示，一台卷扬机的鼓轮自静止开始做匀角加速度转动，水平绞索上的 A 点经 3 s 后到达鼓轮边缘的 B 点处. 已知 $AB = 0.45$ m，鼓轮半径 $R = 0.5$ m. 求 A 点到达鼓轮最低点 C 时的速度与加速度.

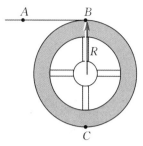

图 1-14　习题 1-8 图

1-9 当西风以 30 m/s 的速率正吹时，相对于地面向东、向西和向北传播的声音的速率各为多大？已知声音在空气中传播的速率为 344 m/s.

1-10 飞机 A 以 $v_A = 1000$ km/h 的速率（相对于地面）向南飞行，同时另一架飞机 B 以 800 km/h 的速率（相对于地面）向东偏南 30° 方向飞行. 求飞机 A 相对于飞机 B 的速度以及飞机 B 相对于飞机 A 的速度.

1-11 河宽为 l，水的流速与其离岸的距离成正比，河中心处水的流速最大为 v_0，两岸边处水的流速为零. 一艘小船以恒定的相对于水流的速度 v 垂直于水流方向从一岸驶向另一岸，当它驶至河宽的 $\dfrac{1}{4}$ 处时，发现燃料不足，立即掉头以相对于水流的速度 $\dfrac{1}{2}v$ 垂直于水流方向驶回原岸，求此船驶往对岸的轨迹及返回原岸的地点.

第2章
质点动力学

上一章我们讨论了质点运动学,从本章起将转入质点动力学的研究.质点动力学研究的是作用于质点上的力和质点机械运动状态之间的关系.

如图2-1所示,航天员在出舱时,身上会绑上一根绳子,这是为什么呢?是什么东西促使航天员运动呢?又是什么东西让航天员能够在空中不掉下来呢?这些问题都会在接下来的学习中得到解决.

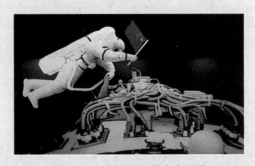

图 2-1　中国航天员太空行走

随着物理学的发展,人们对自然界的探索逐步从宏观世界进入微观世界,并认识到动量、角动量、能量这些物理量比力这一物理量具有更普遍的意义.这些物理量各自的守恒定律比牛顿运动定律具有更广泛、更深刻的内涵,它们既适用于宏观世界,也适用于微观世界.本章先介绍牛顿运动定律,然后引入动量、角动量、动能和势能等力学概念,最后讨论与这些物理量对应的守恒定律.

2.1　牛顿运动定律

本节中我们要研究使物体运动状态产生变化的关键因素 —— 力,以及质点运动的基本定律 —— 牛顿运动定律.深刻领会牛顿运动定律的内涵,并在切实理解有关概念、掌握有关规律的基础上,掌握运用牛顿运动定律研究各种动力学问题的方法是本节的主要学习目标.

2.1.1 牛顿运动定律

牛顿运动定律是经典力学的基础. 从牛顿运动定律出发可以导出刚体、流体、弹性体等的运动规律,从而建立起整个经典力学体系. 牛顿(见图 2-2)在其 1687 年发表的名著《自然哲学的数学原理》中概括的基本定律有三条,也就是我们通常所说的牛顿运动三定律.

图 2-2　牛顿

1. 牛顿第一定律

牛顿第一定律(Newton's first law)的内容为:任何物体都要保持匀速直线运动或静止状态,直到外力迫使它改变运动状态为止.

牛顿第一定律蕴含了两个重要的物理概念:一是力(force)的概念,即力是一个物体对另一个物体的作用,力是改变物体运动状态的原因,而不是维持物体运动状态的原因;二是指明了任何物体都具有惯性,因此牛顿第一定律又被叫作惯性定律(law of inertia).

惯性是物体所具有的一种属性,用于衡量改变物体运动状态的难易程度,其大小只与物体的质量有关,与物体的形状、速度均无关. 由于物体具有惯性,因此要想改变物体原有的匀速直线运动或静止状态,就必须要有外界对其施加某种作用,这种作用就是由力所产生的. 一般来说,质量越大的物体,其惯性也就越大,改变其运动状态也就越难.

在质点运动学中,我们想要描述一个质点的运动状态,就必须选取一个参考系. 从理论上讲,参考系是可以随意选取的,但是我们通过观察实际生活中的事例就不难发现,牛顿第一定律并非适用于一切参考系. 我们把牛顿第一定律成立的参考系称为惯性参考系(inertial frame),简称惯性系,不能成立的参考系称为非惯性参考系(non-inertial frame),简称非惯性系. 因此,我们可以把牛顿第一定律作为判断一个参考系是惯性系还是非惯性系的理论依据.

2. 牛顿第二定律

牛顿第一定律定性地指出了力和运动的关系,牛顿第二定律(Newton's second law)则进一步给出了力和运动的定量关系,即物体受到外力作用时,物体所获得的加速度的大小与物体所受的合外力的大小成正比,与物体的质量成反比,加速度的方向与合外力的方向相同.

牛顿第二定律的矢量表达式为

$$\boldsymbol{F} = m\boldsymbol{a}. \tag{2-1}$$

在国际单位制中,质量 m 的单位是千克(kg),加速度 $\boldsymbol{a}$ 的单位是米每二次方秒(m/s^2),力 $\boldsymbol{F}$ 的单位则是牛[顿](N).

牛顿第二定律揭示了质量的本质. 式(2-1)中的 m 又被称为惯性质量,它是物体惯性大小的量度,因为加速度是反映物体运动状态变化快慢的物理量. 由式(2-1)可知,同样的外力作用下,物体质量越大,加速度则越小,意味着物体的运动状态越不容易改变,或者说物体维持原来运动状态的性质就越显著. 当物体在低速情况下运动,即物体的运动速度远远小于光速时,物体的质量可视为不依赖于速度的常量. 此时,牛顿第二定律还可以表示为

$$\boldsymbol{F} = m\boldsymbol{a} = m\frac{\mathrm{d}\boldsymbol{v}}{\mathrm{d}t} = \frac{\mathrm{d}(m\boldsymbol{v})}{\mathrm{d}t} = \frac{\mathrm{d}\boldsymbol{p}}{\mathrm{d}t}, \tag{2-2}$$

其中 $\boldsymbol{p} = m\boldsymbol{v}$ 称为物体的动量. 所以,牛顿第二定律也可以表述为:物体动量对时间的变化率等于物体所受的合外力.

牛顿第二定律是经典力学的核心，应用牛顿第二定律必须注意以下几点：

（1）牛顿第二定律只适用于质点的运动，力 F 和加速度 a 的关系是瞬时关系，力一旦消失，加速度则即刻变为零．牛顿第二定律表明力是物体产生加速度的原因，而不是物体具有速度的原因．

（2）力的叠加原理．当几个外力同时作用在物体上时，其合外力 F 所产生的加速度 a 与每个外力 F_i 所产生的加速度 a_i 的矢量和是一样的，这就是力的叠加原理．

3. 牛顿第三定律

牛顿第三定律（Newton′s third law）也称作用与反作用定律，其内容可表述为：相互作用的两个物体之间的作用力 F_1 和反作用力 F_2 总是大小相等，方向相反，且作用在同一直线上．其数学表达式为

$$F_1 = -F_2. \tag{2-3}$$

如图2-3所示，两个物体相互接触碰撞，B球给A球的作用力为 F_1，A球给B球的反作用力为 F_2，由牛顿第三定律可知：（1）两个力等大反向，性质相同，并且处于同一直线上；（2）作用力与反作用力作用在不同物体上，产生的作用不能相互抵消；（3）这一对相互作用力同时产生，同时消失，具有瞬时性．

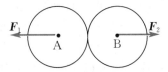

图 2-3　作用力与反作用力

2.1.2　力学中的基本力和常见力

迄今为止，自然界物体之间的相互作用力，可归结为四种，分别是电磁力、万有引力、强相互作用以及弱相互作用（见图2-4），下面我们将一一对其进行介绍．

相互作用力	强相互作用	电磁力	弱相互作用	万有引力
示意图			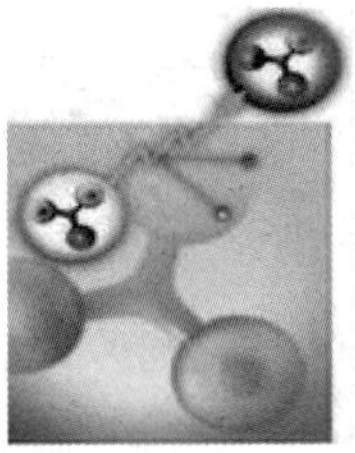	
作用范围 /m	10^{-15}	无限制	10^{-18}	无限制

图 2-4　四种基本力的对比

1. 基本力

（1）电磁力．

电磁力的全称是电磁相互作用（electromagnetic interaction），包括存在于静止电荷之间的电性力以及运动电荷之间的电性力和磁性力（见图2-5）．同万有引力一样，电磁力也是一种长程力，但与万有引力不同的是，它既能表现为引力，又能表现为斥力．

图 2 - 5　电磁力

由于分子和原子都是由带电粒子组成的系统,因此它们之间的基本作用力本质上就是电荷之间的电磁力,如分子间作用力就属于电磁力.由于弹力、支持力、摩擦力本质上都是相邻原子或者分子间作用力的宏观表现,因此根源上也是电磁力.

(2) 万有引力.

万有引力也称引力相互作用(gravitational interaction).任何两个物体之间都存在万有引力(见图 2 - 6),具体表现为相互吸引.万有引力属于长程力,根据牛顿的万有引力定律(law of universal gravitation),有

$$F = G \frac{M_1 M_2}{R^2}. \tag{2-4}$$

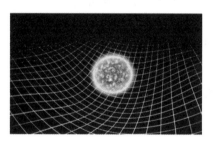

图 2 - 6　万有引力

式(2-4)中,F 表示质量分别为 M_1 与 M_2 的两个可视为质点的物体相距 R 时所产生的引力,其中 G 是引力常量(gravitational constant),它的大小为 $G = 6.67 \times 10^{-11} \text{ N} \cdot \text{m}^2 / \text{kg}^2$.式(2-4)中的质量反映的是物体的引力性质,称为引力质量(gravitational mass).重力也是引力的一种,我们一般把地球对地球表面物体的引力称为重力(忽略地球自转的影响),用 $\boldsymbol{P}$ 表示.在重力的作用下,物体具有的加速度叫作重力加速度 $\boldsymbol{g}$,且有

$$\boldsymbol{g} = \frac{\boldsymbol{P}}{m}, \tag{2-5}$$

其中 m 为该物体的质量.如果物体位于地面附近高为 h 的位置,m_E 为地球的质量,R 为地球的半径,则由式(2-4)和(2-5)可得

$$g = G \frac{m_E}{(R+h)^2}. \tag{2-6}$$

由于在地球表面附近 $h \ll R$,因此式(2-6)可以近似表示为

$$g = G \frac{m_E}{R^2}.$$

（3）强相互作用.

强相互作用（strong interaction）简称强力，是使核子结合成原子核的相互作用. 强相互作用是自然界四种基本相互作用中最强的一种，是一种短程力.

（4）弱相互作用.

弱相互作用（weak interaction）简称弱力. 弱相互作用在原子的放射性衰变等过程中起作用，是四种基本相互作用中作用距离最短的力.

2. 常见力

在了解完自然界中的基本力之后，我们再来看看生活中的常见力. 生活中的常见力有重力、摩擦力和弹性力. 由于重力在前面已介绍过，这里就不再重复.

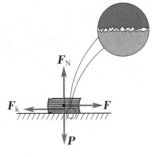

（1）摩擦力.

两个相互接触的物体在沿着接触面产生相对运动或具有相对运动趋势时，在两物体接触处就会产生阻碍相对运动或相对运动趋势的力，我们把它叫作摩擦力（friction force）. 如图 2-7 所示，两物体相互接触，并有相对滑动时，在两物体接触处出现的相互作用的摩擦力，称为滑动摩擦力（sliding friction force）. 滑动摩擦力的计算公式为

图 2-7 滑动摩擦力

$$F_k = \mu_k F_N, \tag{2-7}$$

其中 F_N 为接触面上的正压力，μ_k 叫作滑动摩擦系数（coefficient of sliding friction），它与两物体相接触的表面材料以及粗糙程度有关，同时还与物体间相对滑动速度的大小有关. 一般来说，μ_k 会随相对速率的增大而稍有增大，但当相对速率不大时，μ_k 可近似看作常数.

关于摩擦力还有一种情况，即相互接触的两个物体在外力作用下，彼此之间保持相对静止，但有相对滑动的趋势，这时的摩擦力叫作静摩擦力（static friction force）. 如图 2-8 所示，拉力 F 使物体有向右运动的趋势，而摩擦力阻碍其运动，于是整体就产生了一种想向右运动但并未运动的状态，此时产生的摩擦力 F_{f0} 即为静摩擦力. 静摩擦力的大小需要根据物体所受外力情况来确定，介于 0 和某个最大静摩擦力 F_{f0m} 之间. 实验证明，作用在物体上的最大静摩擦力的大小与接触面上的正压力的大小成正比，即

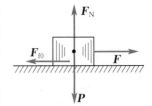

图 2-8 静摩擦力

$$F_{f0m} = \mu_s F_N, \tag{2-8}$$

其中 μ_s 叫作静摩擦系数（coefficient of static friction），也与接触面的材料和粗糙程度有关.

在其他条件相同的情况下，一般来说 $\mu_s > \mu_k$. 通常情况下，两者都小于 1.

（2）弹性力.

发生形变的物体想要恢复原状，对与它接触的物体会产生力的作用，称为弹性力（elastic force），简称弹力. 弹力的表现形式多种多样，下面主要讨论其中三种.

① 弹簧的弹力.

说起弹力，大家最先想到的可能就是弹簧的弹力. 物体与弹簧相联结，弹簧被拉伸或压缩时，就会对与之相联结的物体产生弹力的作用. 因为这种力总是试图让弹簧回复到原来的形状，所以也叫作回复力. 在弹簧的弹性限度以内，弹力的大小和弹簧的形变量成正比. 用 F 表示弹力，以 x 表示弹簧的形变量，即弹簧变化的长度，则有

$$F = -kx, \tag{2-9}$$

其中 k 叫作弹簧的劲度系数(stiffness)或者刚度系数(rigidity). 式(2-9)中的负号表示弹力的方向总是和弹簧形变位移的方向相反,即弹簧总是想要回复到原来的形状,弹力的方向总是指向平衡位置 O 处,如图 2-9 所示.

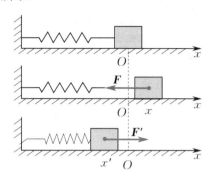

图 2-9　弹簧的弹力

② 支持力.

我们把两个物体间由于相互接触挤压而产生的弹力称为正压力(normal force),也叫作支持力,其大小取决于相互挤压的程度,方向总是垂直于接触面而指向对方,如图 2-10 所示.

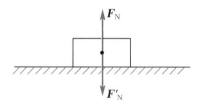

图 2-10　正压力

③ 绳子的拉力.

绳子对物体的拉力是由于绳子发生了伸长形变而产生的,其大小取决于形变的程度. 如图 2-11(a)所示,绳子拉着 B 物体向右运动,其拉力是 F_T,绳子受到手的拉力为 F,系统整体的加速度为 a. 截取绳子中一小段,进行受力分析,如图 2-11(b)所示,我们可以得到

$$F_{T1} - F_{T2} = \Delta m a. \tag{2-10}$$

将每一段叠加起来,则有

$$F - F_T = (\Delta m_1 + \Delta m_2 + \cdots + \Delta m_n)a = ma, \tag{2-11}$$

其中 m 为绳子质量. 在某些时候,如物体静止或者做匀速直线运动,甚至绳子质量很小,我们可以认为 F 和 F_T 相等,其余情况则要将两者进行区分.

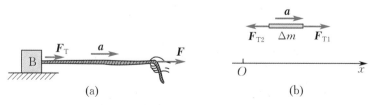

图 2-11　绳子的拉力

2.1.3　牛顿运动定律的应用

牛顿运动定律在实践中应用广泛.求解质点动力学问题一般分为两类：一是已知质点的运动状态求受力情况；二是已知质点的受力情况求运动状态.下面通过例题来说明如何应用牛顿运动定律分析和解决问题.

例 2-1　质量为 $m = 1.0\,\mathrm{kg}$ 的物体，放在水平地面上，静摩擦系数为 $\mu = 0.40$. 现要拉动这个物体，试求所需要的最小拉力的大小和方向.

解　建立如图 2-12 所示的 Oxy 坐标系. 在水平地面上，物体受重力 $m\boldsymbol{g}$、地面支持力 $\boldsymbol{F}_N$、地面对物体的摩擦力 $\boldsymbol{F}_r$ 和外力 $\boldsymbol{F}$（与 x 轴夹角为 θ）作用.

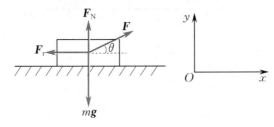

图 2-12　例 2-1 图

设物体的加速度大小为 a，则对 x, y 方向分别有

$$x\text{ 方向：}\quad F\cos\theta - F_r = ma,$$
$$y\text{ 方向：}\quad F\sin\theta + F_N = mg.$$

当物体刚好可以运动时，$a = 0$，摩擦力为最大静摩擦力，即

$$F_r = \mu F_N = \mu(mg - F\sin\theta).$$

令 $F\cos\theta - F_r \geqslant 0$，即

$$F\cos\theta - \mu(mg - F\sin\theta) \geqslant 0,$$

解得

$$F \geqslant \frac{\mu mg}{\mu\sin\theta + \cos\theta}.$$

要使 F 最小，即要求 $\mu\sin\theta + \cos\theta$ 为最大，由

$$\frac{\mathrm{d}}{\mathrm{d}\theta}(\mu\sin\theta + \cos\theta) = 0,$$

得 $\tan\theta = \mu$，即

$$\theta = \arctan\mu = \arctan 0.40 \approx 21.8°,$$

故

$$F \geqslant \frac{\mu mg}{\mu\sin 21.8° + \cos 21.8°} \approx 3.64\ \mathrm{N}.$$

例 2-2　在竖直平面内有一半径为 R 的圆形轨道，一质量为 m 的物体在轨道上滑行，如图 2-13(a) 所示. 已知物体通过 A 点时的速率为 v，OA 与竖直方向的夹角为 θ，物体与轨道之间的滑动摩擦系数为 μ，求物体经过 A 点时的加速度以及物体在 A 点时给予轨道的正压力.

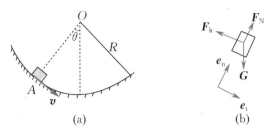

图 2 - 13　例 2 - 2 图

解　取物体为研究对象,对物体进行受力分析,如图 2-13(b)所示.图中已标出物体所受重力 **G**、轨道对物体的正压力 **F**$_N$ 和滑动摩擦力 **F**$_k$.因为物体做圆周运动,建立自然坐标系.根据牛顿第二定律,有

$$切线方向：\quad mg\sin\theta - F_k = ma_t,$$
$$法线方向：\quad F_N - mg\cos\theta = ma_n.$$

又由于

$$a_n = \frac{v^2}{R}, \quad F_k = \mu F_N,$$

因此可得

$$a_t = g\sin\theta - \mu g\cos\theta - \mu\frac{v^2}{R}.$$

所以,物体在 A 点的加速度为

$$\boldsymbol{a} = \left(g\sin\theta - \mu g\cos\theta - \mu\frac{v^2}{R}\right)\boldsymbol{e}_t + \frac{v^2}{R}\boldsymbol{e}_n.$$

设加速度的方向与切线的夹角为 α,则有

$$\tan\alpha = \frac{a_n}{a_t} = \frac{\dfrac{v^2}{R}}{g\sin\theta - \mu g\cos\theta - \mu\dfrac{v^2}{R}}.$$

物体给予轨道的正压力大小为

$$F_N' = F_N = mg\cos\theta + m\frac{v^2}{R},$$

方向垂直于轨道面向下.

例 2 - 3　两个质量不相等的物体竖直悬挂在一个质量可以忽略不计的无摩擦滑轮上,如图 2-14(a)所示,细绳质量也略去不计,且 $m_2 > m_1$.这一装置被称为阿特伍德机.该装置有时在实验室中用来确定 g 的值.试求重物释放以后,物体的加速度和细绳的拉力.

解　先选取地面为参考系,并作受力分析图,如图 2-14(b)所示,考虑到细绳和滑轮的质量可忽略不计,因此作用在细绳上的力与细绳的拉力 **T** 大小相等,两物体的加速度大小 a 相等.分别选择两物体的加速度方向为正方向,根据牛顿第二定律可得

$$m_2 g - T = m_2 a, \quad T - m_1 g = m_1 a.$$

综上可得两物体的加速度的大小和细绳的拉力分别为

$$a = \frac{m_2 - m_1}{m_1 + m_2}g, \quad T = \frac{2m_1 m_2}{m_1 + m_2}g.$$

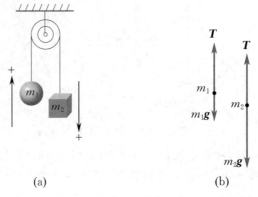

(a)   (b)

图 2-14　例 2-3 图

例 2-4　　一质量为 m 的雨滴自由下落，设雨滴在下落过程中受到的空气阻力大小与其速率成正比（比例系数为 k），方向与运动速度方向相反. 以开始下落时为计时零点，求此雨滴的运动方程.

解　视下落雨滴为一质点，它在空中受到的作用力有向下的重力 $\boldsymbol{G}$ 和与运动速度方向相反的空气阻力 $\boldsymbol{F}_{阻}$，如图 2-15 所示.

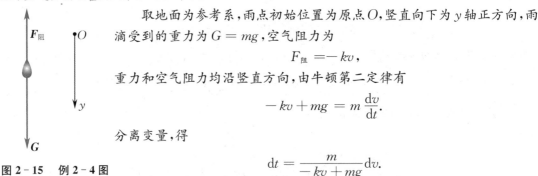

取地面为参考系，雨点初始位置为原点 O，竖直向下为 y 轴正方向，雨滴受到的重力为 $G = mg$，空气阻力为

$$F_{阻} = -kv,$$

重力和空气阻力均沿竖直方向，由牛顿第二定律有

$$-kv + mg = m\frac{\mathrm{d}v}{\mathrm{d}t}.$$

分离变量，得

图 2-15　例 2-4 图

$$\mathrm{d}t = \frac{m}{-kv + mg}\mathrm{d}v.$$

上式两边同时进行积分，得

$$\int_0^t \mathrm{d}t = \int_{v_0}^v \frac{m}{-kv + mg}\mathrm{d}v.$$

由初始条件 $t = 0$ 时，速度 $v_0 = 0$，可得

$$v = \frac{mg}{k}\left(1 - \mathrm{e}^{-\frac{k}{m}t}\right).$$

当 $t \to \infty$ 时，雨滴的速率 $v \to \dfrac{mg}{k}$，这表明经过较长时间后，雨滴将匀速下落. 对上式两边同时进行积分，可得

$$\int_{y_0}^y \mathrm{d}y = \int_0^t v\mathrm{d}t = \int_0^t \frac{mg}{k}\left(1 - \mathrm{e}^{-\frac{k}{m}t}\right)\mathrm{d}t.$$

由初始条件 $t = 0$ 时，$y_0 = 0$，可得雨滴的运动方程为

$$y = \frac{mg}{k}\left(\frac{m}{k}\mathrm{e}^{-\frac{k}{m}t} + t - \frac{m}{k}\right).$$

2.1.4 非惯性系与惯性力

为了描述物体的机械运动,我们需要选择适当的参考系.实验表明,在有些参考系中,牛顿运动定律是适用的,而在另外一些参考系中,牛顿运动定律却并不适用.前面我们已经知道,牛顿运动定律适用的参考系称为惯性系,不适用的参考系就称为非惯性系.地面参考系是个足够好的惯性系,相对于地面参考系做匀速直线运动的物体也是惯性系.一般来说,凡是相对于惯性系做匀速直线运动的物体都是惯性系,而相对于惯性系做变速运动的物体,则是非惯性系.牛顿运动定律对于非惯性系是不成立的,现举例说明.

如图2-16所示,火车以加速度 a_0 向右运动时,悬挂小球的绳子向左偏离,与竖直方向成 θ 角.车上的观察者以车厢为参考系,发现小球所受的力为绳子的拉力 T 和重力 G,这两个力的合力并不为零,但是小球却处于静止状态,显然这一现象有悖于牛顿第二定律.如果车厢里的观察者坚信牛顿第二定律是正确的,那么他能做出的唯一解释就是还有一个未知力 $F_{fictitious}$,称为惯性力(inertial force),作用在小球上,其方向与火车加速度 a_0 的方向相反.在非惯性系中引入惯性力后,我们可以在形式上继续运用牛顿第二定律来处理力学问题.

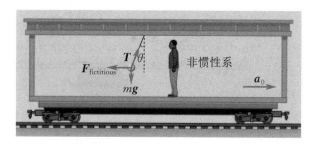

图 2 - 16 非惯性系和惯性力

需要注意的是,惯性力不是物体之间的相互作用,而是一种假想力.因此,惯性力既没有施力物体,也没有反作用力,它只是物体的惯性在非惯性系中的表现形式.

课堂思考 在惯性系中测得的质点的加速度是由相互作用力产生的,在非惯性系中测得的加速度是由惯性力产生的.这种说法对吗?

在非惯性系中,若作用在物体上的真实合外力为 F,物体受到的惯性力为 $F_{fictitious}$,则根据牛顿第二定律有

$$F + F_{fictitious} = ma' \tag{2-12}$$

或

$$F - ma_0 = ma'. \tag{2-13}$$

式(2-13)中 a_0 为非惯性系相对于惯性系的加速度,a' 是物体相对于非惯性系的加速度.

例 2 - 5 质量为 m_1,倾角为 θ 的楔子放在水平地面上,另一质量为 m_2 的物块从楔子上自由滑下,如图2-17(a)所示.假设不考虑一切摩擦力,求楔子的加速度大小和物块相对于楔子的加速度大小.

解 设楔子相对于地面的加速度为 a_0,物块相对于楔子的加速度为 a'.如果以楔子为参考系,由于它是非惯性系,因此我们可以引入惯性力,并分别画出物块和楔子的受力分析图,如图2-17(b)所示.

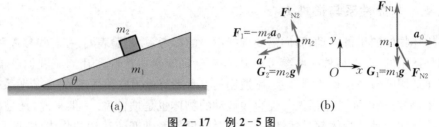

图 2-17　例 2-5 图

以地面为参考系，依据牛顿第二定律可得楔子沿 x 轴方向的运动方程为

$$F_{\text{N2}} \sin \theta = m_1 a_0.$$

以楔子为参考系，物块沿 x 轴和 y 轴的运动方程分别为

$$m_2 a_0 + F'_{\text{N2}} \sin \theta = m_2 a'_x = m_2 a' \cos \theta,$$
$$F'_{\text{N2}} \cos \theta - m_2 g = -m_2 a'_y = -m_2 a' \sin \theta.$$

又由牛顿第三定律可得

$$F_{\text{N2}} = F'_{\text{N2}}.$$

综上可得

$$a_0 = \frac{m_2 g \cos \theta \sin \theta}{m_1 + m_2 \sin^2 \theta}, \quad a' = \frac{(m_1 + m_2) g \sin \theta}{m_1 + m_2 \sin^2 \theta}.$$

思考题

1. 你认为牛顿第二定律的两种表达式 $\sum_i \boldsymbol{F}_i = \dfrac{\mathrm{d}(m\boldsymbol{v})}{\mathrm{d}t}$ 和 $\sum_i \boldsymbol{F}_i = m\dfrac{\mathrm{d}\boldsymbol{v}}{\mathrm{d}t}$ 有区别吗？为什么说用动量形式表示的牛顿第二定律具有更普遍的意义？

2. 快速骑自行车的人为什么使身体尽量向前弯曲？空中跳伞的人为什么要打开截面积足够大的降落伞？你能讲出其中的道理吗？

2.2　动量守恒定律

笛卡儿（见图 2-18）认为宇宙运动的总量必定是常数，他由此提出了运动量守恒的思想．笛卡儿在运动量守恒思想的指导下，做了碰撞的实验研究，以寻找碰撞过程中力学体系状态变化中的不变量，即守恒量，以此作为运动量的量度．

图 2-18　笛卡儿

笛卡儿从碰撞的经验规律中找到的守恒量是速度与质量的乘积，即 $m v$（动量），并以之作为运动量的量度，且认为它是碰撞过程中的不变量．笛卡儿的总结有错误，问题在于他不了解动量的矢量性，以及弹性碰撞与非弹性碰撞概念之间的区别．但他却指明了一个方向：凡在力学体系变化过程中保持不变的量，都可以作为运动量的量度．人们通过实验可以找到这个不变的量．

两人一起在滑冰场上学习滑冰，相互推了对方一把后，两人会分别向后滑动．在生活中经常会看到类似这样的现象，但这种常见的现象却包含着运动学中一条十分基础也十分重要的规律 —— **动量守恒定律**(law of conservation of momentum).动量守恒定律是自然界的普遍规律之一,与**能量守恒定律**(law of conservation of energy)、**角动量守恒定律**(law of conservation of angular momentum)并称现代物理学三大基本守恒定律.动量守恒定律的应用范围极广,比起只适用于宏观、低速条件下的牛顿运动定律,动量守恒定律在微观、高速条件下仍然成立.

2.2.1 冲量与动量定理

想要描述一个物体的运动状态,速度这一参量必不可少,但相同的速度放在不同的物体上,体现出来的效果却大不相同.例如,齐头并进的卡车与自行车,两者的危险程度就无法相提并论.究其原因,是两者的质量有着巨大差距.为了清晰而准确地描述拥有不同质量、不同速度的物体的运动状态,我们正式引入**动量**(momentum).

动量可以同时体现物体的质量与速度对其运动状态的影响,它等于物体质量 m 与速度 v 的乘积.若用 p 表示物体的动量,则有

$$p = mv. \tag{2-14}$$

在国际单位制中,动量的单位是千克米每秒(kg·m/s).因为质量是标量,速度是矢量,动量等于物体质量与速度的乘积,所以动量也是矢量,且其方向与速度方向相同.

1. 质点的动量定理

力是改变物体运动状态的原因.例如,要让上述例子中的卡车和自行车停下来,其困难程度是不同的.牛顿在《自然哲学的数学原理》中对牛顿第二定律的叙述采用的是

$$F = \frac{\mathrm{d}p}{\mathrm{d}t}, \tag{2-15}$$

这表明质点受到的合外力等于质点的动量对时间的变化率.所以,对卡车和自行车施加相同大小的阻力,自行车会更快停下来.而想要让两者同时停下来,施加给卡车的阻力必定远远大于施加给自行车的阻力.

将 $F = ma$ 代入式(2-15)可得

$$F\mathrm{d}t = ma\,\mathrm{d}t = m\frac{\mathrm{d}v}{\mathrm{d}t}\mathrm{d}t = m\mathrm{d}v = \mathrm{d}p. \tag{2-16}$$

由此出发,对其在时间段 $t_1 \sim t_2$ 上进行积分,可得

$$\int_{t_1}^{t_2} F\mathrm{d}t = \int_{p_1}^{p_2} \mathrm{d}p = p_2 - p_1. \tag{2-17}$$

式(2-17)中左边的积分表示合外力 F 在时间段 $t_1 \sim t_2$ 内的累积量,叫作力的**冲量**(impulse),用 I 来表示,即

$$I = \int_{t_1}^{t_2} F\mathrm{d}t. \tag{2-18}$$

在国际单位制中,冲量的单位是牛[顿]秒(N·s).冲量是矢量,它的方向并不是某时刻牵引力的方向,而是所有元冲量 $F\mathrm{d}t$ 在时间段 $t_1 \sim t_2$ 内的合矢量的方向.式(2-17)和(2-18)可得

$$I = p_2 - p_1. \tag{2-19}$$

式(2-19)表明,**物体在一段时间内所受合外力的冲量**,等于这段时间内物体动量的改变量,这个规律叫作质点的**动量定理**(theorem of momentum).

一般在打击、碰撞等问题中，物体与物体之间的相互作用时间极其短暂，但作用力却很大而且随时间变化，这种力称为冲力(impulsive force). 由于冲力随时间的变化非常快，很难用确切的解析函数来表示，因此可以用平均冲力 $\overline{\boldsymbol{F}}$ 来表示. 平均冲力的定义为

$$\overline{\boldsymbol{F}} = \frac{\int_{t_1}^{t_2} \boldsymbol{F} \mathrm{d}t}{t_2 - t_1}.$$

图 2-19 中所示曲线为棒球运动员在击球的过程中，棒对球的冲力随时间的变化曲线. 曲线与时间轴所包围的面积等于相应时间段内物体所受冲力的冲量的大小，而此时冲量可以表示为

$$\boldsymbol{I} = \overline{\boldsymbol{F}}(t_2 - t_1).$$

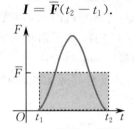

图 2-19　冲力随时间的变化

2. 质点系的动量定理

上面我们讨论了质点的动量定理，然而在许多问题中，我们还需研究由一些质点构成的质点系的动量变化与作用在质点系上的力之间的关系.

如图 2-20 所示，在系统内有两个质点 1 和 2，它们的质量分别为 m_1 和 m_2. 外界对系统内质点作用的力叫作外力，系统内质点间的相互作用力则叫作内力. 设作用在两质点上的外力分别是 $\boldsymbol{F}_1$ 和 $\boldsymbol{F}_2$，而两质点间相互作用的内力分别为 $\boldsymbol{F}_{12}$ 和 $\boldsymbol{F}_{21}$. 根据质点的动量定理，在时间段 $t_1 \sim t_2$ 内，两质点所受力的冲量分别为

$$\int_{t_1}^{t_2} (\boldsymbol{F}_1 + \boldsymbol{F}_{12}) \mathrm{d}t = m_1 \boldsymbol{v}_1 - m_1 \boldsymbol{v}_{10} \tag{2-20}$$

和

$$\int_{t_1}^{t_2} (\boldsymbol{F}_2 + \boldsymbol{F}_{21}) \mathrm{d}t = m_2 \boldsymbol{v}_2 - m_2 \boldsymbol{v}_{20}. \tag{2-21}$$

将式(2-20)与(2-21)相加，有

$$\int_{t_1}^{t_2} (\boldsymbol{F}_1 + \boldsymbol{F}_2) \mathrm{d}t + \int_{t_1}^{t_2} (\boldsymbol{F}_{12} + \boldsymbol{F}_{21}) \mathrm{d}t = (m_1 \boldsymbol{v}_1 + m_2 \boldsymbol{v}_2) - (m_1 \boldsymbol{v}_{10} + m_2 \boldsymbol{v}_{20}). \tag{2-22}$$

由牛顿第三定律知 $\boldsymbol{F}_{12} = -\boldsymbol{F}_{21}$，故式(2-22)可化简为

$$\int_{t_1}^{t_2} (\boldsymbol{F}_1 + \boldsymbol{F}_2) \mathrm{d}t = (m_1 \boldsymbol{v}_1 + m_2 \boldsymbol{v}_2) - (m_1 \boldsymbol{v}_{10} + m_2 \boldsymbol{v}_{20}).$$

上式表明，作用于两质点组成的质点系的合外力的冲量等于质点系内两质点动量之和的增量，即质点系的动量增量.

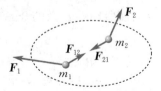

图 2-20　质点系的内力和外力

上述结论容易推广到由 n 个质点所组成的质点系.考虑到内力总是成对出现,且每一对内力总是大小相等,方向相反,其矢量和必为零.如果作用于质点系的合外力用 $\boldsymbol{F}_{\mathrm{ex}}$ 表示,且质点系的初动量和末动量分别为 $\boldsymbol{p}_0$ 和 $\boldsymbol{p}$,那么作用于质点系的合外力的冲量与质点系动量的增量之间的关系为

$$\int_{t_1}^{t_2} \boldsymbol{F}_{\mathrm{ex}} \mathrm{d}t = \sum_{i=1}^{n} m_i \boldsymbol{v}_i - \sum_{i=1}^{n} m_i \boldsymbol{v}_{i0} = \boldsymbol{p} - \boldsymbol{p}_0. \qquad (2-23)$$

式(2-23)表明,作用于质点系的合外力的冲量等于质点系动量的增量,这就是质点系的动量定理.

需要强调指出:作用于质点系的合外力是作用于质点系内每一质点的外力的矢量和.只有外力才对质点系的动量变化有贡献,而质点系的内力(质点系内各质点间的相互作用)是不能改变整个质点系的动量的.利用这个结论来研究由几个物体组成的系统的动力学问题可化繁为简.

在无限小的时间间隔内,质点系的动量定理可写成

$$\boldsymbol{F}_{\mathrm{ex}} \mathrm{d}t = \mathrm{d}\boldsymbol{p} \quad \text{或} \quad \boldsymbol{F}_{\mathrm{ex}} = \frac{\mathrm{d}\boldsymbol{p}}{\mathrm{d}t}. \qquad (2-24)$$

式(2-24)表明,作用于质点系的合外力等于质点系的动量对时间的变化率.

例 2-6   如图 2-21 所示,一柔软链条长为 l,单位长度的质量为 λ.链条放在桌上,桌上有一小孔,链条一端由小孔稍伸下,其余部分堆在小孔周围.由于某种扰动,链条因自身重量开始下落,求链条下落速度与下落距离之间的关系.设该链条各处的摩擦均略去不计,且链条可以自由伸开.

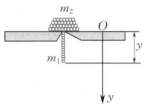

图 2-21   例 2-6 图

解   如图 2-21 所示,选桌面上一点为原点 O,竖直向下为 y 轴正方向.在某时刻 t,链条下垂部分的长度为 y,此时在桌面上尚有长为 $l-y$ 的链条.如选链条为系统,那么此系统含有竖直悬挂的链条和在桌面上的链条两部分,它们之间相互作用的力为内力.由于链条各处的摩擦均略去不计,下垂部分链条所受的重力为 $\boldsymbol{G}_1 = m_1 \boldsymbol{g}$,桌面上链条所受的重力为 $\boldsymbol{G}_2 = m_2 \boldsymbol{g}$,桌面上链条所受的支持力为 $\boldsymbol{F}_{\mathrm{N}} = -m_2 \boldsymbol{g}$,因此作用于系统的外力为 $\boldsymbol{F}_{\mathrm{ex}} = m_1 \boldsymbol{g}$,其中 $m_1 = \lambda y$.于是由质点系的动量定理可得

$$F_{\mathrm{ex}} \mathrm{d}t = \lambda y g \, \mathrm{d}t = \mathrm{d}p,$$

其中 $\mathrm{d}p$ 为系统的动量增量,即链条下垂部分的动量增量.

在 t 时刻,链条下垂长度为 y,下落的速度为 v,因此这部分链条的动量为

$$p = m_1 v = \lambda y v.$$

综上可得

$$yg = \frac{\mathrm{d}(yv)}{\mathrm{d}t}.$$

上式两边同乘以 $y\mathrm{d}y$，可得

$$y^2 g\mathrm{d}y = y\frac{\mathrm{d}y}{\mathrm{d}t}\mathrm{d}(yv).$$

已知在 $t = 0$ 时，链条尚未下落，即其下落速度为零. 于是对上式两边同时积分，得

$$g\int_0^y y^2 \mathrm{d}y = \int_0^{yv} yv\mathrm{d}(yv),$$

解得链条下落速度与下落距离之间的关系为

$$v = \left(\frac{2}{3}gy\right)^{\frac{1}{2}}.$$

2.2.2　动量守恒定律

当系统所受合外力为零，即 $F_{ex} = 0$ 时，系统总动量的增量也为零，也就是说，系统的总动量保持不变，即

$$\boldsymbol{p} = \sum_i m_i \boldsymbol{v}_i = 常矢量, \tag{2-25}$$

这就是**动量守恒定律**.

在应用动量守恒定律分析和解决问题时，应注意以下几点：

(1) 在动量守恒定律中，系统的动量是守恒量或不变量. 由于动量是矢量，故系统的总动量不变是指系统内各物体动量的矢量和不变，而不是指其中某个物体的动量不变. 由此可见，系统的内力无法改变系统的总动量. 此外，各物体的动量表述都应选取同一惯性系.

(2) 系统的动量守恒是有条件的，这个条件就是系统所受的合外力必须为零. 然而，有时系统所受的合外力虽不为零，但合外力远小于系统内力，这时可以略去合外力对系统的作用，认为系统的动量是守恒的. 像碰撞、打击、爆炸等这类问题，一般都可以这样来处理，即在碰撞、打击、爆炸等过程的前后，系统的总动量可近似视为不变.

(3) 如果系统所受合外力的矢量和并不为零，但合外力在某个方向上的分矢量为零，此时系统的总动量虽不守恒，但在该方向上的分动量却是守恒的.

(4) 动量守恒定律是物理学最普遍、最基本的定律之一. 动量守恒定律虽然是从表述宏观物体运动规律的牛顿运动定律导出的，但近代的科学实验和理论分析都表明：在自然界中，大到天体间的相互作用，小到质子、中子、电子等微观粒子间的相互作用都遵守动量守恒定律. 而在原子、原子核等微观领域中，牛顿运动定律却是不适用的. 因此，动量守恒定律比牛顿运动定律具有更普遍的意义.

例 2-7　如图 2-22 所示，在一次碰撞测试中，一辆质量为 1.50×10^3 kg 的汽车以 $v_i = 15.0$ m/s 的初速度向墙壁运动，撞到墙后以 $v_f = 2.60$ m/s 的末速度反弹回来，碰撞时间为 0.150 s，求：

（1）碰撞过程中汽车受到的冲量；

（2）墙壁施加在汽车上的平均力的大小和方向.

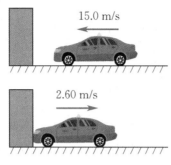

15.0 m/s

2.60 m/s

图 2-22　例 2-7 图

解　由图 2-22 可知，汽车初速度的方向沿水平方向向左，末速度的方向沿水平方向向右.

（1）由已知条件可计算出汽车的初动量和末动量大小分别为

$$p_i = mv_i = 1.50 \times 10^3 \times 15.0 \ \text{kg} \cdot \text{m/s} = 2.25 \times 10^4 \ \text{kg} \cdot \text{m/s},$$

$$p_f = mv_f = 1.50 \times 10^3 \times 2.60 \ \text{kg} \cdot \text{m/s} = 0.390 \times 10^4 \ \text{kg} \cdot \text{m/s}.$$

汽车所受冲量就是其末动量和初动量的差，因此汽车所受冲量的大小为

$$I = |\boldsymbol{p}_f - \boldsymbol{p}_i| = (0.390 \times 10^4 + 2.25 \times 10^4) \ \text{kg} \cdot \text{m/s}$$

$$= 2.64 \times 10^4 \ \text{kg} \cdot \text{m/s},$$

方向沿水平方向向右.

（2）由动量定理可得墙壁施加在汽车上的平均力的大小为

$$\overline{F} = \frac{2.64 \times 10^4}{0.150} \ \text{N} = 1.76 \times 10^5 \ \text{N},$$

方向沿水平方向向右.

2.2.3　变质量系统问题

在之前研究的问题中，系统总质量都是恒定不变的. 但在变质量系统中，物体的质量会随时间发生变化. 例如，雨滴在下落过程中逐渐蒸发，洒水车一边行驶一边洒水，下雪时浮冰上渐渐积满落雪，火箭发射时燃料不断燃烧等.

下面我们以火箭发射（见图 2-23）为例，来研究变质量系统问题.

火箭借助燃料的燃烧来不断向外喷出大量的气体使自身运动，其质量的损失是连续变化的. 火箭在飞行时，我们可忽略火箭受到的空气阻力与重力的影响. 如图 2-24 所示，假设在某一时刻 t，火箭的总质量为 m，并沿图中 z 轴方向相对于地面以速度 v 竖直向上运动. 在之后的 dt 时间内，火箭迅速喷出质量为 $-dm$ 的气体. 气体相对于火箭的速度为 u，火箭的速度增加了 dv，喷出的气体相对于地面的速度为 $v + (-u)$.

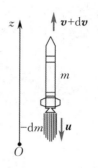

图 2-23　长征四号丙运载火箭发射　　　　图 2-24　火箭飞行原理

在 t 时刻，质量为 m 的火箭沿 z 轴的动量大小为 mv，在 $t+\mathrm{d}t$ 时刻，质量为 $m+\mathrm{d}m$ 的火箭和质量为 $-\mathrm{d}m$ 的气体的总动量大小为

$$(m+\mathrm{d}m)(v+\mathrm{d}v)-\mathrm{d}m(v-u).$$

略去二阶无穷小量 $\mathrm{d}m\mathrm{d}v$ 并结合动量守恒定律，可得

$$\mathrm{d}v=-u\frac{\mathrm{d}m}{m}. \tag{2-26}$$

设开始喷气时火箭的速度为零，火箭壳体连同携带的燃料及助燃剂等的总质量为 m_0，壳体本身的质量为 m_1，燃料耗尽时火箭的速度为 v_f．式（2-26）两边同时积分得

$$\int_0^{v_\mathrm{f}}\mathrm{d}v=-u\int_{m_0}^{m_1}\frac{\mathrm{d}m}{m},$$

化简得

$$v_\mathrm{f}=u\ln\frac{m_0}{m_1}, \tag{2-27}$$

其中 $\dfrac{m_0}{m_1}$ 称为质量比．显然，火箭的质量比越大，气体的喷射速度越大，燃料耗尽时火箭获得的速度就越大．然而，仅靠增加单级火箭的质量比或增大气体喷射速度来提高火箭的飞行速度是不够的．理论分析表明，气体喷射速度的理论值约为 5 000 m/s，而实际能达到的喷射速度小于理论值．此外，由于单级火箭燃料的装载量有限，因此质量比也不可能很大．这说明，依靠单级火箭难以实现人造卫星或宇宙飞行器的发射，必须采用多级火箭．

如有一人造卫星由三级火箭从地面静止发射，每级火箭的燃料燃烧完后燃料容器便自动脱落．设想气体的喷射速度恒为 $u=2.5\ \mathrm{km/s}$，且略去燃料用完后脱落的燃料容器的质量．若一、二、三级火箭的质量比分别为 $N_1=m_0'/m_1'$，$N_2=m_1'/m_2'$，$N_3=m_2'/m_3'$，那么由式（2-27）可得各级火箭中燃料燃烧完后，火箭的速度分别为

$$v_1=u\ln N_1,\quad v_2=v_1+u\ln N_2,\quad v_3=v_2+u\ln N_3.$$

所以，第三级火箭中的燃料燃烧完后，人造卫星的速度为

$$v_3=u(\ln N_1+\ln N_2+\ln N_3)=u\ln(N_1\cdot N_2\cdot N_3).$$

已知 $u=2.5\ \mathrm{km/s}$，若设 $N_1=4$，$N_2=3$，$N_3=2$，则可算得 $v_3\approx7.95\ \mathrm{km/s}$．这个速度已达人造地球卫星的入轨速度．上述计算只是一种估算，若考虑燃料用完后脱离的燃料容器的质量等因素，计算还要复杂得多．

？思考题

1. 如何从动量守恒定律出发得出牛顿第二、第三定律? 何种情况下,牛顿第三定律不成立?

2. 内力为什么不能改变质点系的动量?

2.3 角动量守恒定律

2.3.1 角动量

在研究物体的机械运动时,我们常会遇到质点或质点系绕某一给定的点或轴运动的情况,例如,行星绕太阳的运动,卫星绕地球的运动等.在这类运动中,质点的动量在不断变化,动量不再是守恒量.根据这类运动的特征,为了描述其特有的运动状态,我们还需引入一个新的物理量 —— 角动量(angular momentum).

设一质量为 m 的质点做一般的曲线运动,某时刻该质点的速度为 v,相对于固定点 O 的位矢为 r,则其对 O 点的角动量 L 定义为

$$L = r \times mv = r \times p, \tag{2-28}$$

其大小为

$$L = rp\sin\varphi = mrv\sin\varphi, \tag{2-29}$$

其中 φ 是质点的位矢 r 与动量 p 之间的夹角.角动量的方向由右手螺旋定则确定,与 r 和 p 构成的平面垂直,如图 2-25 所示.

因为角动量 L 的定义式中含有动量 p,所以 L 与所取的参考系有关.又因 L 的定义式中还含有位矢 r,故 L 又与参考点的位置有关.对不同的参考点,同一质点的角动量一般是不同的.为了明确角动量与参考点的关系,作图时我们一般将表示角动量 L 的有向线段的起点置于参考点上,如图 2-26 所示.

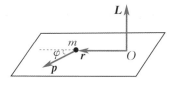

图 2-25 质点的角动量

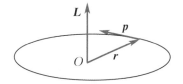

图 2-26 质点对圆心的角动量

当质点绕参考点 O 做圆周运动时,$\varphi = 90°$,$\sin\varphi = 1$.此时,质点对圆心(参考点)O 的角动量大小为

$$L = rp = mrv. \tag{2-30}$$

如果我们讨论的是一个由多个质点构成的质点系,则该质点系对某一参考点 O 的角动量等于质点系中所有质点对 O 点的角动量的矢量和.设一质点系由 n 个质点组成,它们对 O 点的位矢分别为 $r_1, r_2, \cdots, r_n$,动量分别为 $p_1, p_2, \cdots, p_n$,则质点系对 O 点的角动量为

$$L = \sum_{i=1}^{n} L_i = \sum_{i=1}^{n} (r_i \times p_i).$$

在国际单位制中,角动量的单位为千克二次方米每秒(kg·m²/s).

2.3.2 角动量定理

我们知道，一个质点的动量对时间的变化率是由质点所受的合外力决定的，那么质点的角动量对时间的变化率又由什么决定呢？

下面我们来求质点的角动量 L 对时间 t 的变化率，

$$\frac{\mathrm{d}L}{\mathrm{d}t} = \frac{\mathrm{d}(r \times p)}{\mathrm{d}t} = \frac{\mathrm{d}r}{\mathrm{d}t} \times p + r \times \frac{\mathrm{d}p}{\mathrm{d}t}. \tag{2-31}$$

因为 $\frac{\mathrm{d}r}{\mathrm{d}t} = v$，而 v 与 p 的方向一致，所以式（2-31）中右边第一项为零. 又由于 $\frac{\mathrm{d}p}{\mathrm{d}t} = F$，因此式（2-31）可表示为

$$\frac{\mathrm{d}L}{\mathrm{d}t} = r \times F. \tag{2-32}$$

式（2-32）表明，质点角动量对时间的变化率不仅与所受的外力 F 有关，还与参考点到质点的位矢（也就是力的作用点位矢）有关. 我们把 $r \times F$ 定义为外力 F 对参考点 O 的力矩（moment of force），用 M 表示，如图 2-27 所示，有

$$M = r \times F, \tag{2-33}$$

其大小为

$$M = r_\perp F = rF\sin\alpha, \tag{2-34}$$

其中 $r_\perp$ 是力的作用线到 O 点的距离，称为力臂（arm of force）. 力矩的方向垂直于位矢 r 与力 F 所决定的平面，其方向由右手螺旋定则确定. 在国际单位制中，力矩的单位为牛［顿］米（N·m）.

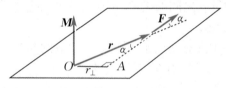

图 2-27 力矩的定义

对于一个由 n 个质点构成的质点系，若作用在各质点上的力分别为 $F_1, F_2, \cdots, F_n$，其作用点相对于参考点的位矢分别为 $r_1, r_2, \cdots, r_n$，则它们对参考点 O 的合力矩为各力单独存在时对该参考点力矩的矢量和，即

$$M = M_1 + M_2 + \cdots + M_n = \sum_{i=1}^{n}(r_i \times F_i). \tag{2-35}$$

引入了力矩的概念后，式（2-32）可写为

$$M = \frac{\mathrm{d}L}{\mathrm{d}t}. \tag{2-36}$$

式（2-36）表明，质点对某一参考点的角动量对时间的变化率等于质点所受的合外力对该参考点的力矩，这一结论称为质点的角动量定理（theorem of angular momentum）. 式（2-36）是质点角动量定理的微分表达式.

将式（2-36）两边同乘以 $\mathrm{d}t$，并对时间积分（力矩的作用时间为 t_1 到 t_2），可得

$$\int_{t_1}^{t_2} M\mathrm{d}t = L_2 - L_1, \tag{2-37}$$

其中 $\int_{t_1}^{t_2} M\mathrm{d}t$ 称为冲量矩（moment of impulse），它是外力矩对时间的累积量. 式（2-37）表明，作

用在质点上的合外力在某段时间内的冲量矩等于质点在该时间段内的角动量增量,这就是质点的角动量定理的积分表达式.

质点的角动量定理是质点绕定点运动的动力学基本规律,它实质上仍是牛顿第二定律. 与牛顿第二定律相比,质点的角动量定理只是用力矩代替了作用在质点上的力,用角动量代替了动量. 力矩是使角动量发生变化的原因.

由于质点的角动量定理是在牛顿第二定律的基础上导出的,故它仅适用于惯性系,描述质点角动量的参考点也必须固定在惯性系中. 质点系的角动量定理将得到与式(2-36)和(2-37)类似的表达式,只不过此时 M 表示质点系所受合外力矩的矢量和,L 则表示质点系的角动量.

2.3.3 角动量守恒定律

根据式(2-36),无论是一个质点还是由 n 个质点所构成的质点系,若作用在其上的合外力矩为零,即 $M = 0$,则 $L =$ 常矢量. 也就是说,当质点或质点系所受外力对某参考点的力矩的矢量和为零时,质点或质点系对该点的角动量保持不变. 这一结论称为质点或质点系的角动量守恒定律.

角动量守恒定律是自然界的一条普遍定律,它有着广泛的应用. 若质点所受外力的作用线始终通过某固定点,则该力称为有心力(central force),该固定点称为力心. 由于有心力对力心的力矩恒为零,因此若一质点所受的合外力为有心力,则该质点对力心的角动量守恒. 行星绕日运动、卫星绕行星运动、微观粒子的散射运动等都是在有心力作用下的运动.

根据质点系的角动量守恒定律,可以解释宇宙中许多星系都呈现出扁状旋转的结构这一现象. 以银河系为例,最初它可能是个缓慢旋转着的球形气体云,具有一定的初始角动量,由于自身万有引力的作用向内逐渐收缩. 在垂直于转轴的径向,根据角动量守恒定律,当气体云收缩时,其旋转速率必然增大. 旋转的星系并非惯性系,星系内的物质除了受到引力作用外,还受到一个与引力方向相反的惯性力作用,称为惯性离心力. 星系的旋转速度增大,必将引起惯性离心力增大,以抵抗引力的收缩作用. 然而沿转轴方向并不存在惯性离心力的作用,于是银河系就演化成垂直于转轴高速旋转的扁盘状结构.

例 2-8 已知人造地球卫星沿椭圆轨道运动(见图 2-28,注意此图为示意图,比例并不正确),其近地点距离地面高为 $l_1 = 439$ km,远地点距离地面高为 $l_2 = 2\,384$ km,地球半径为 $R = 6\,378$ km. 若卫星在近地点的速率为 $v_1 = 8.1$ km/s,求卫星在远地点的速率 v_2.

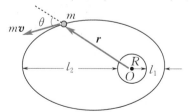

图 2-28 例 2-8 图

解 卫星在绕地球运动的过程中,受到的力主要是地球引力,其他的力可以略去不计. 由于地球的引力为有心力,因此卫星在运动的过程中角动量守恒,即

$$L = mvr\sin\theta = 常量.$$

卫星在近地点和远地点时，$\theta = \dfrac{\pi}{2}$，故有

$$mv_1(R + l_1) = mv_2(R + l_2),$$

由此可得

$$v_2 = \frac{R + l_1}{R + l_2}v_1 = \frac{6\,378 + 439}{6\,378 + 2\,384} \times 8.1\ \text{km/s} \approx 6.3\ \text{km/s}.$$

思考题

1. 当质量为 m 的人造卫星在轨道上运动时，常常列出以下两个方程：

$$mv_2\sin\theta_2 = mv_1\sin\theta_1, \qquad \frac{mv^2}{r} = \frac{Gm_{\text{E}}m}{r^2},$$

其中 m_{E} 为地球质量. 试分析上述两个方程各在什么条件下成立.

2. 做匀速圆周运动的质点，其质量 m、速率 v 及圆周半径 r 都是常量. 虽然其速度方向时时在改变，但总与半径垂直，所以其角动量守恒. 这个说法正确吗？

2.4 能量守恒定律

能量的概念最早是由英国物理学家托马斯·杨于 1807 年引入的，并很快以不同的形式进入力学、热学、电磁学等各个领域. 能量以各种形式存在于宇宙中，在宇宙中发生的每一个物理过程都涉及能量和能量的转移或转化. 可以说，能量概念的巨大价值在于它形式的多样性以及不同形式之间的可转化性.

在自然界中，不同的运动形式具有不同形式的能量. 在机械运动中，能量表现为物体或系统整体的机械能，如动能、势能等；在分子热运动中，能量多表现为系统的内能. 按照不同的形式进行分类，能量可分为核能、机械能、化学能、内能（热能）、电能、辐射能、生物能等. 在力学中，能量和动量都是状态量，它们分别从两个不同的角度反映了物体的运动状态. 但是与动量相比，正如上面所述，能量概念的价值在于它具有多种不同的形式且不同形式的能量之间可以相互转化.

在长期的生产实践和科学实验中，人们总结出一条重要的结论：在一个孤立系统内发生的各种过程中，能量既不能被创造，也不能被消灭，它只能从一种形式转化为另一种形式，系统各种能量的总和保持不变，这就是能量守恒定律. 能量的单位与功的单位相同，在国际单位制中，能量的单位是焦［耳］(J). 在不同的领域，能量也可采用不同的单位，如电子伏（1 eV = 1.602×10^{-19} J），卡［路里］(1 cal = 4.18 J) 等.

2.4.1 功和功率

1. 恒力做功

在力学中，力对物体的持续作用对于时间和空间的累积都具有实际的物理意义. 在这一节中，我们将介绍力对物体的作用在空间上的累积，也就是功（work）. 物体在力 $\boldsymbol{F}$ 的作用下发生一无限小的位移 $\Delta\boldsymbol{r}$ 时，此力对它所做的功定义为：力沿所作用物体位移方向上的投影大小与

所作用物体位移大小的乘积.

如图 2-29 所示,物体(可视为质点)在恒力 F 的作用下做直线运动,其位移为 Δr,力与位移的夹角为 θ,则力 F 对物体所做的功为

$$W = F \cdot \Delta r = |F||\Delta r|\cos\theta. \tag{2-38}$$

式(2-38)中,力和位移都是矢量,而两个矢量的点乘为标量,因此功是标量,即只有大小、正负,但不具备方向性,并且功的大小不依赖于所选择的参考系(经典力学范围内).

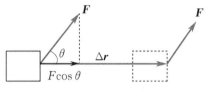

图 2-29 恒力 F 做的功

当 $0 \leqslant \theta < \dfrac{\pi}{2}$ 时,力做正功,即为正值;当 $\theta = \dfrac{\pi}{2}$ 时,力不做功;当 $\dfrac{\pi}{2} < \theta \leqslant \pi$ 时,力做负功,即功为负值. 在国际单位制中,功的单位为焦[耳](J).

2. 变力做功

如图 2-30 所示,如果质点的运动轨迹不是直线,且质点受一变力 F 的作用,则上述恒力做功的表达式就不适用了. 对此,我们可以采用微元法,将位移分解为无穷多个微元 dr,称为元位移,每一小段 dr 的长度均等于 ds,即 $ds = |dr|$. 每一小段上力可看作恒力,位移可看作直线,这一小段上力对质点所做的功(元功)可表示为

$$dW = F \cdot dr = F|dr|\cos\theta = F\cos\theta ds = F_t ds, \tag{2-39}$$

其中 F_t 为 F 沿元位移的切向分量. 那么,质点从 a 点到 b 点的过程中,变力 F 所做的功为

$$W = \int_a^b F \cdot dr = \int_a^b F\cos\theta ds. \tag{2-40}$$

式(2-40)是变力做功的一般表达式,功的量值不仅与力的大小、方向以及质点的始、末位置有关,还和质点运动的具体路径有关. 因此,功是一个过程量.

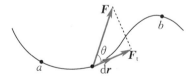

图 2-30 变力 F 所做的功

如果质点在运动过程中同时受到多个力的作用,则合力 F 所做的功为

$$\begin{aligned}
W &= \int_a^b F \cdot dr = \int_a^b (F_1 + F_2 + \cdots + F_n) \cdot dr \\
&= \int_a^b F_1 \cdot dr + \int_a^b F_2 \cdot dr + \cdots + \int_a^b F_n \cdot dr \\
&= W_1 + W_2 + \cdots + W_n.
\end{aligned} \tag{2-41}$$

式(2-41)表明,合力对该质点所做的功,等于该过程中各分力所做的功的代数和,这就是**功的叠加原理**.

课堂思考 一质点运动过程中,作用于该质点的某个力一直没有做功,这是否表明此力在这一过程中对该质点的运动没有产生任何影响?

例 2-9　如图 2-31 所示,质量为 m 的小球系于长度为 R 的细绳末端,细绳的另一端固定在 A 点,将小球悬挂在空中.现小球在水平推力的作用下,缓慢地从竖直位置移到细绳与竖直方向成 α 角的位置,求水平推力 $\boldsymbol{F}$ 所做的功(不考虑空气阻力).

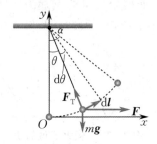

图 2-31　例 2-9 图

解　由于小球是缓慢移动的,因此在它经过的任一位置(细绳与竖直方向的夹角为 θ)上,推力 $\boldsymbol{F}$、细绳的拉力 $\boldsymbol{F}_T$ 和小球所受重力 $m\boldsymbol{g}$ 三个力始终是平衡的,即

$$\boldsymbol{F} + \boldsymbol{F}_T + m\boldsymbol{g} = \boldsymbol{0}.$$

取竖直向上为 y 轴正方向,水平向右为 x 轴正方向,根据力的平衡条件有

$$F_T \sin\theta = F,$$
$$F_T \cos\theta = mg.$$

综上可得

$$F = mg\tan\theta.$$

由此可知,水平推力 $\boldsymbol{F}$ 的大小不是恒定的,而是随着 θ 的增大而增大.设小球在偏离竖直方向角 θ 的位置上发生微小位移 $\mathrm{d}\boldsymbol{l}$,变力 $\boldsymbol{F}$ 所做的元功为

$$\mathrm{d}W = \boldsymbol{F} \cdot \mathrm{d}\boldsymbol{l} = F\cos\theta \mathrm{d}s = F\cos\theta R\mathrm{d}\theta,$$

其中 $\mathrm{d}s$ 是位移 $\mathrm{d}\boldsymbol{l}$ 所对应的路程.由竖直位置到 θ 变为 α 的过程中,变力 $\boldsymbol{F}$ 所做的总功为

$$W = \int_0^\alpha F\cos\theta R\mathrm{d}\theta = \int_0^\alpha mgR\tan\theta\cos\theta \mathrm{d}\theta = \int_0^\alpha mgR\sin\theta \mathrm{d}\theta$$
$$= mgR(1 - \cos\alpha).$$

3. 功率

在实际生活中,我们不仅要考虑做功的多少,还需要知道做一定功所需要的时间.对于一个机器来说,做功的快慢,其实就反映了该机器性能的高低.为了描述力做功的快慢,我们引入一个物理量——功率(power),其定义为力在单位时间内所做的功,用 P 来表示,则有

$$P = \frac{\mathrm{d}W}{\mathrm{d}t}.$$

因为 $\mathrm{d}W = \boldsymbol{F} \cdot \mathrm{d}\boldsymbol{r}$,所以上式又可以写为

$$P = \boldsymbol{F} \cdot \boldsymbol{v}. \tag{2-42}$$

式(2-42)表示,功率等于力与速度的标积,在国际单位制中,功率的单位为瓦[特](W),$1\ \mathrm{W} = 1\ \mathrm{J/s}$.

2.4.2 动能和动能定理

引入动能的意义和动量的意义相似.从数学上看,动能定理不过是牛顿第二定律瞬时关系式对空间的积分结果,但从物理上看,引入动能这一新的物理量,却更能从空间的角度体现物体间相互作用能改变物体运动状态这一属性.

1. 质点的动能定理

如图 2-32 所示,设一质量为 m 的质点在合外力 F 的作用下沿曲线由 a 点运动到 b 点,质点的初速度为 v_1,末速度为 v_2,根据力对质点做功的定义式,质点从 a 点运动到 b 点过程中,力 F 所做的功为

$$W = \int_a^b F \cdot \mathrm{d}r = \int_a^b m \frac{\mathrm{d}v}{\mathrm{d}t} \cdot \mathrm{d}r = \int_a^b m \mathrm{d}v \cdot \frac{\mathrm{d}r}{\mathrm{d}t}$$
$$= \int_{v_1}^{v_2} m v \cdot \mathrm{d}v = \int_{v_1}^{v_2} \frac{1}{2} m \mathrm{d}(v \cdot v) = \int_{v_1}^{v_2} \frac{1}{2} m \mathrm{d}(v^2)$$
$$= \frac{1}{2} m v_2^2 - \frac{1}{2} m v_1^2. \tag{2-43}$$

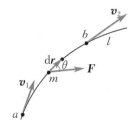

图 2-32 外力 F 做的功

我们把 $\frac{1}{2} m v^2$ 定义为质点的**动能**(kinetic energy),常用 E_k 表示.动能可表示质点在某一位置的运动状态,且与速率有关.动能为标量,只有大小,没有方向. $\frac{1}{2} m v_2^2 - \frac{1}{2} m v_1^2$ 表示质点末动能与初动能的差值,即动能的增量.因此,式(2-43)也可表示为

$$W = E_{k2} - E_{k1} = \Delta E_k. \tag{2-44}$$

式(2-44)表明,合外力对质点所做的功等于质点动能的增量.该结论被称为质点的**动能定理**(theorem of kinetic energy).

课堂思考 式(2-43)和(2-44)所示的动能定理是否对所有参考系都成立?

关于质点的动能定理,我们还应注意以下两点:

(1)功与动能之间的联系和区别.只有合外力对质点做功,才能使质点的动能发生变化.功是质点能量变化的量度.功是与在外力作用下质点的位置移动过程相联系的,故功是一个过程量.而动能则是决定于质点的运动状态,是一个状态量.

(2)与牛顿第二定律一样,动能定理也只适用于惯性系.在不同的惯性系中,质点的位移和速度都是不同的.因此,功和动能依赖于惯性系的选取,但在不同惯性系中,动能定理的形式相同.

2. 质点系的动能定理

一由 n 个质点构成的质点系,其内部各质点除了受到外力的作用外,还受到质点系内其他

质点的内力作用. 设一质点系中作用在第 i 个质点上的合外力的功为 $W_{i外}$, 合内力的功为 $W_{i内}$, 则由式 (2-44) 可得

$$W_{i外} + W_{i内} = E_{k2i} - E_{k1i}, \qquad (2-45)$$

其中 E_{k1i} 和 E_{k2i} 分别为第 i 个质点的始、末状态的动能. 将式 (2-45) 应用于质点系内的所有质点, 并求和, 可得

$$\sum_{i=1}^{n} W_{i外} + \sum_{i=1}^{n} W_{i内} = \sum_{i=1}^{n} E_{k2i} - \sum_{i=1}^{n} E_{k1i}.$$

令 $W_{外} = \sum_{i=1}^{n} W_{i外}$ 表示作用于质点系的外力所做功的总和, $W_{内} = \sum_{i=1}^{n} W_{i内}$ 表示作用于质点系的内力所做功的总和, $E_{k1} = \sum_{i=1}^{n} E_{k1i}$, $E_{k2} = \sum_{i=1}^{n} E_{k2i}$ 分别表示质点系始、末状态的总动能, 有

$$W_{外} + W_{内} = E_{k2} - E_{k1}. \qquad (2-46)$$

式 (2-46) 表明, 质点系外力做功之和与内力做功之和等于质点系动能的增量, 这一结论称为质点系的动能定理. 质点或质点系的动能定理在惯性系中成立, 在非惯性系中则还要考虑惯性力做功.

外力做功比较好分析, 内力做功的特点, 我们在这里作为结论强调一下:

(1) 一对相互作用的内力做功之和与参考系的选取无关.

(2) 一对相互作用的内力做功之和等于其中一个质点所受的力在该质点相对另一质点 (视为静止) 移动的路径上所做的功.

例 2-10 如图 2-33 所示, 一链条长为 l, 质量为 m, 放在光滑的水平桌面上. 链条一端下垂. 假设链条在重力作用下由静止开始下滑 (初始下垂长度为 a), 求链条全部离开桌面时的速度.

解 重力做功只体现在悬挂的一段链条上, 设某时刻悬挂着的一段链条长为 x, 选取竖直向下为 x 轴正方向, 则其所受重力大小为

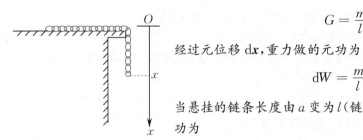

$$G = \frac{m}{l}gx.$$

经过元位移 $\mathrm{d}x$, 重力做的元功为

$$\mathrm{d}W = \frac{m}{l}gx\,\mathrm{d}x.$$

当悬挂的链条长度由 a 变为 l (链条全部离开桌面) 时, 重力做的功为

图 2-33 例 2-10 图

$$W = \int_a^l \mathrm{d}W = \int_a^l \frac{m}{l}gx\,\mathrm{d}x = \frac{m}{2l}g(l^2 - a^2).$$

根据动能定理, 外力所做的功等于链条动能的增量, 由此可得

$$W = \frac{m}{2l}g(l^2 - a^2) = \frac{1}{2}mv^2 - 0.$$

链条全部离开桌面时的速度大小为

$$v = \sqrt{\frac{g}{l}(l^2 - a^2)},$$

方向沿竖直方向向下.

2.4.3　保守力与非保守力　势能

在介绍保守力和势能之前,我们先对重力、弹力和万有引力做功进行分析,再进一步探究保守力的特点.

1. 重力的功

如图 2-34 所示,建立以地球表面一点为原点的参考系.设一质量为 m 的质点,从距离地球表面高度为 y_a 的位置,沿任意路径到达距离地球表面高度为 y_b 的位置,两位置的竖直高度差为 h,在这一过程中,假设重力 $\boldsymbol{P}$ 大小不变,则重力对质点所做的功为

$$W_{ab} = \int_a^b \boldsymbol{P} \cdot \mathrm{d}\boldsymbol{r} = \int_{y_a}^{y_b} -mg\,\mathrm{d}y = mgy_a - mgy_b. \tag{2-47}$$

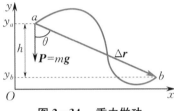

图 2-34　重力做功

由式(2-47)可以看出,重力所做的功仅取决于质点的始、末高度,与质点所经过的路径无关.

2. 万有引力的功

如图 2-35 所示,有两个质量分别为 m_1 和 m_2 的质点 A 和 B,质点 A 固定不动,质点 B 在质点 A 的引力作用下从 a 点沿着路径 l 运动到 b 点,则万有引力 $\boldsymbol{F}$ 所做的功为

$$W_{ab} = \int_a^b \boldsymbol{F} \cdot \mathrm{d}\boldsymbol{r} = \int_a^b -G\frac{m_1 m_2}{r^2}\boldsymbol{e}_r \cdot \mathrm{d}\boldsymbol{r},$$

其中 $\boldsymbol{e}_r$ 为径向单位矢量.由图 2-35 可以看出

$$\boldsymbol{e}_r \cdot \mathrm{d}\boldsymbol{r} = |\boldsymbol{e}_r||\mathrm{d}\boldsymbol{r}|\cos\theta = |\mathrm{d}\boldsymbol{r}|\cos\theta = \mathrm{d}r,$$

因此可得

$$W_{ab} = \int_{r_a}^{r_b} -G\frac{m_1 m_2}{r^2}\mathrm{d}r = G\frac{m_1 m_2}{r_b} - G\frac{m_1 m_2}{r_a}. \tag{2-48}$$

式(2-48)表明,万有引力做功只与质点的始、末位置有关,而与路径无关.

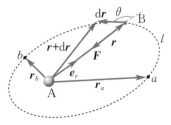

图 2-35　万有引力做功

3. 弹力的功

如图2-36所示，一个劲度系数为k的轻质弹簧，一端固定，另一端连接一个质量为m的物体. 设物体的平衡位置为原点O，水平向右为x轴正方向，单位矢量为i. 当物体被拉至距平衡位置$x(x>0)$处时，物体会受到来自弹簧的弹力$\boldsymbol{F}=-kx\boldsymbol{i}$，物体向右移动一段位移$\mathrm{d}\boldsymbol{r}=\mathrm{d}x\boldsymbol{i}$，弹力对物体所做的功为

$$\mathrm{d}W=\boldsymbol{F}\cdot\mathrm{d}\boldsymbol{r}=-kx\boldsymbol{i}\cdot\mathrm{d}x\boldsymbol{i}=-kx\mathrm{d}x. \quad (2-49)$$

于是当物体从a点运动到b点时，弹力所做的功为

$$W_{ab}=\int_{x_1}^{x_2}-kx\mathrm{d}x=-\left(\frac{1}{2}kx_2^2-\frac{1}{2}kx_1^2\right). \quad (2-50)$$

式(2-50)表明，弹力做功只与物体的始、末位置有关，而与路径无关.

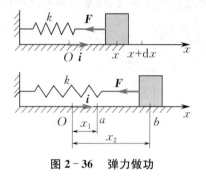

图2-36　弹力做功

4. 保守力和非保守力

从上面的分析讨论可以看出，重力、万有引力、弹力做功都有一个共同的特点，即做功只与质点的始、末位置有关，而与质点所经历的路径无关，我们把具有这种做功性质的力称为**保守力**(conservative force). 重力、万有引力、弹力都是保守力.

由于保守力所做的功与运动质点所经过的路径无关，因此如果质点沿闭合路径绕行一周，则保守力对质点所做的功恒为零. 质点在保守力$\boldsymbol{F}$的作用下，沿任意闭合路径l所做的功用积分公式可表示为

$$\oint_l \boldsymbol{F}\cdot\mathrm{d}\boldsymbol{r}=0. \quad (2-51)$$

并非所有的力都是保守力，如果力所做的功不仅取决于受力质点的始、末位置，还与质点所经过的路径有关，或者说，力沿某些闭合路径所做的功不等于零，则称这种力为**非保守力**. 摩擦力就是非保守力.

5. 势能

由于功是能量变化的量度，因此保守力做功必将导致相应能量的变化. 根据上述保守力做功的特点，显而易见，这种能量的变化应该只取决于质点位置的变化. 这种由质点空间位置决定的能量就是**势能**(potential energy)，一般用E_p表示. E_p是空间位置的函数，与重力相关的势能称为重力势能，与万有引力相关的势能称为引力势能，与弹力相关的势能称为弹性势能. 如果把$E_{\mathrm{p}b}-E_{\mathrm{p}a}$称为势能的增量，则保守力做功与势能的关系可表示为

$$W_{ab}=E_{\mathrm{p}a}-E_{\mathrm{p}b}=-(E_{\mathrm{p}b}-E_{\mathrm{p}a}). \quad (2-52)$$

式(2-52)表明，**保守力做功等于势能增量的负值**.

关于势能，我们需要注意以下几点：

(1) 只有在存在保守力的情况下才能引入势能的概念,对于非保守力,不存在势能的概念.

(2) 势能的相对性.势能的值与势能零点的选取有关.一般取地面为重力势能零点,引力势能零点取在无限远处,而水平放置的弹簧处于自然伸长状态时,其弹性势能为零.当然,势能零点也可以任意选取,选取不同的势能零点,物体的势能将具有不同的值.因此,势能具有相对性,但也应当注意,任意两点间的势能之差却是具有绝对性的.力学中常见的势能表达式如下:

$$重力势能\ E_{p重} = mgy \qquad (势能零点:y = 0\ 处),$$

$$引力势能\ E_{p引} = -G\frac{m_1 m_2}{r} \qquad (势能零点:r = \infty\ 处),$$

$$弹性势能\ E_{p弹} = \frac{1}{2}kx^2 \qquad (势能零点:x = 0\ 处).$$

(3) 势能是由于系统内各质点间具有保守力作用而产生的,因此它是属于系统的.单独谈单个质点的势能是没有意义的.应当注意,在平常叙述时,常将地球与质点所共有的重力势能说成是质点的,这只是为了叙述上的方便.质点的引力势能和弹性势能,也都是这样.

从上述讨论可以看出,当坐标系和势能零点确定后,质点的势能便仅为坐标的函数,即 $E_p = E_p(r)$.按此函数画出的势能随坐标变化的曲线,称为**势能曲线**.图 2-37(a) 所示为重力势能的势能曲线,该曲线是一条直线.图 2-37(b) 所示为弹性势能曲线,该曲线是一条通过原点的抛物线.原点为平衡位置,其势能为零,它是弹性势能的最小值.图 2-37(c) 所示为引力势能曲线,该曲线是一条双曲线.当 $r \to \infty$ 时,引力势能趋于零,这与前面规定的在无穷远处引力势能为零是一致的.

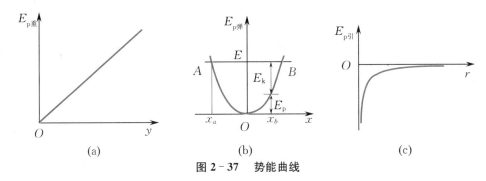

图 2-37 势能曲线

式(2-52)反映了保守力做功与势能的关系,其微分关系可以表示为

$$dW_保 = -dE_p, \qquad (2-53)$$

其中 $dW_保$ 又可表示为

$$dW_保 = F_{保x}dx + F_{保y}dy + F_{保z}dz.$$

势能作为空间位置的函数,其微分形式可表示为

$$dE_p = \frac{\partial E_p}{\partial x}dx + \frac{\partial E_p}{\partial y}dy + \frac{\partial E_p}{\partial z}dz.$$

综上可得

$$F_{保x} = -\frac{\partial E_p}{\partial x}, \quad F_{保y} = -\frac{\partial E_p}{\partial y}, \quad F_{保z} = -\frac{\partial E_p}{\partial z},$$

则保守力的矢量形式可写为

$$F_{\text{保}} = -\left(\frac{\partial E_{\text{p}}}{\partial x}\boldsymbol{i} + \frac{\partial E_{\text{p}}}{\partial y}\boldsymbol{j} + \frac{\partial E_{\text{p}}}{\partial z}\boldsymbol{k}\right). \tag{2-54}$$

由式(2-54)可知,保守力沿各坐标方向的分量,在数值上等于系统的势能沿相应方向的空间变化率的值,其方向为势能降低的方向.因此,势能曲线上某点斜率的负值就等于质点在该点所受到的保守力的大小.

2.4.4 功能原理 机械能守恒定律

1. 功能原理

根据前面所讲的质点系的动能定理,我们知道系统动能的增量等于外力做功和内力做功之和.在一般情况下,质点系内部既存在保守内力的相互作用,又存在非保守内力的相互作用.内力所做的总功包括保守内力和非保守内力所做的功,即

$$W_{\text{内}} = W_{\text{保内}} + W_{\text{非保内}},$$

则质点系的动能定理又可以写成如下形式:

$$W_{\text{外}} + W_{\text{保内}} + W_{\text{非保内}} = E_{\text{k2}} - E_{\text{k1}}. \tag{2-55}$$

根据保守内力的功与相关势能的关系,有

$$W_{\text{保内}} = -(E_{\text{p2}} - E_{\text{p1}}),$$

代入式(2-55)可得

$$W_{\text{外}} + W_{\text{非保内}} = (E_{\text{k2}} + E_{\text{p2}}) - (E_{\text{k1}} + E_{\text{p1}}).$$

系统的动能和势能之和称为系统的机械能,用 E 表示,即

$$E = E_{\text{k}} + E_{\text{p}}.$$

若用 E_1 和 E_2 分别表示质点系初状态和末状态的机械能,则有

$$W_{\text{外}} + W_{\text{非保内}} = E_2 - E_1. \tag{2-56}$$

式(2-56)表明,质点系机械能的增量等于所有外力和非保守内力所做的功的代数和,这称为质点系的功能原理.功能原理全面地概括和体现了力学中的功能关系.质点及质点系的动能定理只是它的特殊情形,功能原理是普遍的功能关系.由于动能定理的基础是牛顿第二定律,因此功能原理也只能在惯性系中成立.

2. 机械能守恒定律

结合质点系的功能原理,我们发现,当 $W_{\text{外}} + W_{\text{非保内}} = 0$ 时,有 $E_1 = E_2$,即

$$E_{\text{k}} + E_{\text{p}} = 常量. \tag{2-57}$$

式(2-57)表明,当系统中只有保守内力做功时,质点系的机械能保持不变,此即质点系的机械能守恒定律(law of conservation of mechanical energy).

若 $W_{\text{外}} + W_{\text{非保内}} = 0$ 成立,则存在以下两种可能:

(1) $W_{\text{外}} = 0, W_{\text{非保内}} = 0$,即无外力做功,且无非保守内力做功.

(2) $W_{\text{外}} = -W_{\text{非保内}}$,即系统某一段变化过程中,外力的功与非保守内力的功恰好抵消.

这两种可能虽然都可以保证系统机械能守恒,但物理意义不相同.前者可以保证系统在任意时刻机械能都守恒,而后者表示只在某段特殊的过程中系统机械能守恒,并不能保证系统机械能时刻守恒.

课堂思考 质点系在某一运动过程中,作用于它的非保守力先做正功,后做负功,整个过程做功总和为零.问:质点系始、末两个状态的机械能相等吗?整个过程机械能守恒吗?

2.4.5 碰撞

碰撞现象在我们的生活中随处可见,如两个台球的碰撞,棒球和球棒之间的碰撞等. 一般来讲,两个或两个以上的物体在运动中相互靠近并发生接触时,在极其短暂的时间内发生相互作用,导致物体的运动状态发生急剧变化的过程,称为碰撞(collision).

碰撞过程一般都非常复杂,难以对其进行仔细分析. 但是,由于我们通常只需要了解物体在碰撞前后运动状态的变化,而且对发生碰撞的系统而言,它们之间相互作用的内力比其他物体对系统的外力要大得多,外力的作用往往可以忽略不计,因此我们可以利用动量、角动量以及能量守恒定律来解决问题.

如果在碰撞后,两物体的动能之和完全没有损失,那么这种碰撞叫作弹性碰撞(elastic collision). 在两物体碰撞时,由于非保守力作用,致使机械能转化为热能、声能、化学能等其他形式的能量,或者其他形式的能量转化为机械能,这种碰撞就是非弹性碰撞(inelastic collision). 如果两物体在非弹性碰撞后以同一速度运动,这种碰撞就是完全非弹性碰撞(completely inelastic collision). 下面我们对这三种情况分别进行讨论.

1. 弹性碰撞

如图 2-38 所示,设有两质量分别为 m_1 和 m_2,速度分别为 v_{10} 和 v_{20} 的弹性小球进行对心碰撞,且碰撞前后两小球的速度方向均共线. 若碰撞是弹性碰撞,求碰撞后两小球的速度 v_1 和 v_2.

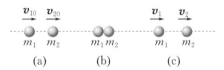

图 2-38 两小球的对心碰撞

由于碰撞后两小球还是沿着原来的直线运动,两者间的相互作用力只有弹力,因此碰撞前后动量守恒,总动能也守恒,即有

$$m_1 v_{10} + m_2 v_{20} = m_1 v_1 + m_2 v_2,$$

$$\frac{1}{2} m_1 v_{10}^2 + \frac{1}{2} m_2 v_{20}^2 = \frac{1}{2} m_1 v_1^2 + \frac{1}{2} m_2 v_2^2.$$

综上可得

$$\begin{cases} v_1 = \dfrac{(m_1 - m_2) v_{10} + 2 m_2 v_{20}}{m_1 + m_2}, \\ v_2 = \dfrac{(m_2 - m_1) v_{20} + 2 m_1 v_{10}}{m_1 + m_2}. \end{cases} \tag{2-58}$$

为了明确这一结果的意义,我们讨论两种特殊的情况:

(1) 如果两小球的质量相等,即 $m_1 = m_2$,则可得 $v_1 = v_{20}$,$v_2 = v_{10}$,即碰撞的结果是两小球在碰撞的过程中速度发生了交换. 如果原来一个球是静止的,则碰撞后它将接替原来运动的那个小球继续运动,打台球时常常会看到这种情况.

(2) 如果其中一个球的质量远大于另一个球,如 $m_2 \gg m_1$,且碰撞前大球的初速度为零,即 $v_{20} = 0$,则由式(2-58)近似可得 $v_1 = -v_{10}$,$v_2 = 0$,即碰撞后大球几乎不动,而小球则以原来的速率原路返回. 拍皮球时球与地面的碰撞,气体分子与容器壁的垂直碰撞都是这种情况.

2. 完全非弹性碰撞

当两小球碰撞后不再分开,这样的碰撞叫作完全非弹性碰撞.设碰撞后的两小球以相同的速率 v 运动,由于系统不受外力作用,因此根据动量守恒定律可得

$$m_1 v_{10} + m_2 v_{20} = (m_1 + m_2)v,$$

由此可得

$$v = \frac{m_1 v_{10} + m_2 v_{20}}{m_1 + m_2}. \tag{2-59}$$

由于在碰撞后,物体的形状完全不能恢复,因此动能要减少,且损失的动能为

$$\begin{aligned} E_{\text{loss}} &= \left(\frac{1}{2}m_1 v_{10}^2 + \frac{1}{2}m_2 v_{20}^2\right) - \frac{1}{2}(m_1 + m_2)v^2 \\ &= \frac{m_1 m_2 (v_{10} - v_{20})^2}{2(m_1 + m_2)}. \end{aligned}$$

3. 非弹性碰撞

在非弹性碰撞中,压缩后的物体不能完全恢复原状,造成碰撞前后系统的动能有所损失,一部分动能转化为热能和其他形式的能量.牛顿总结了大量实验的结果,提出了碰撞定律:在一维对心碰撞中,碰撞后两物体的分离速度 $v_2 - v_1$ 与碰撞前两物体的接近速度 $v_{10} - v_{20}$ 成正比,比值 e 由两物体的材料性质决定,即

$$e = \frac{v_2 - v_1}{v_{10} - v_{20}}. \tag{2-60}$$

通常称 e 为恢复系数.如果 $e=0$,则 $v_1 = v_2$,这就是完全非弹性碰撞,如果 $e=1$,则分离速度等于接近速度,根据式(2-58)可以证明,这就是弹性碰撞的情形.对于一般的碰撞,$0 < e < 1$. e 可用实验方法测定.

例 2-11 如图 2-39 所示,放在倾角为 α 的斜面上的质量为 m 的木块,由静止开始自由下滑,与劲度系数为 k 的轻弹簧发生碰撞,弹簧最大压缩量为 x.设木块与斜面之间的滑动摩擦系数为 μ,问开始碰撞时木块速率 v 为多大?

解 取木块、轻弹簧、斜面和地球组成的系统为研究对象.木块在下滑过程中受到重力 mg、斜面支持力 F_N 和摩擦力 F_k 的作用,与弹簧碰撞后还受到弹力 F 的作用.由于在系统内重力、弹力是保守内力,支持力不做功,只有非保守内力摩擦力做功,因此我们可采用功能原理解此题.取地面为重力势能零点,以轻弹簧处于原长时为弹性势能零点.

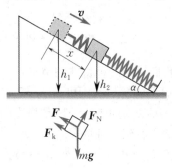

图 2-39 例 2-11 图

设碰撞开始时为起始状态,此时木块下滑速率为 v,高度为 h_1,则动能为 $\frac{1}{2}mv^2$,重力势能为 mgh_1,弹性势能为 0.碰撞后轻弹簧被压缩最大时为终止状态,轻弹簧被压缩的长度为 x,设此时木块高度为 h_2,木块下滑速率为 0,则动能为 0,重力势能为 mgh_2,弹性势能为 $\frac{1}{2}kx^2$.而摩擦力在轻弹簧压缩 x 的过程中所做的功为

$$W_{摩擦力} = -(\mu mg \cos \alpha)x.$$

根据功能原理有

$$W_{摩擦力} = -\mu mg x \cos \alpha = \left(mgh_2 + \frac{1}{2}kx^2\right) - \left(\frac{1}{2}mv^2 + mgh_1\right),$$

解得开始碰撞轻弹簧时木块速率为

$$v = \sqrt{\frac{kx^2 + 2\mu mg x \cos \alpha - 2mg(h_1 - h_2)}{m}} = \sqrt{\frac{kx^2 + 2\mu mg x \cos \alpha - 2mg x \sin \alpha}{m}}.$$

例 2-12　一颗质量为 m_1 的子弹以速度 v_1 水平射向悬挂在绳子上的质量为 m_2 的大木块.子弹嵌入木块并未射出,且整个系统能够摆动到的高度为 h.求子弹的初速度 v_1 的大小.

解　如图 2-40 所示,当子弹射入木块时,两者组成的系统在水平方向上所受合外力为零,因此系统在水平方向上动量守恒.设碰撞后瞬间子弹和木块共同的速度为 v_2,则可得

$$v_2 = \frac{m_1 v_1}{m_1 + m_2}.$$

因子弹和木块一起向上摆动到高度为 h 的过程中,只有重力做功,故子弹、木块与地球组成的系统机械能守恒.选取木块所在的最低点为势能零点,则有

$$\frac{1}{2}(m_1 + m_2)v_2^2 = (m_1 + m_2)gh.$$

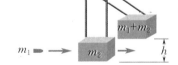

综上可得子弹的初速度 v_1 的大小为

$$v_1 = \frac{m_1 + m_2}{m_1}\sqrt{2gh}.$$

图 2-40　例 2-12 图

思考题

1.如果两个物体发生碰撞,其中一个最初处于静止状态:(1)在碰撞后两个物体是否可能都处于静止状态?(2)碰撞后可能只有一个物体静止吗?请说明原因.

2.作用在质点系各质点上的非保守力在运动过程中所做功的总和为零,问该质点系的机械能是否一定守恒?

本章小结　　　阅读材料 2

■■■■习 题 2■■■■

2-1 如图 2-41 所示,设想一名穿着航天服的航天员的总质量为 87.0 kg(包括航天服和氧气罐).当航天员在太空行走时,其系的绳与飞船脱节.最初航天员整体静止,然后航天员以 8.00 m/s 的速度将 12.0 kg 的氧气罐向前扔出,以推动自己回到飞船.

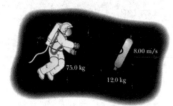

图 2-41 习题 2-1 图

(1) 若要使该航天员在 2.00 min 内返回飞船,航天员离飞船的最大距离为多少?

(2) 试用牛顿运动定律来解释航天员这样可以回到飞船的原因.

2-2 如图 2-42 所示,在一个水平的无摩擦的工作台上有三个物块,两两之间用一根细绳连接起来.现在右边施加一个向右的水平拉力 $T_3 = 65.0$ N,如果 $m_1 = 12.0$ kg,$m_2 = 24.0$ kg,$m_3 = 31.0$ kg,计算系统加速度的大小和拉力 T_1,T_2 的大小.

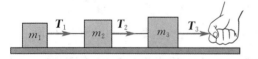

图 2-42 习题 2-2 图

2-3 如图 2-43 所示,两个质量分别为 m_1,m_2 的物体,由一根绳索(质量可以忽略)连接起来,并悬挂在一个定滑轮上.其中 $m_1 = 1.30$ kg,$m_2 = 2.80$ kg.求物体加速度的大小和绳子的拉力.

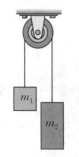

图 2-43 习题 2-3 图

2-4 质量为 m 的物体从光滑固定斜面顶端由静止开始下滑到底端,所用的时间为 t,斜面倾角为 θ,则物体所受支持力冲量为多少?重力的冲量为多少?物体动量的变化量为多少?

2-5 质量为 5.00 kg 的砖块连接到劲度系数为 $k = 4.00 \times 10^2$ N/m 的水平弹簧上,如图 2-44 所示.砖块所在的表面是无摩擦的,如果砖块被拉到 $x = 0.050\,0$ m 处并释放,求:

(1) 砖块第一次运动到平衡点时的速度;

(2) 砖块运动到 $x = 0.025\,0$ m 时的速度;

(3) 滑动摩擦系数为 $\mu_k = 0.150$ 时,砖块第一次运动到平衡点的速度.

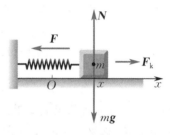

图 2-44 习题 2-5 图

2-6 质量为 m_1 的中子分别与质量为 m_2($m_2 = 206m_1$)的静止铅原子核和质量为 m_3($m_3 = m_1$)的静止氢原子核发生弹性碰撞.分别求出中子在碰撞后动能减少的百分比,并说明其物理意义.

2-7 如图 2-45 所示,质量分别为 m_1,m_2 的两物体静止在水平面上,并用劲度系数为 k 的轻弹簧相连.起初弹簧处于自由伸长状态,一颗质量为 m、速率为 v_0 的子弹水平地射入质量为 m_1 的物体内,问弹簧最多被压缩多长(不计水平面摩擦)?

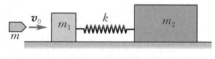

图 2-45 习题 2-7 图

2-8 一质量为 0.30 kg 的冰球 A 最初静止在无摩擦的水平表面上,被一质量为 0.20 kg 的冰球 B 撞击.冰球 B 最初以 2.0 m/s 的速度沿 x 轴正方向运动.碰撞后冰球 B 的速度为 1.0 m/s,与 x 轴正方向

的夹角为 $\theta = 53°$.

(1) 确定碰撞后冰球 A 的速度;

(2) 求碰撞中损失的动能的比例.

2-9 一体重为 65.0 kg 的人 A,向前扔一速度为 30.0 m/s,质量为 0.045 0 kg 的雪球. 另一体重为 60.0 kg 的人 B 抓住雪球,这两个人都穿着溜冰鞋. A 最初以 2.50 m/s 的速度前进,B 最初处于静止状态. 雪球交换后,这两人的速度分别是多少? 忽略溜冰鞋和冰层之间的摩擦力.

2-10 如图 2-46 所示,一辆质量为 1 200 kg 的汽车最初以 25.00 m/s 的速度向东行驶,撞到了一辆以 20.00 m/s 同一方向行驶的质量为 9 000 kg 的卡车尾部. 碰撞后,汽车的速度变为向东的 18.00 m/s. 求:

(1) 碰撞之后卡车的速度;

(2) 碰撞中损失的机械能(试解释这种能量损失的原因).

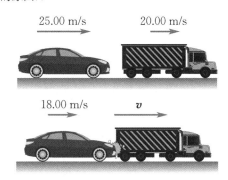

图 2-46 习题 2-10 图

2-11 一质量为 m 的孩子在一个不规则弯曲的高为 2.00 m 的滑梯上从顶端由静止开始下滑.

(1) 假设没有摩擦,求孩子滑到底部的速度;

(2) 如果孩子与滑梯之间有摩擦,假设孩子滑到底部的速度为 3.00 m/s,孩子的体重为 20.0 kg,问系统损失了多少机械能?

2-12 如图 2-47(a) 所示,玩具枪的发射机由一根劲度系数未知的弹簧组成. 当弹簧被压缩 0.120 m,发射机垂直发射时,玩具枪能够发射一颗质量为 35.0 g 的弹丸到弹丸初始位置上方 20.0 m 处.

(1) 忽略所有的阻力,求弹簧劲度系数;

(2) 如图 2-47(b) 所示,求出弹丸通过弹簧平衡位置($x_B = 0.120$ m)时的速度.

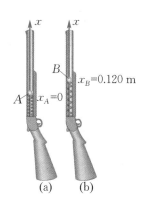

图 2-47 习题 2-12 图

2-13 如图 2-48 所示,长度为 l 的轻绳一端固定,另一端系一质量为 m 的小球. 绳的悬挂点正下方距悬挂点 $d(d < l)$ 处有一小钉子. 小球从水平位置无初速度释放,欲使该小球在以钉子为中心的圆周上绕一圈,试证 d 至少为 $0.6l$.

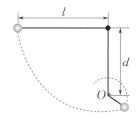

图 2-48 习题 2-13 图

2-14 有两质量分别为 m_1,m_2 的质点,求在以下两过程中万有引力所做的功:

(1) 当其距离由 a 缩短到 b 时;

(2) m_1 是半径为 R 的球体的质量,质量为 m_2 的质点自球面升到距球心 $2R$ 处.

2-15 质量为 1.5×10^2 kg 的卫星在半径为 7.3×10^6 m 的圆周轨道上绕地球运行,试计算:

(1) 该卫星的动能、势能和机械能;

(2) 该卫星的轨道速率;

(3) 该高度上的逃逸速率.

2-16 如图 2-49 所示,大炮固定在车厢上,车厢可以沿着水平轨道移动,竖直墙面与车厢通过一根大弹簧相连,该弹簧最初处于自然伸长状态,其劲度系数 $k = 2.00 \times 10^4$ N/m. 现大炮沿斜上方(与水平方向成 45° 角)以 125 m/s 的速度发射一质量为 200 kg 的炮弹.

(1) 如果大炮和车厢的质量是 5.00×10^3 kg,求发射炮弹后大炮的反冲速度;

（2）求弹簧的最大伸长量；

（3）求弹簧对车厢施加的最大作用力；

（4）将大炮、车厢和炮弹看作一个系统，在炮弹发射过程中，这个系统的动量守恒吗？为什么？

图 2－49　习题 2－16 图

2－17　测量子弹的速度．一质量为 m 的子弹水平射入桌面上质量为 M 的木块．子弹和木块停止运动后，子弹仍留在木块内．木块与桌面之间的滑动摩擦系数为 μ，木块滑动距离为 d．试用 M, m, μ, g 和 d 计算子弹的初速度的大小 v_0．

第3章

3 刚体力学基础

前几章所讨论的质点是力学中建立的一个最简单、最基本的理想模型,但是我们对机械运动的研究,只局限于质点是不够的.质点是一个形状和大小可忽略不计的点,而实际上的研究对象是有形状和大小的.质点的运动只代表物体的平动,实际上的研究对象可以做更复杂的运动.在运动的过程中,物体也都会发生不同程度的形变.但在实际情况中,很多物体的形变都很小,可以忽略不计.因此,为简化问题,我们将进一步引入相应的物理理想模型 —— 刚体.刚体是任何情况下形状和大小都不发生改变的力学研究对象.在研究刚体力学时,我们可以将刚体拆分为许多质量元(简称质元),每个质元可以看作一个质点.由于刚体不发生形变,因此各质元间间距不变,我们将这种质点系叫作不变质点系.将刚体看作不变质点系,并运用已知的质点系的运动规律去研究它,我们就可以推演出刚体的运动规律.这就是刚体力学的基本研究方法.

本章我们将着重讨论刚体定轴转动的转动定律、转动惯量、动能定理、角动量定理和角动量守恒定律,同时介绍刚体的进动.

如图3-1所示,直升机能够升到空中是通过螺旋桨的旋转.仔细观察的话,我们会发现几乎所有的直升机都有前后两个螺旋桨,分别是主螺旋桨和尾翼螺旋桨.将直升机看作一个系统,直升机静止时,系统的角动量为零.直升机起飞时,主螺旋桨转动,产生一个对轴的角动量.根据角动量守恒定律,为保持系统的角动量为零,机身一定要沿相反的方向转动.为了阻止机身转动,直升机需要开动尾翼螺旋桨,尾翼螺旋桨推动空气,空气对尾翼螺旋桨产生的作用力的力矩可以阻止机身的转动.由于直升机尾巴较

图 3-1　直升机的两个螺旋桨

长,力臂较大,因此尾翼螺旋桨只需要较小的功率即可阻止机身的转动.

学习完本章后,我们可以利用本章的知识大致解释直升机飞行的原理.

■ 3.1　刚体运动学

在物体运动的过程中,若其上任意两点间的距离保持不变,则可将这样的物体叫作刚体

（rigid body）. 实际中，如果物体运动时形状、大小和质量分布变化很小，甚至可以忽略不计，这样的物体也可近似视为刚体. 刚体是力学中关于固态物体的理想化模型. 刚体的运动形式是多样的，如电梯的运动、沿斜面滑动的木块、旋转的陀螺等，其中最基本、最简单的刚体运动形式是平动和转动，它们是研究刚体其他复杂运动的基础. 本节将从平动和绕固定轴的转动开始研究刚体的运动.

3.1.1 刚体的平动

刚体运动时，如果其上任意两点间的连线在各个时刻都保持它的方向不变（见图 3-2），则称这种运动为刚体的**平动**（translation），如汽缸中活塞的运动就是平动.

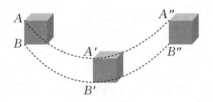

图 3-2　刚体的平动

刚体平动时，在任意一段时间内，刚体中所有质元的位移都是相等的，且在任意时刻，刚体上各质元的速度和加速度都相同. 因此，研究刚体的平动只需要研究某一个质元的运动，就可以掌握刚体的平动规律. 在这个意义上来说，刚体的平动可以归结为质点的运动，质点运动的力学规律都适用于刚体的平动.

3.1.2 刚体的转动

刚体运动时，如果其上所有的点都绕同一直线做圆周运动，则称这种运动为刚体的**转动**（rotation），该直线称为转轴. 刚体转动时，如果转轴在空间的方位固定不动（见图 3-3），则称该转动为**定轴转动**（fixed-axis rotation），如风扇扇叶的运动就是定轴转动. 刚体转动时，如果转轴上始终有一点相对于参考系是静止的，而转轴的方向随时间不断在变化，则称这种转动为**定点转动**（rotation around a fixed point），如雷达天线的转动、陀螺的转动等都是定点转动. 这里我们重点讨论刚体的定轴转动.

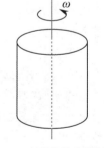

图 3-3　刚体的定轴转动

3.1.3 平面平行运动

刚体运动时，如果其上各质元都在平行于一固定参考平面的平面内运动，则称这种运动为刚体的**平面平行运动**（plane-parallel motion）. 如图 3-4 所示，圆盘在直线轨道上始终平行于竖直参考平面运动. 在平面平行运动中，在同一平面上运动的各点的运动规律不一定相同，但刚体内垂直于该平面的任一直线，在运动中是始终垂直于该平面的，如车辆直线行驶时车轮在轨道上的滚动，曲柄滑块机构中连杆的运动等都是平面平行运动. 在一般情况下，刚体的平面平行运动可以分解为刚体在确定平面内的平动和以过刚体上一点且垂直于运动平面的直线为轴的定轴转动.

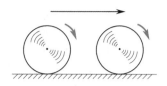

图 3 - 4　刚体的平面平行运动

课堂思考　有人说,刚体运动时,刚体上各点运动轨迹都是直线,其运动不一定是平动;刚体上各点运动轨迹都是曲线,其运动不可能是平动.这种说法对吗? 请举例说明.

3.1.4　刚体定轴转动的角量描述

刚体在做定轴转动时,其上各质元到转轴的距离不同,各质元的速度和加速度一般也不相同,然而各质元在相同的时间内转过的角度却是相同的,因此我们可引入角量来描述刚体的定轴转动.

1. 角位移

如图 3 - 5 所示,刚体在做定轴转动时,其上各质元都在垂直于 z 轴的平面内做圆周运动.为描述刚体的运动,我们取过刚体上任一点且垂直于 z 轴的平面 Oxy,称为**转动平面**.刚体上任一点 P 在这个转动平面内绕 O 点做圆周运动,在该转动平面内取 x 轴作为计量位置角的参考轴,则 P 点与原点的连线 OP 和 x 轴之间的夹角 θ 为刚体在任一时刻 t 的位置,即 θ 为刚体的位置角.不同时刻,刚体对应的位置角 θ 不同,因此位置角是时间 t 的函数,即

$$\theta = \theta(t). \tag{3-1}$$

图 3-6 所示为刚体上任一点 P 所在的转动平面的俯视图.设 P 点在 t_i 时刻的位置角为 θ_i,在 t_f 时刻的位置角为 θ_f,则位置角的变化量为

$$\Delta\theta = \theta_f - \theta_i. \tag{3-2}$$

$\Delta\theta$ 反映了刚体在 $\Delta t = t_f - t_i$ 时间内的位置角变化,称为刚体在 Δt 时间内的**角位移**(angular displacement).在国际单位制中,位置角和角位移的单位均为弧度(rad).

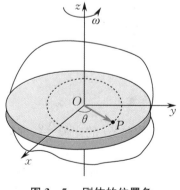

图 3 - 5　刚体的位置角

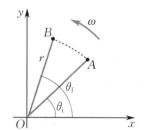

图 3 - 6　刚体的角位移

2. 角速度

角位移 $\Delta\theta$ 与相应的时间间隔 Δt 之比 $\dfrac{\Delta\theta}{\Delta t}$,称为刚体转动的**平均角速度**.当 $\Delta t \to 0$ 时,$\dfrac{\Delta\theta}{\Delta t}$ 的极限称为刚体的**瞬时角速度**,简称**角速度**,用 ω 表示,

$$\omega = \lim_{\Delta t \to 0} \frac{\Delta\theta}{\Delta t} = \frac{\mathrm{d}\theta}{\mathrm{d}t}. \qquad (3-3)$$

角速度实际为矢量，用 $\boldsymbol{\omega}$ 表示，其方向由右手螺旋定则确定.如图 3-7 所示，右手握住转轴，四指沿着刚体转动方向弯曲，大拇指所指方向即为角速度的方向.在俯视图中，刚体逆时针水平转动时，角速度 $\boldsymbol{\omega}$ 的方向竖直向上，反之竖直向下.当刚体做定轴转动时，角速度的方向沿着转轴，只有正、反两个方向，规定转轴正方向后，可以用代数量表示角速度.角速度方向与转轴正方向一致时取正号，反之取负号.

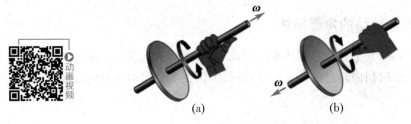

图 3-7　判断刚体角速度的方向

工程上还常用每分钟转过的圈数 n（简称转速）来描述刚体转动的快慢，其单位为 r/min.显然 ω（单位：rad/s）和 n 之间的关系为

$$\omega = \frac{\pi n}{30}.$$

3. 角加速度

图 3-8 所示为一辆倒扣的自行车，旋转自行车车轮，使车轮在起始时刻 t_i 具有角速度 ω_i，在随后的 t_f 时刻具有角速度 ω_f.正如引入加速度的概念来研究质点速度的变化快慢，我们引入角加速度的概念来研究刚体角速度的变化快慢.

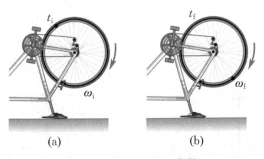

图 3-8　转动的自行车轮

与加速度类似，角速度的变化量 $\Delta\boldsymbol{\omega}$ 与相应的时间间隔 Δt 的比值 $\frac{\Delta\boldsymbol{\omega}}{\Delta t}$，称为刚体转动的平均角加速度.当 $\Delta t \to 0$ 时，$\frac{\Delta\boldsymbol{\omega}}{\Delta t}$ 的极限称为瞬时角加速度，简称角加速度，用 $\boldsymbol{\alpha}$ 表示，则

$$\boldsymbol{\alpha} = \lim_{\Delta t \to 0} \frac{\Delta\boldsymbol{\omega}}{\Delta t} = \frac{\mathrm{d}\boldsymbol{\omega}}{\mathrm{d}t}. \qquad (3-4)$$

由式（3-4）可以看出，在刚体做定轴转动时，角加速度的方向也只有沿转轴向上或者向下两种可能.当刚体做加速转动时，$\boldsymbol{\alpha}$ 与 $\boldsymbol{\omega}$ 方向相同；当刚体做减速转动时，$\boldsymbol{\alpha}$ 与 $\boldsymbol{\omega}$ 方向相反.在国际单位制中，角速度的单位为弧度每二次方秒（rad/s^2）.

4. 角量和线量的关系

当刚体绕固定轴转动时,刚体上的所有质元都绕固定轴做圆周运动.在刚体上任取一点P,这一点处质元的运动状态既可以用角量表示,也可以用线量表示.

如图3-9所示,P点对转轴的径矢为$\boldsymbol{r}$,线速度$\boldsymbol{v}$可以表示为

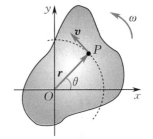

$$\boldsymbol{v} = \boldsymbol{\omega} \times \boldsymbol{r}. \tag{3-5}$$

由质点运动学可知其切向加速度大小为

$$a_{\text{t}} = \frac{\mathrm{d}v}{\mathrm{d}t} = r\frac{\mathrm{d}\omega}{\mathrm{d}t} = r\alpha, \tag{3-6}$$

法向加速度大小为

$$a_{\text{n}} = \frac{v^2}{r} = r\omega^2. \tag{3-7}$$

图 3-9 刚体定轴转动中
角量与线量的关系

由于在任一时刻,刚体上各质元的角速度大小ω和角加速度大小α均相同,而线速度大小不一定相同.由此可见,角量反映刚体转动的共性,而线量则反映刚体上各质元运动情况的差别.

定轴转动的一种简单情况是匀变速转动.仿照匀变速直线运动的公式,设$t=0$时,$\theta=0$,$\omega=\omega_0$,则有

$$\omega = \omega_0 + \alpha t, \tag{3-8a}$$

$$\theta = \omega_0 t + \frac{1}{2}\alpha t^2, \tag{3-8b}$$

$$\omega^2 - \omega_0^2 = 2\alpha\theta. \tag{3-8c}$$

 **思考题**

1. 试根据ω与α的正负,讨论做定轴转动的刚体在什么情况下是加速转动,什么情况下是减速转动.

2. 为什么说对刚体平动的研究可归结为对质点运动的研究?

3.2 刚体定轴转动定律

3.2.1 力矩

转轴固定的刚体,在外力的作用下可能发生转动,也可能不发生转动.例如,当两个质量不同的人坐跷跷板时,在与中心点距离相同的情况下,更重的一方会把另一方翘起来.而如果是两个同样重的人,在与中心点距离相同的情况下,跷跷板会保持平衡.若此时其中一人靠近中心点,他就会被对方翘起来.而如果其中一人坐在中心点时,无论他多重也不能将对方翘起来.由此可见,力的大小、方向和作用点的位置是影响物体转动状态的三个因素,因此我们引入力矩这个物理量来体现这三个因素的作用.

首先讨论外力在垂直于转轴的平面内的情况.如图3-10所示,一个扳手在拧螺丝,将扳手看作一个刚体,刚体可绕垂直于桌面的z轴转动.力$\boldsymbol{F}$作用在P点上,P点相对O点的位矢为$\boldsymbol{r}$.$\boldsymbol{F}$和$\boldsymbol{r}$之间的夹角为θ,从O点到力$\boldsymbol{F}$的作用线的垂直距离为d,叫作力对转轴z的力臂,其值$d=r\sin\theta$.$\boldsymbol{r}$和$\boldsymbol{F}$的矢积,就叫作力$\boldsymbol{F}$对转轴的力矩,用$\boldsymbol{M}$表示,则

$$M = r \times F,$$

其大小为

$$M = Fd = Fr\sin\theta. \tag{3-9}$$

现在再来讨论外力与转轴不垂直的情况. 如图 3-11 所示, 我们可将力 F 正交分解成平行于转轴的力 $F_{/\!/}$ 和垂直于转轴的力 $F_\perp$. 其中, 与转轴平行的力不影响刚体的转动, 只有垂直于转轴的力影响刚体的转动. 因此, 力 F 对转轴的力矩为

$$M = r \times F_\perp. \tag{3-10}$$

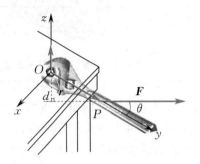

图 3-10　与转轴垂直的力

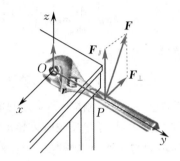

图 3-11　与转轴不垂直的力

力矩是矢量, 既有大小也有方向. 如图 3-12 所示, 力矩 M 的方向与 r, F 满足右手螺旋定则. M 的方向垂直于 F 和 r 所构成的平面, 注意图中的力 F 与转轴垂直. 刚体做定轴转动时, 力矩沿转轴只有两个方向. 这里我们规定, 若力矩的方向沿转轴正方向, 则为正值; 若力矩的方向沿转轴负方向, 则为负值.

实际上, 刚体内各质元间还有内力作用, 上面讨论了外力的力矩, 那么在研究刚体的定轴转动时, 这些内力的力矩要不要计算呢?

如图 3-13 所示, 任取一垂直于转轴的转动平面, 在转动平面上任取两个质元 1 和 2. 设质元 1 和质元 2 间大小相等、方向相反的相互作用力分别为 f_{12} 和 f_{21}, 即 $f_{12} = -f_{21}$. 将刚体看作一个系统, 那么这两个力属于系统内力, 由图 3-13 可以看出 $r_1\sin\theta_1 = r_2\sin\theta_2$, 这两个力对转轴的合内力矩大小为

$$M = M_{21} - M_{12} = f_{21}r_2\sin\theta_2 - f_{12}r_1\sin\theta_1 = 0. \tag{3-11}$$

式 (3-11) 表明, 沿同一作用线的大小相等、方向相反的两个质元间的相互作用力对转轴的合力矩为零.

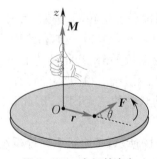

图 3-12　力矩的方向

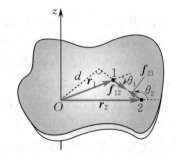

图 3-13　定轴转动刚体上质元间的内力

由于刚体内质元间相互作用的内力总是成对出现的, 并遵循牛顿第三定律, 因此刚体内各质元间的作用力对转轴的合内力矩亦应为零, 即

$$M = \sum_i \sum_j M_{ij} = 0. \tag{3-12}$$

课堂思考 刚体定轴转动时,如果它的角速度很大,那么作用在它上面的力是否一定很大?作用在它上面的力矩是否一定很大?

3.2.2 刚体定轴转动定律

在质点运动学中,力是引起质点运动状态变化的原因,力的作用使质点获得加速度. 而在刚体的定轴转动中,力矩是刚体转动状态发生变化的原因,力矩的作用使刚体获得角加速度. 下面讨论力矩和角加速度之间的关系.

刚体可以看作由 n 个质元组成,当刚体绕固定轴(z 轴)转动时,每个质元都绕 z 轴做圆周运动. 如图 3-14 所示,在刚体上任取 P 点处的第 i 个质元进行讨论,其质量为 Δm_i,与 z 轴的距离为 r_i. 设其受外力 F_i 和内力 f_i 两个力的作用,加速度为 a_i,并设外力 F_i 和内力 f_i 均在与 z 轴垂直的同一平面内,刚体以角速度 ω、角加速度 α 做逆时针转动. 由牛顿第二定律可知,质元 i 的运动方程为

$$F_i + f_i = \Delta m_i a_i,$$

其切向(垂直于位矢 r_i 的方向)分量式为

$$F_i \sin \varphi_i + f_i \sin \theta_i = \Delta m_i r_i \alpha, \tag{3-13}$$

法向(沿着位矢 r_i 的方向)分量式为

$$F_i \cos \varphi_i + f_i \cos \theta_i = \Delta m_i r_i \omega^2, \tag{3-14}$$

其中 φ_i 为 F_i 与 r_i 的夹角,θ_i 为 f_i 与 r_i 的夹角.

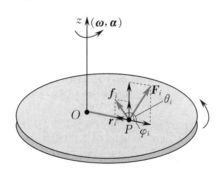

图 3-14 刚体的定轴转动

因为法线方向的力通过 z 轴,对刚体的定轴转动不产生影响,所以只用考虑切向分量式. 将式(3-13)两边各乘以 r_i 得

$$F_i r_i \sin \varphi_i + f_i r_i \sin \theta_i = \Delta m_i r_i^2 \alpha, \tag{3-15}$$

其中等号左侧两项分别是外力和内力的切向分力对转轴的力矩. 对式(3-15)求和可得

$$\sum_{i=1}^n F_i r_i \sin \varphi_i + \sum_{i=1}^n f_i r_i \sin \theta_i = \left(\sum_{i=1}^n \Delta m_i r_i^2 \right) \alpha. \tag{3-16}$$

由式(3-12)可知,刚体内各质元间的内力对转轴的合力矩为零,故式(3-16)可简化为

$$\sum_{i=1}^n F_i r_i \sin \varphi_i = \left(\sum_{i=1}^n \Delta m_i r_i^2 \right) \alpha. \tag{3-17}$$

式(3-17)中,$\sum\limits_{i=1}^n F_i r_i \sin \varphi_i$ 为刚体内所有质元所受外力的切向分力对转轴的力矩之和,用 M

表示. 令 $J = \sum_{i=1}^{n} \Delta m_i r_i^2$，则式（3-17）可以改写为

$$M = J\alpha, \qquad (3-18)$$

其中 J 称为刚体对转轴的转动惯量（moment of inertia）. 式（3-18）的矢量形式为 $\boldsymbol{M} = J\boldsymbol{\alpha}$.

式（3-18）表明，刚体绕固定轴转动时，刚体的角加速度 α 与它所受的合外力矩 M 成正比，与刚体的转动惯量 J 成反比，这个关系叫作刚体定轴转动定律，简称转动定律. 这是刚体定轴转动的基本定律，可以与质点力学中的牛顿第二定律类比. 两者形式相似. 物体的质量是物体平动惯性大小的量度，而转动惯量是描述刚体转动惯性大小的物理量.

3.2.3 刚体的转动惯量

1. 计算转动惯量的基本公式

由转动惯量的定义式 $J = \sum_{i=1}^{n} \Delta m_i r_i^2$ 可知，刚体对某固定轴的转动惯量 J 等于刚体内每个质元的质量与该质元到固定轴垂直距离平方的乘积之和. 对于质量离散分布的转动系统，可以直接用上述定义式来计算其转动惯量. 对于质量连续分布的刚体，可将质元的质量记作 dm，设它到固定轴的垂直距离为 r，则可将转动惯量的求和式改写成积分式

$$J = \int r^2 \, dm. \qquad (3-19)$$

在国际单位制中，转动惯量的单位是千克二次方米（$kg \cdot m^2$）.

刚体的转动惯量可以用实验测量出来，形状规则的刚体的转动惯量可以由式（3-19）直接计算出来.

质量分布通常用质量密度来描述，分为以下三种情况：

（1）体分布. 设一刚体的体密度为 ρ（单位体积上的质量），其上任意一个体积为 dV 的质元的质量 dm 可由刚体的体密度表示为 $dm = \rho dV$，则该刚体的转动惯量可以写为

$$J = \iiint_V r^2 \rho \, dV. \qquad (3-20)$$

（2）面分布. 设一刚体的面密度为 σ（单位面积上的质量），其上任意一个面积为 dS 的质元的质量 dm 可由刚体的面密度表示为 $dm = \sigma dS$，则该刚体的转动惯量可以写为

$$J = \iint_S r^2 \sigma \, dS. \qquad (3-21)$$

（3）线分布. 设一刚体的线密度为 λ（单位长度上的质量），其上任意一段长度为 dl 的质元的质量 dm 可由刚体的线密度表示为 $dm = \lambda dl$，则该刚体的转动惯量可以写为

$$J = \int_l r^2 \lambda \, dl. \qquad (3-22)$$

一般在研究刚体的转动问题时，首先必须确定它对于转轴的转动惯量. 从上述描述可以看出，刚体的转动惯量取决于刚体的质量、形状和转轴位置等因素，刚体的转动惯量大小有如下规律：

（1）与刚体的质量或密度有关. 对形状、大小相同，质量分布均匀的刚体，总质量越大，转动惯量越大，如半径相同、厚度相同的两个圆盘，铁质圆盘的转动惯量比木质圆盘的要大.

（2）与刚体的质量分布有关. 质量分布离转轴越远，转动惯量越大. 制造飞轮时，通常采用

大而厚的轮缘,就是为了尽可能使其质量分布在边缘上,从而增大飞轮的转动惯量,以使飞轮的转动更为稳定.

(3) 与转轴的位置有关.同一刚体,转动惯量的大小取决于转轴的位置.

例 3 - 1 一长为 L,质量为 M 的均质细杆(见图 3-15),试求该杆对通过中心并垂直于杆的轴的转动惯量.

解 以杆的中心 O 为原点,建立坐标系.按照式(3-22)求转动惯量,需写出积分元再积分.为此在距离原点 O 为 x 处取质量为 dm 的质元,根据题意可得

$$dm = \frac{M}{L}dx.$$

所取质元到 y 轴的垂直距离为 x,则杆对 y 轴的转动惯量为

$$J_y = \int_{-\frac{1}{2}L}^{\frac{1}{2}L} x^2 \frac{M}{L}dx = \frac{1}{12}ML^2.$$

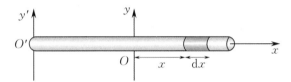

图 3 - 15　例 3 - 1 图

如果要求对通过杆的一端并与 y 轴平行的 y' 轴的转动惯量,只要把原点放到点 O' 处,建立坐标系,其余步骤如上,这时积分的上下限有所不同,相应的转动惯量为

$$J'_y = \int_0^L x^2 \frac{M}{L}dx = \frac{1}{3}ML^2.$$

例 3 - 2 如图 3-16 所示,一均质圆盘的半径为 R,质量为 m,求圆盘对过圆心并与圆盘垂直的转轴的转动惯量.

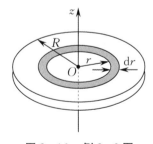

图 3 - 16　例 3 - 2 图

解 圆盘的面密度为 $\sigma = \dfrac{m}{\pi R^2}$.在圆盘上取一半径为 r,宽度为 dr 的圆环,则圆环的面积为 $dS = 2\pi r dr$,圆环的质量为

$$dm = \sigma dS = 2\pi \sigma r dr.$$

由于圆环上所有质元到转轴的距离都相等,因此该圆环对转轴的转动惯量为

$$dJ = r^2 dm = \frac{2m}{R^2}r^3 dr.$$

整个圆盘对转轴的转动惯量为

$$J = \int r^2 \, \mathrm{d}m = \frac{2m}{R^2} \int_0^R r^3 \, \mathrm{d}r = \frac{1}{2}mR^2.$$

2. 有关转动惯量计算的几个公式

如图 3-17 所示，设刚体的质量为 m，质心[①]为 C，刚体对通过质心的转轴 zC（称为质心轴）的转动惯量为 J_C. 若有另一与转轴 zC 平行，且与轴 zC 相距 d 的任意轴 z，设刚体对 z 轴的转动惯量为 J，则可证明

$$J = J_C + md^2, \tag{3-23}$$

即刚体对任意已知轴的转动惯量，等于刚体对通过质心并与该已知轴平行的轴的转动惯量加上刚体的质量与两轴间距离平方的乘积. 这一结论称为平行轴定理（parallel axis theorem）.

注意　从平行轴定理可以看出，刚体对沿着某一方向相互平行的各个轴的转动惯量中，对质心轴的转动惯量最小.

如图 3-18 所示，设一厚度可以忽略的薄板位于 Oxy 平面内，转轴（z 轴）与之垂直. 按照定义，刚体对 z 轴的转动惯量为

$$J_z = \sum_{i=1}^{n} \Delta m_i r_i^2. \tag{3-24}$$

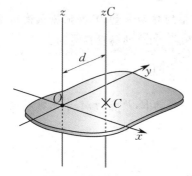

图 3-17　平行轴定理

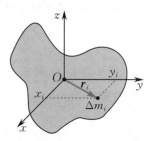

图 3-18　垂直轴定理

从图 3-18 中可以看出

$$r_i^2 = x_i^2 + y_i^2, \tag{3-25}$$

则有

$$J_z = \sum_{i=1}^{n} \Delta m_i (x_i^2 + y_i^2), \tag{3-26}$$

其中 x_i 为质元 i 到 y 轴的距离，y_i 为质元 i 到 x 轴的距离. 由此可得

---

①　质点系的质量分布中心称为质心. 若用 $\boldsymbol{r}_C$ 来表示质心的位矢，则

$$\boldsymbol{r}_C = \frac{\sum\limits_{i=1}^{n} m_i \boldsymbol{r}_i}{m},$$

其中 m_i 和 $\boldsymbol{r}_i$ 分别是质点系中第 i 个质点的质量和位矢，m 是质点系的总质量.

$$J_z = J_x + J_y, \qquad\qquad (3-27)$$

其中 $J_x = \sum_{i=1}^{n} \Delta m_i y_i^2$ 和 $J_y = \sum_{i=1}^{n} \Delta m_i x_i^2$ 分别为刚体对 x 轴和对 y 轴的转动惯量. 这一结论称为**垂直轴定理**(perpendicular axis theorem). 注意,该定理对有限厚度的板不成立.

表 3-1 列出了一些质量分布均匀且形状对称的刚体的转动惯量.

表 3-1　几种常见刚体的转动惯量

刚体(质量为 m)	转轴	转动惯量	图形(直线为转轴)
均质薄圆环或薄圆柱筒	通过圆环中心,且与环面垂直	mR^2	
均质圆筒	沿几何中心轴	$\frac{1}{2}m(R_1^2 + R_2^2)$	
均质圆柱体	沿几何中心轴	$\frac{1}{2}mR^2$	
均质细杆	通过中心,且与杆垂直	$\frac{1}{12}mL^2$	
均质球体	沿直径	$\frac{2}{5}mR^2$	
均质球壳	沿直径	$\frac{2}{3}mR^2$	

例 3 - 3 如图 3 - 19 所示，一名棒球运动员在比赛前投掷一个质量为 0.15 kg 的棒球，且只利用前臂的旋转来加速球. 运动员前臂重 1.50 kg，长 0.350 m，计算由前臂和球组成的系统的转动惯量.

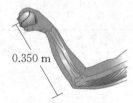

0.350 m

图 3 - 19 例 3 - 3 图

解 球对垂直于手臂的轴的转动惯量为

$$J_{球} = mr^2 = 0.15 \times 0.350^2 \text{ kg} \cdot \text{m}^2 \approx 1.84 \times 10^{-2} \text{ kg} \cdot \text{m}^2.$$

前臂相当于一根绕轴旋转的杆，其转动惯量为

$$J_{手臂} = \frac{1}{3} Mr^2 = \frac{1}{3} \times 1.50 \times 0.350^2 \text{ kg} \cdot \text{m}^2 \approx 6.13 \times 10^{-2} \text{ kg} \cdot \text{m}^2.$$

系统的转动惯量为

$$J_{系统} = J_{球} + J_{手臂} = 7.97 \times 10^{-2} \text{ kg} \cdot \text{m}^2.$$

3.2.4 刚体定轴转动定律的应用

运用刚体定轴转动定律解决刚体动力学问题时，需要注意转轴的位置和指向，也要注意力矩、角速度和角加速度的正负.

下面举例来说明转动定律的应用.

例 3 - 4 如图 3 - 20 所示，一长为 l，质量为 m 的均质细杆竖直放置，其下端与一固定铰链 O 相接，并可绕其自由转动. 由于此竖直放置的细杆处于非稳定平衡状态，当其受到微小扰动时，细杆将在重力的作用下由静止开始绕铰链 O 转动. 不计一切摩擦，试计算细杆转动到与竖直方向成 θ 角时的角加速度和角速度.

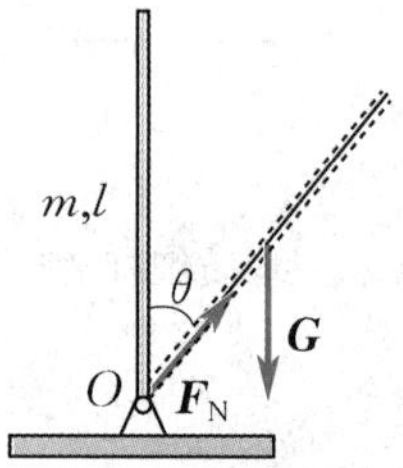

解 细杆受到两个力的作用，一个是重力 $\boldsymbol{G}$，另一个是铰链对细杆的约束力 $\boldsymbol{F}_N$. 由于细杆是均质的，因此重力 $\boldsymbol{G}$ 可视为作用于细杆的中心. 以铰链 O 为转轴，当细杆与竖直方向成 θ 角时，重力 $\boldsymbol{G}$ 对铰链 O 的重力矩为 $\frac{1}{2} mgl \sin \theta$. 而约束力 $\boldsymbol{F}_N$ 始终通过铰链 O，其力矩为零. 故由转动定律，有

图 3 - 20 例 3 - 4 图

$$\frac{1}{2} mgl \sin \theta = J\alpha.$$

又细杆对铰链 O 的转动惯量为 $\frac{1}{3} ml^2$，于是细杆与竖直方向成 θ 角时的角加速度为

$$\alpha = \frac{3g}{2l} \sin \theta.$$

由角加速度的定义 $\alpha = \dfrac{\mathrm{d}\omega}{\mathrm{d}t}$，有

$$\frac{3g}{2l} \sin \theta = \frac{\mathrm{d}\omega}{\mathrm{d}t}.$$

两边同时乘以 $\mathrm{d}\theta$ 并对其进行积分（当 $t = 0$ 时，$\theta_0 = 0$，$\omega_0 = 0$），有

$$\int_0^\omega \omega \mathrm{d}\omega = \int_0^\theta \frac{3g}{2l}\sin\theta\mathrm{d}\theta.$$

由上式可得细杆转到与竖直方向成 θ 角时的角速度为

$$\omega = \sqrt{\frac{3g}{l}(1-\cos\theta)}.$$

例 3 - 5 如图 3 - 21 所示,一长为 l,质量为 m 的均质细杆,其一端与固定支座相连.细杆可绕固定轴 O 在竖直平面内转动.初始时,细杆静止于水平位置,求当细杆下摆到与水平位置夹角为 θ 时的角速度和角加速度$\left(\text{已知细杆的转动惯量为 } J = \frac{1}{3}ml^2\right)$.

解 细杆在摆动过程中受到重力和轴的约束力,约束力始终通过转轴 O,其力矩为零,重力对转轴 O 的力矩随细杆位置的改变而改变.

细杆所受的重力可视为作用在其质心 C 上,当细杆摆至 θ 角时,重力对转轴 O 的力矩为

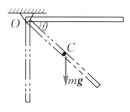

图 3 - 21 例 3 - 5 图

$$M = \frac{1}{2}mgl\cos\theta.$$

由转动定律,可求得细杆的角加速度为

$$\alpha = \frac{M}{J} = \frac{\frac{1}{2}mgl\cos\theta}{\frac{1}{3}ml^2} = \frac{3g\cos\theta}{2l}.$$

又根据转动定律 $M = J\alpha = J\dfrac{\mathrm{d}\omega}{\mathrm{d}t}$ 可得 $M\mathrm{d}t = J\mathrm{d}\omega$,两边同时乘以 ω,得

$$\frac{1}{2}mgl\omega\cos\theta\mathrm{d}t = J\omega\mathrm{d}\omega.$$

由于 $\omega\mathrm{d}t = \mathrm{d}\theta$,上式两边积分得

$$\int_0^\theta \frac{1}{2}mgl\cos\theta\mathrm{d}\theta = \int_0^\omega J\omega\mathrm{d}\omega.$$

积分后得

$$\frac{1}{2}mgl\sin\theta = \frac{1}{2}J\omega^2,$$

故细杆的角速度为

$$\omega = \sqrt{\frac{mgl\sin\theta}{J}} = \sqrt{\frac{3g\sin\theta}{l}}.$$

例 3 - 6 如图 3 - 22 所示,一半径为 R,转动惯量为 J 的滑轮被安装在一个无摩擦的水平轴上.一根缠绕在滑轮上的缆线连着一质量为 m 的物体.当滑轮被释放时,物体向下加速运动,缆线带动滑轮,滑轮以一角加速度匀加速旋转.试计算滑轮的角加速度、物体的加速度大小以及缆线的拉力大小.

解 缆线作用于滑轮上的力产生的力矩 $\boldsymbol{M}$ 的大小为

$$M = TR.$$

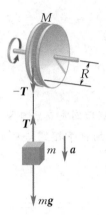

图 3-22 例 3-6 图

由于滑轮所受重力和转轴施加在滑轮上的力都通过转轴,不产生力矩,因此滑轮的角加速度为

$$\alpha = \frac{M}{J} = \frac{TR}{J}.$$

将牛顿第二定律应用于质量为 m 的物体,以竖直向下为正方向,有

$$mg - T = ma,$$

即

$$a = \frac{mg - T}{m}.$$

又因

$$a = R\alpha = \frac{TR^2}{J} = \frac{mg - T}{m},$$

故

$$T = \frac{mg}{1 + (mR^2/J)}, \quad a = \frac{g}{1 + (J/mR^2)},$$

滑轮的角加速度为

$$\alpha = \frac{a}{R} = \frac{g}{R + (J/mR)}.$$

思考题

1.若一刚体所受合外力为零,其合力矩是否也为零? 若一刚体所受合外力矩为零,其所受合外力是否也一定为零?

2.一人手持长为 L 的棒的一端击打岩石,但又要避免手受到剧烈的冲击,此人应当用棒的哪一点去打击岩石?

■ 3.3 刚体定轴转动中的功和能

3.3.1 力矩的功

判断力对物体是否做功,需判断物体在力的方向上是否有位移. 物体在力的方向上产生了位移,我们就说力对物体做了功. 刚体在力的方向上发生转动,此力对刚体做功的大小仍等于此力与在此力作用下质元位移的标积. 下面我们从力对空间的累积作用出发,对力矩的功这一概念进行讨论.

如图 3-23 所示,外力 $\boldsymbol{F}$ 作用于刚体上的 P 点,当刚体绕过 O 点的固定轴发生微小角位移 $\mathrm{d}\theta$ 时,P 点处的质元有相应的位移 $\mathrm{d}\boldsymbol{r}$,且有 $|\mathrm{d}\boldsymbol{r}| = r\mathrm{d}\theta$,则 $\boldsymbol{F}$ 在此过程中所做的元功为

$$\mathrm{d}W = \boldsymbol{F} \cdot \mathrm{d}\boldsymbol{r} = Fr\sin\varphi\mathrm{d}\theta.$$

因 $\boldsymbol{F}$ 对转轴的力矩为 $M = Fr\sin\varphi$,故有

$$\mathrm{d}W = M\mathrm{d}\theta.$$

上式表明,力矩 M 在 P 点处质元发生微小角位移 $\mathrm{d}\theta$ 过程中对该质元所做的功等于 $M\mathrm{d}\theta$. 将所有外力矩对刚体上质元所做的功求和,即可得到外力矩对整个刚体所做的功.

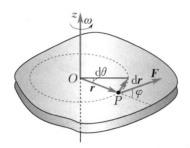

图 3 - 23　外力矩对刚体所做的功

设刚体在力矩 M 的作用下从 θ_1 转到 θ_2,则该过程中力矩对刚体所做的功为

$$W = \int_{\theta_1}^{\theta_2} M\mathrm{d}\theta, \tag{3-28}$$

即力对绕固定轴转动的刚体所做的功,等于该力对应的力矩对刚体角位移的积分,常称为力矩的功. 如果有若干个力作用在物体上,那么总功应等于合力矩的功.

由功率的定义可知,单位时间内力矩对刚体所做的功叫作力矩的功率,用 P 表示. 刚体在恒力矩作用下绕定轴转动时,力矩的功率为

$$P = \frac{\mathrm{d}W}{\mathrm{d}t} = M\frac{\mathrm{d}\theta}{\mathrm{d}t} = M\omega, \tag{3-29}$$

即力矩对刚体做功的功率等于力矩和刚体角速度的乘积. 当功率一定时,转速越低,力矩越大;转速越高,力矩越小. 与力矩的功相同,力矩的功率本质上就是力的功率.

3.3.2　刚体定轴转动的动能　动能定理

运动的质点具有动能,绕固定轴转动的刚体同样具有动能. 当刚体绕固定轴转动时,各质元的角速度完全相同,刚体转动的转动动能等于各质元的动能之和. 如图 3-24 所示,设刚体绕固定轴以角速度 ω 转动,其中第 i 个质元的质量为 Δm_i,该质元和转轴的垂直距离为 r_i,那么它的线速度大小为 $v_i = r_i\omega$,这个质元的动能为

$$\Delta E_{\mathrm{k}i} = \frac{1}{2}\Delta m_i v_i^2 = \frac{1}{2}\Delta m_i r_i^2 \omega^2.$$

对刚体上所有质元的动能求和,可得刚体的**转动动能**(rotational kinetic energy)为

$$E_{\mathrm{k}} = \sum_i \Delta E_{\mathrm{k}i} = \sum_i \frac{1}{2}\Delta m_i v_i^2 = \frac{1}{2}\left(\sum_i \Delta m_i r_i^2\right)\omega^2,$$

其中 $\displaystyle\sum_i \Delta m_i r_i^2$ 为刚体对转轴的转动惯量 J,故有

$$E_{\mathrm{k}} = \frac{1}{2}J\omega^2. \tag{3-30}$$

由此可知,刚体绕固定轴转动的动能,等于刚体对此固定轴的转动惯量与角速度平方的乘积的二分之一.

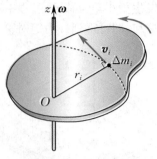

图 3-24 转动动能

由力对质点做功会使质点的动能发生变化可知,当外力矩对刚体做功时,刚体的动能也要发生变化.由转动定律可得

$$M = J\alpha = J \frac{\mathrm{d}\omega}{\mathrm{d}t} = J \frac{\mathrm{d}\omega}{\mathrm{d}\theta} \cdot \frac{\mathrm{d}\theta}{\mathrm{d}t} = J \frac{\mathrm{d}\omega}{\mathrm{d}\theta}\omega,$$

即

$$M\mathrm{d}\theta = J\omega\mathrm{d}\omega.$$

若上式中的 J 为常量,且在 Δt 时间内,刚体的角速度由 ω_1 变为 ω_2,那么合力矩 M 对刚体所做的功为

$$W = \int \mathrm{d}W = \int_{\theta_1}^{\theta_2} M\mathrm{d}\theta = \int_{\omega_1}^{\omega_2} J\omega \mathrm{d}\omega = \frac{1}{2}J\omega_2^2 - \frac{1}{2}J\omega_1^2. \qquad (3-31)$$

式(3-31)表明,在刚体定轴转动过程中,合力矩对刚体所做的功等于刚体动能的增量,这个结论称为刚体定轴转动时的动能定理.

3.3.3　刚体的重力势能

刚体的重力势能等于各质元重力势能之和.设刚体上第 i 个质元的重力势能为 $\Delta E_{\mathrm{p}i} = \Delta m_i g h_i$,则刚体的重力势能为 $E_{\mathrm{p}} = \sum_i \Delta E_{\mathrm{p}i} = \sum_i \Delta m_i g h_i$,其中 h_i 为第 i 个质元相对于势能零点的高度.若刚体的质心相对于势能零点的高度为 h_C,即

$$h_C = \frac{\sum_i \Delta m_i h_i}{m},$$

则

$$E_{\mathrm{p}} = mgh_C, \qquad (3-32)$$

即刚体的重力势能等于刚体的质量集中在质心处的质点的重力势能.

若刚体在转动过程中,只有重力做功,其他非保守力不做功,则刚体在重力场中机械能守恒,即

$$E = \frac{1}{2}J\omega^2 + mgh_C = 常量. \qquad (3-33)$$

例 3-7　如图 3-25 所示,一长为 l,质量为 M 的杆可绕过中点的水平光滑轴在竖直平面内旋转,开始时杆竖直并处于静止状态.一质量为 m,速度为 v 的子弹射入杆的下端而不射出.求:(1)杆和子弹一起开始旋转时的角速度;(2)杆相对竖直方向偏转的最大角度.

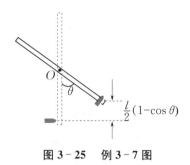

图 3 - 25 例 3 - 7 图

解 (1) 子弹与杆的碰撞过程是完全非弹性碰撞. 将子弹和杆看作一个系统, 系统所受的外力为重力和轴的支撑力, 由于两者在子弹射入时对转轴的力矩均为零, 因此系统的角动量守恒.

子弹射入杆前瞬间系统的角动量为

$$L_1 = mv \frac{l}{2},$$

子弹射入杆后瞬间系统的角动量为

$$L_2 = J'\omega,$$

其中

$$J' = J_m + J_M = m\left(\frac{l}{2}\right)^2 + \frac{M}{12}l^2.$$

综上可得子弹射入杆后瞬间系统的角速度为

$$\omega = \frac{6mv}{(3m + M)l}.$$

(2) 从杆开始转动到杆转到最大偏转角 θ 的过程中, 系统的机械能守恒. 若以子弹射入前杆下端最低点作为重力势能零点, 则杆开始转动时系统的机械能为

$$E_1 = \frac{1}{2}J'\omega^2 + \frac{1}{2}Mgl,$$

杆转到最大角度时系统的机械能为

$$E_2 = \frac{1}{2}Mgl + \frac{1}{2}mgl(1 - \cos\theta).$$

由 $E_1 = E_2$ 可得

$$\theta = \arccos\left[1 - \frac{3mv^2}{(M + 3m)gl}\right].$$

思考题

1. 如何理解力矩的功实质上还是力所做的功?

2. 两个质量相同的球分别用密度为 ρ_1, ρ_2 的金属制成, 令其分别以角速度 ω_1 和 ω_2 绕通过球心的轴转动, 试问这两个球的动能之比为多大?

3.4 刚体的角动量定理和角动量守恒定律

3.4.1 刚体的角动量

如图 3-26 所示,当刚体以角速度 ω 绕固定轴(z 轴)转动时,刚体上每一个质元都以相同的角速度 ω 绕 z 轴做圆周运动,若其中第 i 个质元(质量为 Δm_i)到 z 轴的距离为 r_i,则其对 z 轴的角动量为 $\Delta m_i r_i^2 \omega$. 于是,刚体上所有质元对 z 轴的角动量,即刚体对 z 轴的角动量为

$$L = \sum_i \Delta m_i r_i^2 \omega = \left(\sum_i \Delta m_i r_i^2\right)\omega.$$

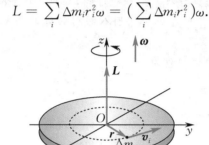

图 3-26 刚体的角动量

根据转动惯量的定义可知,刚体绕 z 轴的转动惯量 $J = \sum_i \Delta m_i r_i^2$,于是刚体对 z 轴的角动量大小可写为

$$L = J\omega. \tag{3-34}$$

3.4.2 刚体的角动量定理

在质点动力学中,牛顿第二定律 $\boldsymbol{F} = m\boldsymbol{a}$ 给出了质点所受的合外力与其所获得的加速度之间的关系. 将角加速度公式 $\boldsymbol{\alpha} = \dfrac{\mathrm{d}\boldsymbol{\omega}}{\mathrm{d}t}$ 代入刚体定轴转动的转动定律 $\boldsymbol{M} = J\boldsymbol{\alpha}$ 中,得

$$\boldsymbol{M} = J\frac{\mathrm{d}\boldsymbol{\omega}}{\mathrm{d}t}. \tag{3-35}$$

做定轴转动的刚体,其对转轴的转动惯量是常量,所以式(3-35)又可写为

$$\boldsymbol{M} = \frac{\mathrm{d}(J\boldsymbol{\omega})}{\mathrm{d}t} = \frac{\mathrm{d}\boldsymbol{L}}{\mathrm{d}t}. \tag{3-36}$$

式(3-36)表明,刚体绕固定轴转动时,作用于刚体的(对转轴的)合外力矩等于刚体绕此轴的角动量随时间的变化率. 这与牛顿第二定律 $\boldsymbol{F} = \dfrac{\mathrm{d}\boldsymbol{p}}{\mathrm{d}t}$ 在形式上是相似的,只是式(3-36)中用 $\boldsymbol{M}$ 代替了 $\boldsymbol{F}$,用 $\boldsymbol{L}$ 代替了 $\boldsymbol{p}$. 应当指出,刚体做定轴转动时,$\boldsymbol{M}$ 的方向与 $\boldsymbol{L}$ 的方向相互平行.

式(3-36)还可改写为

$$\boldsymbol{M}\mathrm{d}t = \mathrm{d}\boldsymbol{L}, \tag{3-37}$$

其中 $\boldsymbol{M}\mathrm{d}t$ 为力矩 $\boldsymbol{M}$ 在 $\mathrm{d}t$ 时间内的冲量矩.

若力矩 $\boldsymbol{M}$ 的作用时间是从 t_1 到 t_2，在此时间段内相应刚体的角速度从 $\boldsymbol{\omega}_1$ 变为 $\boldsymbol{\omega}_2$，则对式(3-37)两边同时积分可得

$$\int_{t_1}^{t_2} \boldsymbol{M} \mathrm{d}t = \boldsymbol{L}_2 - \boldsymbol{L}_1 = J\boldsymbol{\omega}_2 - J\boldsymbol{\omega}_1, \tag{3-38}$$

其中 $\int_{t_1}^{t_2} \boldsymbol{M} \mathrm{d}t$ 称为力矩 $\boldsymbol{M}$ 在时间段 $t_1 \sim t_2$ 内的冲量矩. 式(3-38)表明, 定轴转动的刚体所受合外力对转轴的力矩的冲量矩等于刚体对该轴的角动量的增量, 这一结论称为刚体对固定轴的角动量定理.

3.4.3　刚体的角动量守恒定律

当作用在质点上的合力矩等于零时, 由质点的角动量定理可以导出质点的角动量守恒定律. 若定轴转动刚体所受到的合外力矩为零, 则刚体对轴的角动量是一个常量, 即

$$\text{若 } \boldsymbol{M} = \boldsymbol{0}, \quad \text{则} \quad \boldsymbol{L} = \text{常矢量}.$$

也就是说, 如果刚体所受的合外力矩等于零, 或者不受外力矩的作用, 则刚体的角动量保持不变. 这一规律称为刚体的角动量守恒定律.

必须指出, 上面在得出角动量守恒定律的过程中, 我们附加了刚体、定轴等限制条件, 但角动量守恒定律的适用范围却不受这些限制. 刚体定轴转动时, 如果转动惯量改变, 在角动量守恒的情况下, 转动惯量减少, 则角速度增加; 转动惯量增大, 则角速度减少. 角动量守恒定律是力学中的三大守恒定律之一, 大到天体宇宙, 小到原子、原子核, 角动量守恒定律都是适用的.

如图3-27所示, 一个人坐在竖直光滑的转椅上, 两手各握有一个哑铃. 开始时, 人两手伸展开来, 并在外力的作用下和凳子一起转动起来, 他对固定转轴的转动惯量和角速度分别为 J_1 和 ω_1. 然后此人在转动过程中将两臂收回紧贴于胸前, 此时他对固定转轴的转动惯量和角速度分别为 J_2 和 ω_2. 在此过程中, 重力和支持力对转轴的力矩为零, 系统(人、哑铃和凳子)的角动量守恒, 即 $J_1\omega_1 = J_2\omega_2$. 又因为 $J_1 > J_2$, 所以当人将两臂收至胸前时, 角速度增大.

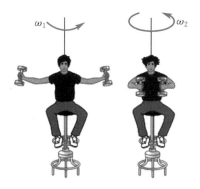

图 3-27　角动量守恒示例

注意　角动量定理和角动量守恒定律一般只适用于惯性系.

刚体的角动量守恒定律在现代技术中的一个重要应用是惯性导航, 其所用的装置叫作回转仪, 也叫作陀螺仪, 如图3-28所示. 回转仪的核心部分是回转仪框架中的质量较大的转子, 转子装在内环上, 其轴与内环的轴垂直. 外环、内环和转子的轴两两相互垂直且均通过转子的

质心.假设各轴的支撑处光滑,且忽略空气阻力,当转子高速转动时,系统的角动量守恒,这将使得转子转轴的空间指向不变.安装在轮船、飞机、导弹或航天飞船上的回转仪能够指向空间某一特定的方向,起到导航的作用.

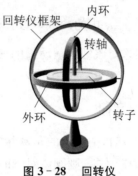

图 3-28 回转仪

例 3-8 工程上,常用摩擦啮合器使两飞轮以相同的转速一起转动.如图 3-29 所示,A 和 B 两飞轮的轴杆在同一中心线上,A 轮的转动惯量为 $J_A = 10\,\text{kg}\cdot\text{m}^2$,B 轮的转动惯量为 $J_B = 20\,\text{kg}\cdot\text{m}^2$.开始时,A 轮的转速为 600 r/min,B 轮静止,C 为摩擦啮合器(质量可忽略).问:两飞轮啮合后的转速是多少?在啮合过程中,两飞轮的总机械能有何变化?

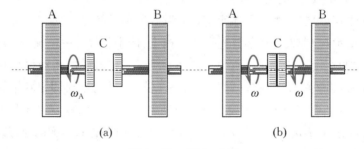

图 3-29 例 3-8 图

解 以飞轮 A,B 和啮合器 C 作为一个系统来考虑.在啮合过程中,系统受到轴向的正压力和啮合器间的切向摩擦力,前者对转轴的力矩为零,后者对转轴有力矩,但属于系统的内力矩,会相互抵消.系统没有受到其他外力矩,因此系统的角动量守恒.按角动量守恒定律可得

$$J_A\omega_A = (J_A + J_B)\omega,$$

其中 ω_A 为两飞轮啮合前 A 轮的角速度,ω 为两飞轮啮合后共同转动的角速度.于是

$$\omega = \frac{J_A\omega_A}{J_A + J_B}.$$

代入数值,得

$$\omega = \frac{20}{3}\pi\ \text{rad/s},$$

故两飞轮的共同转速为

$$n = 200\ \text{r/min}.$$

在啮合过程中,一对滑动摩擦力(矩)做负功,因此机械能不守恒,部分机械能将转化为热量散发掉,损失的机械能为

$$\Delta E_k = \frac{1}{2}J_A\omega_A^2 - \frac{1}{2}(J_A + J_B)\omega^2 \approx 1.32 \times 10^4 \text{ J}.$$

例3-9 图3-30中的航天飞船对其中心轴的转动惯量为 $J = 2 \times 10^3 \text{ kg} \cdot \text{m}^2$,它以 $\omega = 0.2 \text{ rad/s}$ 的角速度绕中心轴旋转. 航天员用两个切向的控制喷管使飞船停止旋转,每个喷管的位置与轴线距离均为 $r = 1.5 \text{ m}$,两喷管的喷气流量恒定且共为 $q = 2 \text{ kg/s}$. 废气的喷射速率(相对于飞船周边)$u = 50 \text{ m/s}$,并且恒定. 试问喷管应喷射多长时间才能使飞船停止旋转?

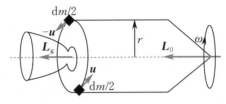

图3-30 例3-9图

解 把飞船和排出的废气看作一个系统,设飞船停止旋转时排出的废气质量共为 m. 由于排出废气的质量远小于飞船的质量,因此在飞船停止旋转的过程中可以近似认为 J 不变.

初始时刻,系统对于飞船中心轴的角动量等于飞船的初始角动量,即

$$L_0 = J\omega.$$

在喷气过程中,以 dm 表示 dt 时间内喷管喷出废气的质量,这些废气对中心轴的角动量为 $dm \cdot r(u + v)$,方向与飞船的角动量方向相同. 因为 $u = 50 \text{ m/s}$ 远大于飞船边缘的线速率 $v = \omega r$,所以此角动量近似地等于 $dm \cdot ru$. 这样,在整个喷气过程中喷出废气的总角动量应为

$$L_g = \int_0^m dm \cdot ru = mru.$$

当飞船停止旋转时,其角动量为零,系统的总角动量 L_1 就是排出的全部废气的总角动量,即

$$L_1 = L_g = mru.$$

在整个喷射过程中,系统所受的对于飞船中心轴的外力矩为零,所以系统对于此轴的角动量守恒,即 $L_0 = L_1$,由此得

$$J\omega = mru,$$

即

$$m = \frac{J\omega}{ru}.$$

于是可得使飞船停止旋转所需的时间为

$$t = \frac{m}{q} = \frac{J\omega}{qru} \approx 2.67 \text{ s}.$$

课后思考 一个人随着转台转动,他将两手臂伸平,同时两手各拿一只重量相等的哑铃. 这时他和转台共同的角速度为 ω_0,然后他将哑铃丢下,但两臂不动. 问此人丢下哑铃前后的角动量是否守恒? 他的角速度是否改变?

*3.5 进动

在介绍刚体绕固定轴转动时,角动量定理的表达式为 $\boldsymbol{M} = d\boldsymbol{L}/dt$,由公式可看出作用在刚

体上的外力对转轴的力矩 $\boldsymbol{M}$ 与刚体对转轴的角动量 $\boldsymbol{L}$ 的方向平行,都在同一条轴线上.从本质上说,刚体绕固定轴转动相当于一维运动,而在陀螺的转动中,$\boldsymbol{M}$ 与 $\boldsymbol{L}$ 的方向不再沿同一条轴线.对陀螺转动的研究可以使我们对力矩 $\boldsymbol{M}$ 与角动量 $\boldsymbol{L}$ 的矢量性有更深入的了解.

图 3-31 所示为玩具陀螺,我们发现,如果陀螺不旋转,则它将在其重力对支点的力矩作用下翻倒.但是,当陀螺以很高的转速绕自身对称轴(自旋轴)旋转时,尽管陀螺仍然受到重力矩的作用,陀螺却不会翻倒.陀螺重力对支点的力矩作用将使陀螺的自旋轴沿虚线所示的路径画出一个圆锥面来.

陀螺的这种运动也可以用图 3-32(a) 所示的回转仪来演示.将回转仪自旋轴(水平的转轴)一端置于支架的顶点 O 上,并使其可以绕 O 点自由转动.当回转仪的转子不绕自旋轴旋转时,在重力矩的作用下,回转仪将绕 O 点在竖直平面内倒下;当回转仪的转子绕其自旋轴高速旋转时,其自旋轴不仅可以继续保持水平方位,而且还将绕过 O 点的竖直轴缓慢地转动.我们把陀螺或回转仪绕其自旋轴高速旋转时,其自旋轴绕竖直轴转动的现象称为刚体的**进动**(precession),又称为旋进.

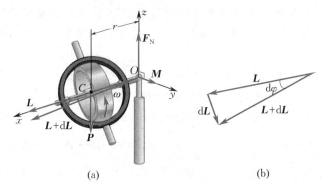

图 3-31　旋转的陀螺　　　　图 3-32　回转仪旋进示意图

在图 3-32(a) 中,如略去摩擦力的作用,回转仪受到两个外力作用,一个是作用在回转仪质心 C 上方向竖直向下的重力 $\boldsymbol{P} = m\boldsymbol{g}$,另一个是支架顶部对其向上的支持力 $\boldsymbol{F}_{N}$.当回转仪按图示方向以角速度 ω 绕其自旋轴转动时,其角动量 $\boldsymbol{L}$ 的方向沿 x 轴正方向.由于力 $\boldsymbol{F}_{N}$ 对 O 点的力矩为零,故回转仪所受外力矩仅为重力矩 $\boldsymbol{M}$,其大小为

$$M = mgr,$$

方向沿 y 轴正方向.在重力矩 $\boldsymbol{M}$ 的作用下,dt 时间内,回转仪绕通过 O 点的竖直轴的角动量由 $\boldsymbol{L}$ 变为 $\boldsymbol{L} + d\boldsymbol{L}$.由角动量定理可知,在此 dt 时间内回转仪角动量的变化量为

$$d\boldsymbol{L} = \boldsymbol{M}dt.$$

这表明回转仪的自旋轴绕通过 O 点的竖直轴 z 逆时针(俯视)方向旋进.此外,由图 3-32(b) 可以看出,经过 dt 时间后,回转仪转过的角度为

$$d\varphi = \frac{|d\boldsymbol{L}|}{L} = \frac{Mdt}{L} = \frac{(mgr)dt}{J\omega},$$

其中 J 为回转仪对其自旋轴的转动惯量.于是可得回转仪的旋进角速度的值为

$$\Omega = \frac{d\varphi}{dt} = \frac{mgr}{J\omega}.$$

由此可知,若回转仪自转角速度 ω 不变,则回转仪旋进角速度 Ω 也保持不变.实际上,由于各种摩擦阻力矩的作用,ω 将不断减小,与此同时,Ω 将逐渐增大,旋进将变得不稳定.

以上的分析是近似的,只适用于自转角速度 ω 比旋进角速度 Ω 大得多的情况.因为有旋进的存在,回转仪的总角动量除了上面考虑的因自转运动产生的一部分外,还有旋进部分产生的.只有在 $\omega \gg \Omega$ 的情况下,计算 L 时才能不计因旋进而产生的角动量.

旋进现象是很普遍的,应用也十分广泛.在远离地球的深空宇宙中航行的航天器,经常需要改变姿态或变更轨道.为实现这一目标,人们常常启动航天器携带的小火箭.现在我们介绍另一种办法,利用回转仪来实现航天器轨道或姿态的改变.如图 3-33 所示,在航天器内安装一个回转仪,在正常情况下,此回转仪不自旋,回转仪的角动量为零.由于在深空没有外力矩的作用,此孤立系统(航天器和回转仪)的角动量守恒,因此航天器相对于质心的角动量也为零.如果地面控制人员发出指令使回转仪逆时针旋转,那么航天器将顺时针旋转,以调整姿态,从而改变航向.实际上,航天器里的回转仪是可以绕三维垂直轴转动的,地面控制人员根据需要来控制回转仪的自旋,从而实现航天器的调姿或变轨.

图 3-33　利用回转仪旋进
实现航天器调姿

本章小结　　　　阅读材料3

■■■■ 习　题　3 ■■■■

3-1　电影中的一个特技要求演员从 $20.0\ \text{m}$ 高的大楼跳下来,最后以 $4.00\ \text{m/s}$ 的垂直速度安全降落在地上.在大楼屋顶的边缘有一滑轮,用一根足够长的绳子(质量可以忽略不计)缠绕在滑轮上.滑轮半径为 $0.500\ \text{m}$,对其中心轴的转动惯量为 J,滑轮可绕其自旋轴自由旋转(见图 3-34).剧本要求这位 $50.0\ \text{kg}$ 重的特技演员把绳子绑在腰上,然后离开屋顶.

(1) 根据特技演员的质量 m、滑轮的半径 r 和滑轮对其自旋轴的转动惯量 J 来确定特技演员下落加速度的表达式.

(2) 如果特技演员要安全着陆,请确定他所需的加速度值,并使用该值来计算滑轮对其自旋轴的转动惯量.

(3) 滑轮的角加速度是多少?在特技演员落地时,滑轮一共转动了多少圈?

20.0 m

图 3-34　习题 3-1 图

3-2　一种早期的测量光速的方法是使用一个匀速旋转的开槽轮.如图 3-35 所示,一束光穿过轮外边缘的一个凹槽,射到远处的镜子上,并反射回来及时通过开槽轮的下一个凹槽.一个这样的开槽轮的半径为 $5.0\ \text{cm}$,其边缘周围有 500 个凹槽.镜子与开槽轮的距离为 $L = 500\ \text{m}$ 时,测得光速为 $3.0 \times 10^5\ \text{km/s}$.求:

(1) 开槽轮的(恒定的)角速度;

（2）开槽轮边缘上质元的线速度.

图 3-35　习题 3-2 图

3-3　一辆自行车在修理时被翻倒过来. 如图 3-36 所示，车轮半径为 R，在加速转动过程中，车轮上的水滴从 A 点沿切线方向飞出. 在某一时刻，从 A 点处飞出的水滴上升到切点上方 h_1 处. 轮子转动一圈后，从 A 点处飞出的水滴上升到切点上方 h_2 处. 忽略空气摩擦，求车轮的角加速度（假设它是恒定的）.

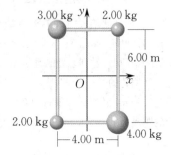

图 3-36　习题 3-3 图

3-4　地球对自旋轴的转动惯量为 $0.33 m_E R^2$，其中 m_E 为地球的质量，R 为地球半径.

（1）求地球自转时的动能；

（2）由于潮汐的作用，地球自转的角速度逐渐减小，1 年内自转周期增加 3.5×10^{-5} s，求潮汐对地球的平均力矩.

3-5　如图 3-37 所示，用轻杆连接的 4 个小球位于矩形的 4 个顶点上，忽略小球的大小及轻杆的质量，将轻杆和 4 个小球看作一个系统. 求：

（1）系统对 x 轴的转动惯量；

（2）系统对 y 轴的转动惯量；

（3）系统对通过原点 O 并垂直于纸面的轴的转动惯量.

图 3-37　习题 3-5 图

3-6　一竖直放置的半径为 0.550 m 的圆柱形大砂轮可以在一个无摩擦的竖直轴（对称轴）上自由旋转. 在其边缘施加 250 N 的恒定切向力，该砂轮获得的角加速度为 0.940 rad/s^2. 试问：

（1）砂轮的转动惯量是多少？

（2）砂轮的质量是多少？

（3）如果砂轮从静止状态开始旋转，假设力在此期间一直起作用，那么在经过 5.00 s 后，砂轮的角速度是多少？

3-7　一长为 $l = 0.4$ m 的均质木棒，质量 $M = 1.0$ kg，可绕水平轴 O（过木棒上端点）在竖直平面内转动. 开始时，棒自然地下垂. 现有质量 $m = 8$ g 的子弹以 $v = 200$ m/s 的速率从 A 点射入木棒中，假定 A 点与 O 点的距离为 $\dfrac{3}{4} l$，求：

（1）木棒开始运动时的角速度；

（2）木棒的最大偏转角.

3-8　如图 3-38 所示，一质量为 m_0，半径为 R 的圆盘上绕有细绳，绳子一端挂有质量为 m 的物体. 物体由静止开始下落，当物体下落高度为 h 时，其速度为多大？

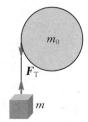

图 3-38　习题 3-8 图

3-9　留声机的转盘绕通过盘心且垂直盘面的轴以角速度 ω 匀速转动. 放上唱片后，唱片将在摩擦力的作用下随转盘一起转动. 设唱片的半径为 R，质量为 m，与转盘间的滑动摩擦系数为 μ，求：

（1）唱片与转盘间的摩擦力矩；

（2）唱片达到角速度 ω 所需的时间；

（3）这段时间内，转盘的驱动力矩所做的功.

3-10　如图 3-39 所示，一杂技演员 M 由水平跷跷板上方高为 h 处自由下落到跷跷板的一端，并把跷跷板另一端的演员 N 弹了起来. 设跷跷板是均质的，长度为 l，质量为 m'，支点在跷跷板的中点 C 处，跷跷板可绕点 C 在竖直平面内转动，演员 M，N 的质量都是 m. 假定演员 M 落在跷跷板上，与跷跷板的碰撞是完全非弹性碰撞. 问演员 N 可弹起多高？

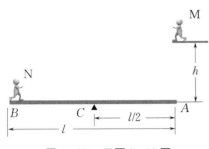

图 3 - 39   习题 3 - 10 图

3 - 11   一个质量为 m_1 的父亲和一个质量为 m_2 的儿子坐在跷跷板的两端,两人与中心转轴的距离相等.跷跷板模型为质量为 M,长度为 l 的刚性杆,且可无摩擦转动.在某个时刻,这个系统以角速度 ω 绕水平轴转动.求:

(1) 系统角动量大小的表达式;

(2) 当跷跷板与水平方向成 θ 角时,系统角加速度的大小的表达式.

3 - 12   如图 3 - 40 所示,细棒 A 的质量为 m,长度为 L,可绕中心点 O 转动.物块 B 的质量为 m.细棒 A 在水平位置从静止开始自由下摆,并在竖直位置与物块 B 发生弹性碰撞.求碰撞后:

(1) 物块 B 的速度 v_B;

(2) 细棒 A 的角速度 ω_2;

(3) 碰撞后细棒 A 转动的最大角度 θ_{max}.

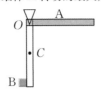

图 3 - 40   习题 3 - 12 图

3 - 13   如图 3 - 41 所示,一质量为 M,长度为 $2l$ 的均质细棒可绕过其中心点并与之垂直的水平轴 O 在竖直平面内自由转动.开始时,细棒在水平位置,一质量为 m 的小球,以速度 u 垂直落到细棒的端点上并与细棒发生弹性碰撞.试求碰撞后瞬间,小球的速度 v 以及细棒的角速度 ω.

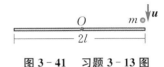

图 3 - 41   习题 3 - 13 图

3 - 14   一均质木杆质量为 $M = 1\,\text{kg}$,长度为 $l = 40\,\text{cm}$,可绕通过其中心并与之垂直的轴转动.一质量为 $m = 10\,\text{g}$ 的子弹以 $v = 200\,\text{m/s}$ 的速度射入杆端,其方向与木杆及轴正交.若子弹陷入木杆中,试求木杆所获得的角速度.

VIBRATION AND WAVE

第二篇

振动和波

前面我们介绍了机械运动中的平动和转动，其实物体还存在着另外一种普遍的运动形式——机械振动．生活中的振动随处可见，如钟摆的摆动、琴弦的振动、气缸中活塞的往复运动、车辆启动后车身的振动、心脏的跳动等都是振动．这些运动都有一个共同点，就是物体总是在某一固定位置附近做来回往复的运动，我们把这种运动称为机械振动 (mechanical vibration)．实践表明，一切具有质量和弹性的系统在其运动状态发生突变时都会产生振动．各类振动遵从相似的运动规律．机械振动是常见的一种运动形式，其描述方法和运动规律可以很容易地推广到其他形式的振动中去．振动是声学、地震学、光学以及无线电技术等学科和技术的基础．

各种振动形式中，简谐振动是最基本、最简单的运动形式．可以证明，一切复杂振动均可通过傅里叶级数展开分解成若干简谐振动，即复杂振动也可以视为若干个简谐振动的合成．在第 4 章中我们将首先讨论简谐振动的描述方法和基本规律，而后讨论简谐振动的合成问题．

真实的振动系统一般都存在摩擦力等耗散因素，这使得振动过程中的振幅逐渐衰减．外加驱动力，系统可在该外力作用下形成受迫振动，当驱动力的频率接近或与系统自身固有频率相同时，系统振幅达到最大，发生共振．第 4 章的最后我们将讨论阻尼振动、受迫振动以及共振的运动规律．

与振动密切相联系的另一种运动形式是波动．波动是振动的传播过程，如声波或绳波是机械振动在弹性介质中的传播过程，无线电波、光等是电磁波以电磁振动的形式在空间中进行传播．波动和振动一样，都是非常普通而又重要的运动形式，几乎存在于一切物理现象中．第 5 章将在第 4 章讨论机械振动的基础上对振动在弹性介质中的传播规律进行相关研究．

4 第4章
机 械 振 动

在物理学中,只要物理量在某一数值附近随时间做周期性的变化,就可以叫作振动.因此,自然界中除了机械振动外,还有物质分子和原子的热振动、交流电路中的电流和电压以及电磁波中的电场强度和磁场强度的电磁振动等.热振动、电磁振动、机械振动虽然有着本质上的区别,但是它们的运动规律却是相同的.本章以机械振动中最简单的简谐振动为例来研究振动的运动规律,内容包括简谐振动及简谐振动的合成、阻尼振动、受迫振动和共振现象等.

■ 4.1 简谐振动

4.1.1 简谐振动

最简单、最基本的振动是简谐振动,做简谐振动的系统叫作谐振子(harmonic oscillator).弹簧振子就是一种谐振子.下面我们以弹簧振子为例来研究简谐振动的运动规律.

1. 弹簧振子模型

如图 4-1(a) 所示,将一根轻质弹簧(质量可以忽略不计) 左端固定,右端与质量为 m 的物体相连,这样的弹簧-物体系统就是弹簧振子.

2. 弹簧振子的振动

将弹簧振子放在光滑的水平面上,忽略一切阻力.简单起见,我们选择弹簧处于原长(自然伸长状态) 时物体的位置为原点 O,并取水平向右为 x 轴正方向.当物体处在 O 点时,所受合外力为零,故 O 点是物体的受力平衡点,也叫作物体的平衡位置.现施加外力,将物体由平衡位置拉到位置 M,如图 4-1(b) 所示,此时弹簧也被拉长,物体受到外力的同时又受到一个指向平衡位置的弹力 F 的作用.

若将物体由静止释放,物体将在弹力 F 的作用下向左加速运动,当物体经过平衡位置 O 时,虽然其受到的弹力减小为零,但由于惯性,物体将继续向左运动.在向左运动的过程中,弹簧又被压缩,使物体受到向右的弹力的作用,这个弹力将阻碍物体向左运动,物体的速度越来越小,直至物体运动到 N 点时,速度减小为零,如图 4-1(c) 所示.此时,物体又在弹力的作用下，从 N 点向右运动. 就这样，物体在平衡位置 O 附近的 M，N 点之间来回往复运动，运动过程中物体受到的弹力方向总是指向平衡位置，这就是弹簧振子的振动.

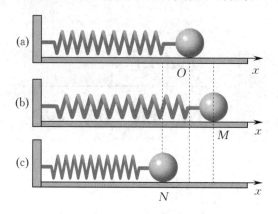

图 4 - 1　弹簧振子

4.1.2　简谐振动的动力学方程

设 t 时刻，物体偏离平衡位置的位移为 x，同时 x 也代表弹簧的伸长量. 由胡克定律可知，此时物体受到的弹力 F 与物体偏离平衡位置的位移 x 成正比，方向与位移的方向相反，于是有

$$F = -kx,\qquad\qquad(4-1)$$

其中 k 为弹簧的劲度系数，它是一个与弹簧本身的性质（材料、形状、大小等）有关的量，负号表示弹力的方向与位移的方向相反. 根据牛顿第二定律有

$$F = ma = m\frac{\mathrm{d}^2 x}{\mathrm{d}t^2}.\qquad\qquad(4-2)$$

由式(4-1)和(4-2)得

$$a = -\frac{k}{m}x.\qquad\qquad(4-3)$$

式(4-3)表明，弹簧振子中物体的加速度 a 与位移的大小 x 成正比，但是方向相反. 我们把加速度具有这种特征的振动叫作简谐振动（simple harmonic vibration）. 因此，我们可以根据式(4-3)来判断物体是否在做简谐振动. 令

$$\frac{k}{m} = \omega^2,\qquad\qquad(4-4)$$

其中 ω 叫作角频率（angular frequency）或圆频率，它只取决于系统本身的性质. 此时，式(4-3)也可写成

$$\frac{\mathrm{d}^2 x}{\mathrm{d}t^2} + \omega^2 x = 0.\qquad\qquad(4-5)$$

式(4-5)就是物体做简谐振动的动力学微分方程.

这里需要指出的是，只要物理量 x 满足式(4-5)，且 ω 是一常量，则该物理量 x 就在做简谐振动.

例 4-1　　如图 4-2 所示,单摆的摆绳(质量和伸长均忽略不计)一端固定在 C 点,另一端系一质量为 m 可看作质点的摆球.试证明单摆在竖直平面内绕平衡位置附近所做的小角度($\theta \leqslant 5°$)摆动是简谐振动,并求其振动的角频率.

解　　摆球静止在竖直位置 O 点时,作用在摆球上的合外力为零,故 O 点为平衡位置.摆球绕 C 点偏离平衡位置振动时,设 t 时刻摆角为 θ,并规定逆时针方向为转动正方向.由于 $\theta \leqslant 5°$,故此时作用在摆球上的合力矩(拉力矩为零,只有重力矩)为

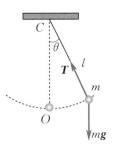

图 4-2　单摆

$$M = -mgl\sin\theta \approx -mgl\theta.$$

根据转动定律 $M = J\dfrac{\mathrm{d}^2\theta}{\mathrm{d}t^2}$ 及摆球对过 C 点的水平轴的转动惯量 $J = ml^2$,得

$$\frac{\mathrm{d}^2\theta}{\mathrm{d}t^2} + \frac{g}{l}\theta = 0.$$

上式与简谐振动的动力学微分方程(4-5)形式一致,故单摆的小角度摆动是简谐振动.令 $\omega^2 = \dfrac{g}{l}$,得角频率为

$$\omega = \sqrt{\frac{g}{l}}.$$

4.1.3　简谐振动的运动方程

式(4-5)是一个二阶常微分方程,其解为

$$x = A\cos(\omega t + \varphi). \tag{4-6}$$

式(4-6)称为简谐振动的运动方程,此方程表明,做简谐振动的物体,其位移是时间的余弦函数.式(4-6)中 A 和 φ 是待定的积分常量,具体求法将在下一节介绍.

将式(4-6)对时间求导,可得简谐振动的速度方程为

$$v = \frac{\mathrm{d}x}{\mathrm{d}t} = -\omega A\sin(\omega t + \varphi) = \omega A\cos\left(\omega t + \varphi + \frac{\pi}{2}\right). \tag{4-7}$$

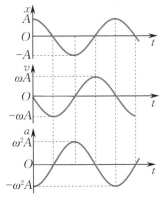

图 4-3　简谐振动的位移、速度、加速度曲线

将式(4-7)对时间求导,可得简谐振动的加速度方程为

$$a = \frac{\mathrm{d}v}{\mathrm{d}t} = -\omega^2 A\cos(\omega t + \varphi) = \omega^2 A\cos(\omega t + \varphi + \pi). \tag{4-8}$$

由式(4-7)和(4-8)可以看出,在做简谐振动的物体的速度、加速度也在做简谐振动.令 $\varphi = 0$,根据式(4-6)～(4-8),我们可以作出做简谐振动的物体的位移、速度和加速度曲线,如图 4-3 所示.

由图 4-3 可以看出:

（1）三者的变化周期是相同的.

（2）三者变化的步调不一致. 具体体现在,当位移为正的最大值时,速度却为零,加速度为负的最大值;当位移为零时,速度的绝对值却最大,加速度为零;当位移为负的最大值时,速度又为零,加速度为正的最大值.

（3）三者的最大值是不一样的.

思考题

1. 你还知道哪些做简谐振动的系统?

2. 木质小球静止漂浮在水面上,现施加一外力将它的一部分压入水中,撤去外力后,小球的运动是不是简谐振动?

4.2 简谐振动的描述

在之前的讨论中,我们用位矢和速度来描述物体的运动状态. 要确定一个做简谐振动的物体的运动状态,根据上一节的内容可知,必须要知道简谐振动的 A,ω 和 φ 这三个量,这三个量是描述简谐振动的特征量,也称为描述简谐振动的三要素.

1. 振幅

简谐振动的运动方程为 $x = A\cos(\omega t + \varphi)$,式中余弦函数 $\cos(\omega t + \varphi)$ 的取值范围为 $[-1,1]$,所以简谐振动的位移的取值范围为 $[-A,A]$. A 等于正的最大位移(最大位移的绝对值),称为振幅(amplitude),单位是米(m).

2. 周期、频率和角频率

我们把物体完成一次完整的振动所经历的时间叫作振动的周期(period),符号为 T,单位是秒(s). 振动具有周期性,这就意味着物体在 $t + T$ 时刻的位移和速度,应与 t 时刻的位移和速度是一样的,即每经历一个周期后,物体又恢复到了原来的运动状态,即

$$x(t + T) = x(t)$$

或

$$A\cos[\omega(t + T) + \varphi] = A\cos(\omega t + \varphi).$$

由余弦函数的周期性可得

$$\cos(\omega t + \varphi + 2\pi) = \cos(\omega t + \varphi).$$

综上可知,物体完成一次振动后有 $\omega T = 2\pi$,于是有

$$T = \frac{2\pi}{\omega}. \tag{4-9}$$

物体在单位时间内所完成的振动次数称为频率(frequency),符号为 ν,单位是赫[兹](Hz). 显然,频率和周期互为倒数,即

$$\nu = \frac{1}{T} = \frac{\omega}{2\pi} \tag{4-10}$$

或

$$\omega = 2\pi\nu. \tag{4-11}$$

由式(4-11)可知,角频率等于物体在单位时间内所完成振动次数的 2π 倍.

对弹簧振子而言,其角频率、周期、频率分别为

$$\omega = \sqrt{\frac{k}{m}}, \tag{4-12}$$

$$T = 2\pi \sqrt{\frac{m}{k}}, \tag{4-13}$$

$$\nu = \frac{1}{2\pi} \sqrt{\frac{k}{m}}. \tag{4-14}$$

弹簧振子的角频率 ω 仅取决于弹簧的劲度系数和物体的质量,而弹簧的劲度系数和物体的质量为弹簧振子系统所固有的性质,因此弹簧振子的角频率、周期和频率均只与振动系统本身的性质有关,故它们又可分别称为固有角频率、固有周期和固有频率.

课堂思考　若弹簧振子初始时处于静止状态,它有固有频率吗?此时振幅的大小是多少?初始状态又怎么描述?

3. 相位

当简谐振动的振幅 A 和角频率 ω 给定时,它的运动状态就由 $\omega t + \varphi$ 来决定.也就是说, $\omega t + \varphi$ 既决定了振动物体在 t 时刻相对平衡位置的位移,也决定了它在该时刻的速度.我们把 $\omega t + \varphi$ 叫作振动物体在 t 时刻的相位(phase).当 $t=0$ 时, $\omega t + \varphi = \varphi$,故 φ 叫作初相位(initial phase),简称初相,它决定了初始时刻振动物体的运动状态.

下面我们以图 4-1 中的弹簧振子为例,来讨论振动物体的相位.取物体在 M 点时为计时零点,在 $t=0$ 时刻,物体处在 M 点,其相位(初相)为 $\varphi=0$,此时 $x=A,v=0$.当 $t=T/4$ 时,物体由右向左经过 O 点,相位 $\omega t + \varphi = \pi/2$,此时 $x=0,v=-\omega A$.当 $t=T/2$ 时,物体到达 N 点,相位 $\omega t + \varphi = \pi$,此时 $x=-A,v=0$.当 $t=3T/4$ 时,物体由左向右经过 O 点,相位 $\omega t + \varphi = 3\pi/2$,此时 $x=0,v=\omega A$.当 $t=T$ 时,物体回到 M 点,相位 $\omega t + \varphi = 2\pi$,此时 $x=A,v=0$,并且运动状态和初始状态是一样的.

在一个周期内的不同时刻,振动的相位不同,物体的运动状态也不同,即使处在相同的位置,振动的相位也不一定相同.物体振动了一个周期后,相位增加了 2π.由此可见,相位不仅可以描述物体的运动状态,还能反映简谐振动的周期性.

课堂思考　如果知道了物体的初始运动状态,振幅和初相可以确定吗?

4. 振幅和初相的确定

简谐振动的角频率 ω 是由振动系统本身的性质所决定的.在角频率 ω 已经确定的情况下,若已知初始时刻物体的位移 x_0 和速度 v_0,代入式(4-6)和(4-7),可得

$$x_0 = A\cos\varphi, \quad v_0 = -\omega A \sin\varphi.$$

由此可解得

$$A = \sqrt{x_0^2 + \frac{v_0^2}{\omega^2}}, \tag{4-15}$$

$$\varphi = \arctan\left(-\frac{v_0}{\omega x_0}\right). \tag{4-16}$$

式(4-15)和(4-16)表明,在角频率 ω 已经确定的情况下,由初始条件就可以求出振幅 A 和初相 φ.初相 φ 的取值范围通常为 $[-\pi,\pi)$.下面我们具体讨论不同初始条件下初相 φ 的取值范围.将初始条件代入式(4-6)和(4-7),可得

$$\cos \varphi = \frac{x_0}{A}, \quad \sin \varphi = -\frac{v_0}{\omega A}.$$

当 $x_0 = A, v_0 = 0$ 时，物体位于正的最大位移处，此时 $\cos \varphi = 1, \sin \varphi = 0$，则 $\varphi = 0$. 当 $0 < x_0 < A, v_0 < 0$ 时，物体由正的最大位移处向平衡位置运动，此时 $0 < \cos \varphi < 1, 0 < \sin \varphi < 1$，则 φ 的取值范围为 $\left(0, \dfrac{\pi}{2}\right)$. 当 $x_0 = 0, v_0 < 0$ 时，物体位于平衡位置处，且向 x 轴负方向运动，此时 $\cos \varphi = 0, \sin \varphi > 0$，则 $\varphi = \dfrac{\pi}{2}$. 当 $-A < x_0 < 0, v_0 < 0$ 时，物体由平衡位置向负的最大位移处运动，此时 $-1 < \cos \varphi < 0, 0 < \sin \varphi < 1$，则 φ 的取值范围为 $\left(\dfrac{\pi}{2}, \pi\right)$. 当 $x_0 = -A, v_0 = 0$ 时，物体位于负的最大位移处，此时 $\cos \varphi = -1, \sin \varphi = 0$，则 $\varphi = -\pi$. 当 $-A < x_0 < 0, v_0 > 0$ 时，物体由负的最大位移处向平衡位置运动，此时 $-1 < \cos \varphi < 0$，$-1 < \sin \varphi < 0$，则 φ 的取值范围为 $\left(-\pi, -\dfrac{\pi}{2}\right)$. 当 $x_0 = 0, v_0 > 0$ 时，物体位于平衡位置处，且向 x 轴正方向运动，此时 $\cos \varphi = 0, \sin \varphi = -1$，则 $\varphi = -\dfrac{\pi}{2}$. 当 $0 < x_0 < A, v_0 > 0$ 时，振动物体由平衡位置向正的最大位移处运动，此时 $0 < \cos \varphi < 1, -1 < \sin \varphi < 0$，则 φ 的取值范围为 $\left(-\dfrac{\pi}{2}, 0\right)$.

综上所述，对于给定的振动系统，周期或频率由系统本身的性质决定，振幅和初相则由初始条件决定.

例 4-2 一质点做简谐振动，已知其最大加速度值 $a_{\max} = 0.493 \text{ m/s}^2$，频率 $\nu = 0.5 \text{ Hz}$，初始时刻质点的位置为 $x_0 = -0.025 \text{ m}$，且向 x 轴负方向运动，试写出该质点的运动方程.

解 设该质点的运动方程为

$$x = A\cos(\omega t + \varphi).$$

已知其频率 $\nu = 0.5 \text{ Hz}$，则其角频率为

$$\omega = 2\pi\nu = 2\pi \times 0.5 \text{ rad/s} = \pi \text{ rad/s}.$$

由式（4-8）可得

$$a_{\max} = \omega^2 A,$$

因此有

$$A = \frac{a_{\max}}{\omega^2} = \frac{0.493}{\pi^2} \text{ m} \approx 0.05 \text{ m}.$$

根据已知条件，$t = 0$ 时，$x_0 = -0.025 \text{ m}$，有

$$\cos \varphi = \frac{x_0}{A} = -\frac{1}{2},$$

得

$$\varphi = \pm\frac{2\pi}{3}.$$

又由于 $v_0 < 0$，因此取

$$\varphi = \frac{2\pi}{3},$$

于是得质点的运动方程为

$$x = 0.05\cos\left(\pi t + \frac{2\pi}{3}\right) \text{ m}.$$

 思考题

1. 物体做简谐振动时,若仅已知其初始时刻的位置(非最大位移处),初相能不能确定呢?
2. 若已知的是物体某一时刻(非初始时刻)的振动状态,初相能不能确定呢?

4.3 旋转矢量

在上一节中,我们用初始条件来确定初相采用的是数学中的解析法,从例题的求解过程可以看出这种方法比较烦琐.本节我们将采用旋转矢量来表示简谐振动.用旋转矢量图来表示简谐振动不仅形象、直观,而且还可以方便地用它来确定初相 φ.

如图 4-4 所示,在坐标系 Oxy 中,自原点 O 作一矢量 $\boldsymbol{A}$,使它的大小等于振动的振幅 A,让矢量 $\boldsymbol{A}$ 在 Oxy 平面内绕原点 O 做逆时针方向的匀速圆周运动,且转动的角速度等于角频率 ω,则该矢量 $\boldsymbol{A}$ 就叫作**旋转矢量**.如图 4-4(a) 所示,设初始时刻旋转矢量 $\boldsymbol{A}$ 与 x 轴的夹角为 φ,经过 $\Delta t = t - 0$ 时间,旋转矢量转过的角度为 $\omega \Delta t$,故在 t 时刻旋转矢量 $\boldsymbol{A}$ 与 x 轴的夹角为 $\omega t + \varphi$,如图 4-4(b) 所示.作旋转矢量 $\boldsymbol{A}$ 的矢端在 x 轴上的投影,即图中的 P 点,P 点的坐标为 $x = A\cos(\omega t + \varphi)$.与式(4-6)相比,$P$ 点的坐标恰好是简谐振动的运动方程.因此,我们可以用旋转矢量来描述简谐振动.具体的表示方法是:旋转矢量的大小表示振动的振幅,旋转矢量逆时针转动的角速度大小表示振动的角频率,旋转矢量初始时刻与 x 轴的夹角表示振动的初相 φ,旋转矢量 t 时刻与 x 轴的夹角表示 t 时刻的相位 $\omega t + \varphi$.旋转矢量旋转一周,相当于物体完成一次完整的振动.旋转矢量处在不同的位置,代表了物体不同的振动状态,旋转矢量的位置和物体的振动状态之间存在着一一对应的关系.

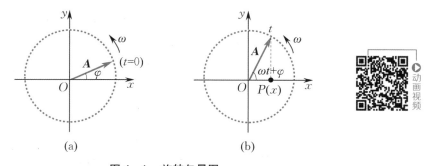

图 4-4 旋转矢量图

用旋转矢量法也可以画出振动曲线,下面以简谐振动 $x = A\cos\left(\omega t - \frac{\pi}{3}\right)$ 为例对此予以

说明.如图 4-5 所示,取向上为 x 轴正方向.由于振动初相为 $-\frac{\pi}{3}$,因此初始时刻旋转矢量的矢

端位于图中 a 点处,矢端在 x 轴上的投影对应振动曲线上的 a' 点. $\frac{T}{6}$ 时刻,相位为零,旋转矢量的矢端位于 b 点处,对应振动曲线的 b' 点. 依此类推, $\frac{T}{3}$, $\frac{5T}{12}$, $\frac{T}{2}$, $\frac{2T}{3}$, $\frac{5T}{6}$, $\frac{11T}{12}$ 时刻,相位分别为 $\frac{\pi}{3}$, $\frac{\pi}{2}$, $\frac{2\pi}{3}$, π, $\frac{4\pi}{3}$, $\frac{3\pi}{2}$,旋转矢量的矢端分别位于 c,d,e,f,g,h 点,对应振动曲线的 c', d', e', f', g', h' 点. 通过这些点连成的余弦曲线,就是相应的振动曲线. 可以看出,用旋转矢量来描述简谐振动是非常形象和直观的.

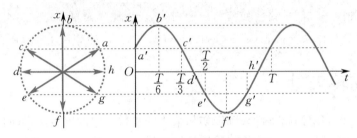

图 4-5　用旋转矢量描绘振动曲线

这里需要说明的是,旋转矢量本身并不做简谐振动,它只是绕原点做定轴转动,其矢端在 x 轴上的投影点的运动才是简谐振动.

另外,用旋转矢量来表示同一简谐振动在不同时刻的相位差也非常直观. 例如,简谐振动 $x = A\cos(\omega t + \varphi)$ 在 t_1 和 t_2 时刻的相位分别为 $\omega t_1 + \varphi$ 和 $\omega t_2 + \varphi$,若我们用 $\Delta\varphi$ 表示两时刻的相位差(phase difference),则

$$\Delta\varphi = (\omega t_2 + \varphi) - (\omega t_1 + \varphi) = \omega(t_2 - t_1) = \omega\Delta t. \qquad (4-17)$$

在旋转矢量图中,两时刻的相位差直观地等于旋转矢量在这段时间内转过的角度.

例 4-3　　一物体做简谐振动,其振幅为 0.08 m,周期为 2 s,初始时刻物体在 $x_0 = 0.04$ m 处,且向 x 轴正方向运动. 试求:

(1) 运动方程;

(2) $t = 0.5$ s 时,物体所处的位置;

(3) 物体由初始位置运动到 $x = -0.04$ m 处所需要的最短时间.

解　　(1) 设物体的运动方程为

$$x = A\cos(\omega t + \varphi).$$

已知周期 $T = 2$ s,所以角频率为

$$\omega = \frac{2\pi}{T} = \pi\ \text{rad/s}.$$

如图 4-6 所示,取水平向右为 x 轴正方向. 以 O 点为原点作半径为 $A = 0.08$ m 的圆. 由于初始时刻物体位于 $x_0 = 0.04$ m 处,因此过 $x = 0.04$ m 处作 x 轴的垂线,垂线与圆有两个交点. 又由于初速度为正值,因此交点 a 是旋转矢量矢端的初始位置. 从图中可知

$$\varphi = -\frac{\pi}{3},$$

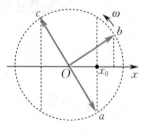

图 4-6　例 4-3 图

故物体的运动方程为

$$x = 0.08\cos\left(\pi t - \frac{\pi}{3}\right) \text{m}.$$

（2）$t = 0.5 \text{ s}$ 时，旋转矢量将由初始位置逆时针转过 $\omega \Delta t = \frac{\pi}{2}$ 的角度，此时旋转矢量的矢端位于图中的 b 点，旋转矢量与 x 轴的夹角为 $\frac{\pi}{6}$，矢端投影点的位置，即物体所处的位置为

$$x = A\cos\frac{\pi}{6} = \frac{\sqrt{3}}{2}A = 0.04\sqrt{3} \text{ m} \approx 0.07 \text{ m}.$$

（3）由图可知，当旋转矢量的矢端处在 c 点时，物体第一次运动到 $x = -0.04 \text{ m}$ 处，与旋转矢量的初始位置相比，$\Delta\varphi = \pi$，故所需要的最短时间为

$$\Delta t = \frac{\Delta\varphi}{\omega} = 1 \text{ s}.$$

例 4-4　已知物体做简谐振动，其振动曲线如图 4-7 所示，试写出其运动方程.

解　设物体的运动方程为

$$x = A\cos(\omega t + \varphi).$$

由图 4-7 可知，负的最大位移为 -2 cm，故振幅 $A = 2 \text{ cm}$. $t = 0$ 时，$x_0 = -1 \text{ cm}$，$v_0 < 0$（振动曲线的斜率就是速度），由此可作出 $t = 0$ 时的旋转矢量，得 $\varphi = \frac{2\pi}{3}$（见图 4-8）. $t = 1 \text{ s}$ 时，$x = 0$，$v > 0$（此时振动曲线的斜率为正），作出 $t = 1 \text{ s}$ 时的旋转矢量，此时的相位为 $\frac{3\pi}{2}$. 比较两时刻的相位，可得 $\Delta t = 1 \text{ s}$，相位差为

$$\Delta\varphi = \frac{3\pi}{2} - \frac{2\pi}{3} = \frac{5}{6}\pi.$$

根据式（4-17），得

$$\omega = \frac{\Delta\varphi}{\Delta t} = \frac{5}{6}\pi \text{ rad/s},$$

故物体的运动方程为

$$x = 2\cos\left(\frac{5}{6}\pi t + \frac{2\pi}{3}\right) \text{cm}.$$

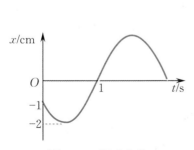

图 4-7　振动曲线

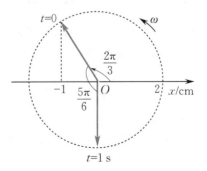

图 4-8　旋转矢量图

4.4 简谐振动的能量

振动的系统具有能量,我们仍以弹簧振子为例来讨论简谐振动系统的能量.

对于水平放置的弹簧振子,设弹簧的劲度系数为 k,物体的质量为 m,则角频率为 $\omega = \sqrt{k/m}$,在 t 时刻物体的位移和速度分别可以表示为

$$x = A\cos(\omega t + \varphi), \quad v = -\omega A\sin(\omega t + \varphi),$$

于是系统的动能为

$$E_k = \frac{1}{2}mv^2 = \frac{1}{2}m\omega^2 A^2\sin^2(\omega t + \varphi), \tag{4-18}$$

系统的势能为

$$E_p = \frac{1}{2}kx^2 = \frac{1}{2}kA^2\cos^2(\omega t + \varphi), \tag{4-19}$$

系统的总能量(机械能)为

$$E = E_k + E_p = \frac{1}{2}m\omega^2 A^2 = \frac{1}{2}kA^2. \tag{4-20}$$

由式(4-18)和(4-19)可知,弹簧振子的动能和势能都随时间 t 按余弦函数或正弦函数的平方的规律变化,动能和势能变化的频率是振动频率的2倍.式(4-20)表示系统的总能量恒定,大小与振幅的平方成正比.设 $\varphi = 0$,简谐振动的振动曲线、动能曲线、势能曲线和机械能曲线如图4-9所示.从图中可以看出,振动过程中总能量 E 保持守恒,动能 E_k 和势能 E_p 可以相互转化.当物体的位移为零时,势能为零,动能最大;当物体的位移最大时,势能最大,动能却为零.

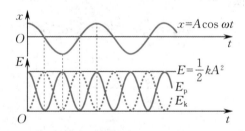

图4-9 简谐振动的振动曲线和能量-时间曲线($\varphi = 0$)

例 4-5 如图4-10所示,质量为 M 的木块和劲度系数为 k 的轻弹簧构成的弹簧振子放在光滑水平面上,木块静止在平衡位置.现有一质量为 m,速度为 u_0 的子弹射入木块并嵌入其中.

(1)试写出子弹嵌入木块后该弹簧振子的运动方程;

(2)求出系统的总能量;

(3)求木块处于二分之一最大位移处时系统的动能和势能.

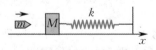

图4-10 例4-5图

解 （1）选子弹、木块和弹簧为系统，在子弹射入木块的过程中，系统的动量守恒．设子弹嵌入木块后两者的共同速度为 v_0，则有

$$mu_0 = (m+M)v_0,$$

解得

$$v_0 = \frac{mu_0}{m+M}.$$

取木块的平衡位置为原点，向右为 x 轴正方向，子弹和木块一起开始向右运动时为计时零点．因此，新弹簧振子系统的初始状态为：过平衡位置，初速度 $v_0 > 0$．设其运动方程为

$$x = A\cos(\omega t + \varphi),$$

则可依据初始条件，作出如图 $4-11$ 所示的初始旋转矢量，并由图可得

$$\varphi = -\frac{\pi}{2}.$$

根据式（4-4）得

$$\omega = \sqrt{\frac{k}{m+M}},$$

根据式（4-7）得 $v_{\max} = \omega A = v_0$，即

$$A = \frac{v_0}{\omega} = \frac{mu_0}{\sqrt{(m+M)k}},$$

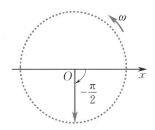

图 $4-11$　旋转矢量图

故新弹簧振子的运动方程为

$$x = \frac{mu_0}{\sqrt{(m+M)k}}\cos\left(\sqrt{\frac{k}{m+M}}t - \frac{\pi}{2}\right).$$

（2）系统的总能量为

$$E = \frac{1}{2}kA^2 = \frac{m^2 u_0^2}{2(m+M)}.$$

（3）$x = \dfrac{A}{2}$ 时系统的势能为

$$E_p = \frac{1}{2}k\left(\frac{A}{2}\right)^2 = \frac{m^2 u_0^2}{8(m+M)},$$

动能为

$$E_k = E - E_p = \frac{1}{2}kA^2 - \frac{1}{2}k\left(\frac{A}{2}\right)^2 = \frac{3m^2 u_0^2}{8(m+M)}.$$

思考题

1．从受力的角度分析弹簧振子系统的总能量 E 为什么守恒．

2．谐振子系统的动能和势能相等时，物体的位置又在哪儿？

4.5　简谐振动的合成

研究发现，一个物体的振动可以看作是由多个振动合成的．一般的振动合成是比较复杂的，我们下面讨论几种最简单、最基本的简谐振动的合成．

4.5.1 两个同方向、同频率的简谐振动的合成

设物体同时参与两个同方向、同频率的简谐振动,两振动的运动方程分别为

$$x_1 = A_1\cos(\omega t + \varphi_1), \quad x_2 = A_2\cos(\omega t + \varphi_2).$$

因为两振动的振动方向相同,所以合振动的位移等于两振动位移的代数和,即

$$x = x_1 + x_2 = A_1\cos(\omega t + \varphi_1) + A_2\cos(\omega t + \varphi_2).$$

下面我们用旋转矢量法求合位移 x. 如图 4-12 所示,两振动的旋转矢量分别为 $\boldsymbol{A}_1$ 和 $\boldsymbol{A}_2$,且都以相同的角速度 ω 绕 O 点逆时针旋转. 初始时刻,两矢量与 x 轴的夹角分别为 φ_1 和 φ_2,两矢端在 x 轴上的投影的坐标分别为 x_1 和 x_2,由平行四边形法则作出图中 $\boldsymbol{A}_1 + \boldsymbol{A}_2$ 的合矢量 $\boldsymbol{A}$. 由于两振动的角频率相同,因此相位差等于初相差 $\varphi_2 - \varphi_1$,且为定值,所以矢量 $\boldsymbol{A}$ 同样以角速度 ω 绕 O 点逆时针旋转,且角速度大小保持不变,即矢量 $\boldsymbol{A}$ 也是一个旋转矢量. 由图 4-12 可知,矢量 $\boldsymbol{A}$ 的矢端在 x 轴上的投影的坐标为 $x = x_1 + x_2$,因此矢量 $\boldsymbol{A}$ 就是合振动所对应的旋转矢量,即合振动仍旧是 x 轴方向、角频率为 ω 的简谐振动,初始时刻矢量 $\boldsymbol{A}$ 与 x 轴的夹角即为合振动的初相 φ. 于是,合振动的位移为

$$x = A\cos(\omega t + \varphi),$$

合振动的振幅为

$$A = \sqrt{A_1^2 + A_2^2 + 2A_1A_2\cos(\varphi_2 - \varphi_2)}, \tag{4-21}$$

合振动的初相满足关系

$$\tan\varphi = \frac{A_1\sin\varphi_1 + A_2\sin\varphi_2}{A_1\cos\varphi_1 + A_2\cos\varphi_2}. \tag{4-22}$$

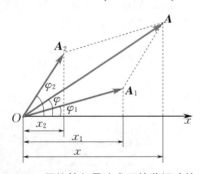

图 4-12　用旋转矢量法求两简谐振动的合成

当 $\varphi_2 - \varphi_1 = \pm 2k\pi(k = 0,1,2,\cdots)$ 时,有

$$A = \sqrt{A_1^2 + A_2^2 + 2A_1A_2} = A_1 + A_2. \tag{4-23}$$

这说明当两分振动的相位差为 2π 的整数倍时,合振幅等于两分振动的振幅之和,我们称之为振动加强. 振动加强时,两分振动的振动步调完全一致,它们的相位关系称为同相. 此时,合振幅最大,合振动的初相与两分振动的初相相同,对应的旋转矢量和振动曲线如图 4-13 所示.

当 $\varphi_2 - \varphi_1 = \pm(2k+1)\pi(k = 0,1,2,\cdots)$ 时,有

$$A = \sqrt{A_1^2 + A_2^2 - 2A_1A_2} = |A_1 - A_2|. \tag{4-24}$$

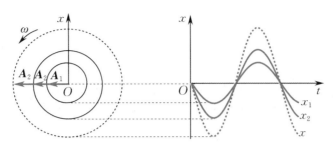

图 4-13　振动加强示意图

这说明当两分振动的相位差为 π 的奇数倍时,合振幅等于两分振动的振幅之差的绝对值,我们称之为振动减弱.振动减弱时,两分振动的振动步调完全相反,它们的相位关系称为反相.此时,合振幅最小,合振动的初相与振幅大的分振动的初相相同,对应的旋转矢量和振动曲线如图 4-14 所示.特别地,当 $A_1 = A_2$ 时,合振幅 $A = 0$,这种情况我们称之为振动相消.

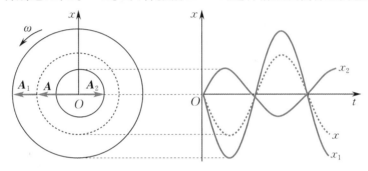

图 4-14　振动减弱示意图

一般情形下,相位差 $\varphi_2 - \varphi_1$ 可取任意值,合振幅值则在 $A_1 + A_2$ 和 $|A_1 - A_2|$ 之间,我们可利用式(4-21)和(4-22)来求合振动的振幅和初相.

例 4-6　一质点同时参与两个同方向的简谐振动,两分振动的运动方程分别为

$$x_1 = 0.05\cos\left(4t + \frac{\pi}{3}\right) \text{m}, \quad x_2 = 0.03\sin\left(4t - \frac{\pi}{6}\right) \text{m},$$

求合振动的运动方程.

解　由题中已知条件可得 $x_2 = 0.03\sin\left(4t - \frac{\pi}{6}\right) \text{m} = 0.03\cos\left(4t - \frac{2\pi}{3}\right) \text{m}$.又由于两分振动同方向、同频率,因此合振动仍为 x 轴方向、频率与两分振动相同的简谐振动,设合振动的运动方程为

$$x = A\cos(\omega t + \varphi).$$

先作出两分振动的初始旋转矢量 $\boldsymbol{A}_1$ 和 $\boldsymbol{A}_2$,如图 4-15 所示.由图可知,两分振动的初相差为 π,属于反相的情况,合矢量 $\boldsymbol{A} = \boldsymbol{A}_1 + \boldsymbol{A}_2$,且

$$A = |A_1 - A_2| = 0.02 \text{ m},$$

合振动的初相为

$$\varphi = \frac{\pi}{3}.$$

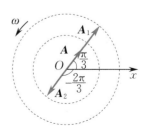

图 4-15　例 4-6 图

因此,合振动的运动方程为

$$x = 0.02\cos\left(4t + \frac{\pi}{3}\right) \text{ m.}$$

例 4 - 7 两分振动的振动曲线如图 4 - 16 所示,求合振动的运动方程.

解 由图 4 - 16 中两振动曲线可以看出,两分振动的振动方向同为沿 x 轴方向,两分振动的振幅均为 $A_1 = A_2 = 2$ cm,两分振动的周期均为 $T = 4$ s,角频率均为 $\omega = \frac{2\pi}{T} = \frac{\pi}{2}$ rad/s. 第一个分振动的初始状态为:在平衡位置,初速度为负. 第二个分振动的初始状态为:在负方向最大位移处,速度为零. 根据初始条件,作出两分振动的初始旋转矢量 $\boldsymbol{A}_1$ 和 $\boldsymbol{A}_2$,如图 4 - 17 所示. 由图可以看出,两分振动的初相差为 $\frac{\pi}{2}$,合矢量 $\boldsymbol{A} = \boldsymbol{A}_1 + \boldsymbol{A}_2$,且

$$A = \sqrt{A_1^2 + A_2^2} = 2\sqrt{2} \text{ cm,}$$

合振动的初相为

$$\varphi = \frac{3\pi}{4}.$$

因此,合振动的运动方程为

$$x = 2\sqrt{2}\cos\left(\frac{\pi}{2}t + \frac{3\pi}{4}\right) \text{ cm.}$$

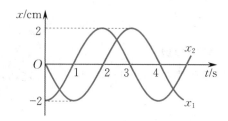

图 4 - 16 振动曲线

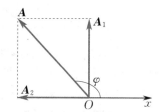

图 4 - 17 旋转矢量图

4.5.2 两个同方向、不同频率的简谐振动的合成

当两个同方向、不同频率的简谐振动合成时,由于两分振动的频率不同,因此它们的相位差随时间改变,合运动情况比较复杂. 为简单起见,假设两简谐振动的振幅相等($A_1 = A_2 = A$),且初相均为零,则两分振动的运动方程可分别表示为

$$x_1 = A\cos\omega_1 t = A\cos(2\pi\nu_1 t), \quad x_2 = A\cos\omega_2 t = A\cos(2\pi\nu_2 t),$$

合振动为

$$x = x_1 + x_2 = A\cos(2\pi\nu_1 t) + A\cos(2\pi\nu_2 t),$$

化简可得

$$x = 2A\cos\left(2\pi \frac{\nu_2 - \nu_1}{2}t\right)\cos\left(2\pi \frac{\nu_2 + \nu_1}{2}t\right), \tag{4-25}$$

其中 $\left|2A\cos\left(2\pi \frac{\nu_2 - \nu_1}{2}t\right)\right|$ 可看作合振动的振幅,它随时间呈周期性变化,非恒定值. $\frac{\nu_2 + \nu_1}{2}$ 可看作合振动的频率,这意味着两个同方向、不同频率的简谐振动的合运动还是振动,但不是简

谐振动.如果两分振动的频率 ν_1, ν_2 都比较大,但两频率之差却很小,即满足 $|\nu_2-\nu_1|\ll\nu_2+\nu_1$ 的情况时,合振幅将缓慢地随时间变化,合振动曲线如图 4-18(c) 所示.

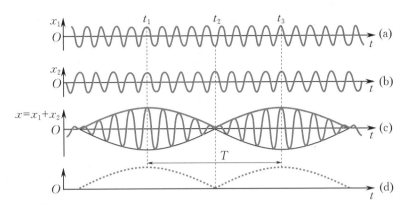

图 4-18　拍

由图 4-18(a) 和(b)给出的两分振动的振动曲线可以看出,两分振动的频率比为 ν_1∶$\nu_2=$ 9∶8.在 t_1 时刻,两分振动的相位均为 2π 的整数倍,相位相同,振动加强,合振幅最大;在 t_2 时刻,第1个分振动的相位为 π 的奇数倍,第2个分振动的相位为 π 的偶数倍,两分振动的相位相反,振动减弱,合振幅最小(为零);在 t_3 时刻,两分振动的相位又相同,合振幅又一次最大.图 4-18(d) 中的虚线是合振动的振幅变化曲线.可以看出,合振动的振幅时而加强,时而又减弱,随时间缓慢地做周期性变化,我们把合振动振幅出现的这种现象称为拍(beat).

单位时间内合振动振幅加强或减弱的次数叫作拍频(beat frequency),连续两次合振幅最强或最弱之间的时间间隔叫作拍的周期,即

$$\nu=|\nu_2-\nu_1|, \tag{4-26}$$

$$T=\frac{1}{\nu}=\frac{1}{|\nu_2-\nu_1|}. \tag{4-27}$$

当两分振动的频率相近时,若已知其中一个分振动的频率,则可以通过测定拍频来确定另一个分振动的频率,这种方法广泛应用于声学、测速、无线电技术及卫星跟踪等领域.

4.5.3　两个相互垂直、同频率的简谐振动的合成

若一质点同时参与两个相互垂直方向上的简谐振动,一个沿 x 轴方向,另一个沿 y 轴方向,且两分振动的运动方程分别为

$$x=A_1\cos(\omega t+\varphi_1),\quad y=A_2\cos(\omega t+\varphi_2),$$

则质点合振动的轨迹方程为

$$\frac{x^2}{A_1^2}+\frac{y^2}{A_2^2}-\frac{2xy}{A_1A_2}\cos(\varphi_2-\varphi_1)=\sin^2(\varphi_2-\varphi_1). \tag{4-28}$$

式(4-28) 在一般情况下是一个椭圆方程,它的形状主要由两分振动的相位差 $\varphi_2-\varphi_1$ 来决定.下面对此进行讨论.

(1) 当相位差 $\Delta\varphi=\varphi_2-\varphi_1=0$ 或 π 时,式(4-28) 变为

$$y=\pm\frac{A_2}{A_1}x.$$

此时，质点合振动的轨迹是一条通过原点的直线，其斜率为 $\pm\dfrac{A_2}{A_1}$，如图 4-19(a)，(b) 所示. 质点偏离原点的合位移大小为

$$\sqrt{x^2+y^2}=\sqrt{A_1^2+A_2^2}\,|\cos(\omega t+\varphi_1)|.$$

这说明，质点的合振动仍是简谐振动，且频率与两分振动的频率相同，合振动的方向沿轨迹直线方向.

（2）当相位差 $\Delta\varphi=\varphi_2-\varphi_1=\dfrac{\pi}{2}$ 或 $\dfrac{3\pi}{2}$ 时，式(4-28) 变为

$$\frac{x^2}{A_1^2}+\frac{y^2}{A_2^2}=1.$$

此时，质点合振动的轨迹一般是一正椭圆，$\Delta\varphi=\dfrac{\pi}{2}$ 时质点沿椭圆顺时针方向旋转，称为右旋椭圆，如图 4-19(c) 所示；$\Delta\varphi=\dfrac{3\pi}{2}$ 时质点沿椭圆逆时针方向旋转，称为左旋椭圆，如图 4-19(d) 所示. 如果两分振动的振幅也相等，则椭圆变为圆，如图 4-19(e) 和(f) 所示.

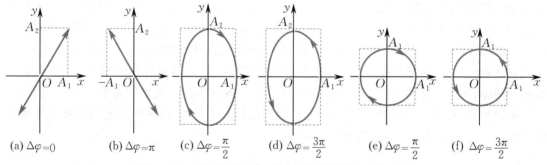

(a) $\Delta\varphi=0$　(b) $\Delta\varphi=\pi$　(c) $\Delta\varphi=\dfrac{\pi}{2}$　(d) $\Delta\varphi=\dfrac{3\pi}{2}$　(e) $\Delta\varphi=\dfrac{\pi}{2}$　(f) $\Delta\varphi=\dfrac{3\pi}{2}$

图 4-19　两个相互垂直、频率相同的简谐振动的合成

（3）当两分振动的相位差取其他数值时，质点合振动的轨迹为形状与方位各不相同的斜椭圆. 图4-20所示为几种不同相位差对应的质点合振动的轨迹. 当 $0<\Delta\varphi<\pi$ 且 $\Delta\varphi\neq\dfrac{\pi}{2}$ 时，轨迹为右旋斜椭圆；当 $\pi<\Delta\varphi<2\pi$ 且 $\Delta\varphi\neq\dfrac{3\pi}{2}$ 时，轨迹为左旋斜椭圆.

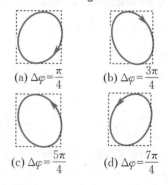

(a) $\Delta\varphi=\dfrac{\pi}{4}$　(b) $\Delta\varphi=\dfrac{3\pi}{4}$

(c) $\Delta\varphi=\dfrac{5\pi}{4}$　(d) $\Delta\varphi=\dfrac{7\pi}{4}$

图 4-20　质点合振动轨迹为斜椭圆

4.5.4　两个相互垂直、不同频率的简谐振动的合成

一般来说,两个相互垂直、不同频率的简谐振动合成时,由于频率不同,它们的相位差不是恒定值,因此合振动的轨迹不能形成稳定的图形.但如果两分振动的频率之比成简单的整数比,合振动的轨迹就会是有一定规则的稳定曲线,称为 **李萨如图形**.

图 4-21 所示为频率之比为 2:1,3:1,3:2 时的李萨如图形.李萨如图形的形状与频率之比有关,频率之比越简单,形状越简洁.李萨如图形还可以在示波器上显示.将两个相互垂直、频率成简单整数比的交流电信号加在示波器的 X,Y 通道上,就可在荧光屏上合成李萨如图形.

$\omega_1 : \omega_2$	$\Delta\varphi$				
	0	$\dfrac{\pi}{4}$	$\dfrac{\pi}{2}$	$\dfrac{3\pi}{4}$	π
2:1					
3:1					
3:2					

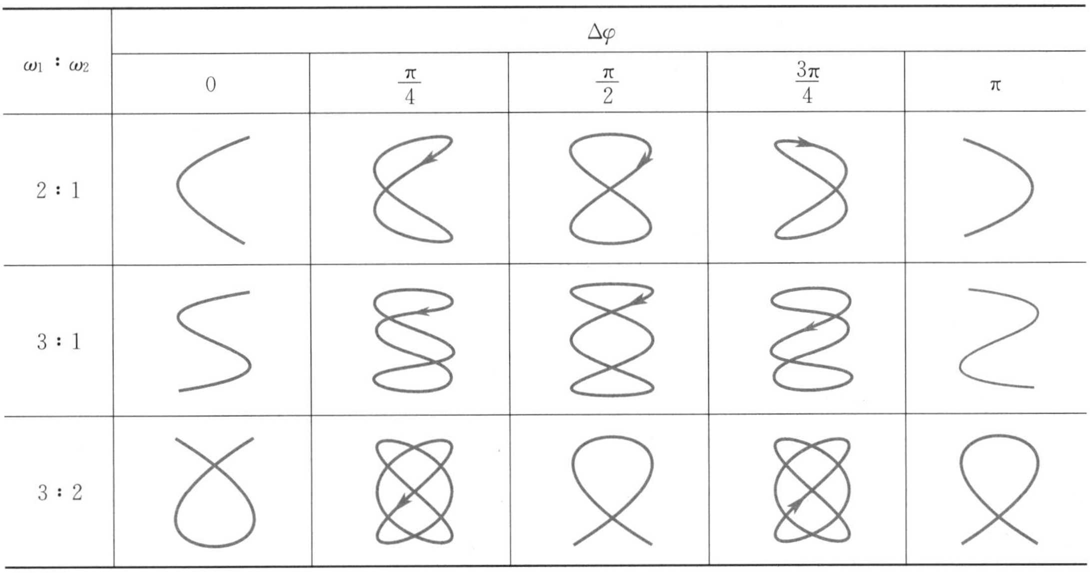

图 4-21　李萨如图形

李萨如图形可以用来测定未知频率.设有两正弦电信号,若其中一个频率已知,另一个未知,则可将两信号分别输入示波器的 X,Y 通道,此时荧光屏上将出现李萨如图形.利用李萨如图形的形状与频率之比之间的关系,即可测出未知信号的频率.

课后思考　两个相互垂直的简谐振动,当频率之比为 1:2,1:3,2:3 时,它们合成的李萨如图形又是什么形状?

4.6　阻尼振动　受迫振动　共振

4.6.1　阻尼振动

前面所描述的简谐振动,是系统在无阻尼情况下的自由振动,因此振幅不会衰减,这是一种理想状况.实际上,阻尼是客观存在、不可避免的.系统振动时由于要克服阻力做功,能量将不断地变小,其振幅也将不断地衰减.这种振幅随时间不断衰减的振动,称为 **阻尼振动**（damped vibration）.

实验表明,当物体在介质中运动时,物体受到的阻力与运动速度有关.当物体速度比较小

时，阻力与其速度大小成正比，且方向总与速度相反，即

$$f_r = -\gamma v = -\gamma \frac{\mathrm{d}x}{\mathrm{d}t}, \tag{4-29}$$

其中比例系数 γ 叫作阻力系数，它与物体的形状、大小、表面性质及介质的性质有关，负号表示阻力与速度方向相反.

对于实际的弹簧振子，物体受弹力及阻力的共同作用，其动力学方程可表示为

$$-kx - \gamma v = m \frac{\mathrm{d}^2 x}{\mathrm{d}t^2}. \tag{4-30}$$

令 $\frac{k}{m} = \omega_0^2, \frac{\gamma}{m} = 2\beta$，可得

$$\frac{\mathrm{d}^2 x}{\mathrm{d}t^2} + 2\beta \frac{\mathrm{d}x}{\mathrm{d}t} + \omega_0^2 x = 0, \tag{4-31}$$

其中 ω_0 为系统的固有角频率，它由系统本身的性质所决定；β 为阻尼系数，它由系统和阻力系数决定. 下面根据 β 和 ω_0 的大小关系，对方程（4-31）的解进行讨论.

（1）阻尼系数较小，即 $\beta \ll \omega_0$ 时，称为弱阻尼或欠阻尼，这时方程（4-31）的解可写为

$$x = A_0 e^{-\beta t} \cos(\omega t + \varphi), \tag{4-32}$$

其中

$$\omega = \sqrt{\omega_0^2 - \beta^2} \tag{4-33}$$

为弱阻尼时振动系统的角频率，A_0 和 φ 是待定的积分常量，由初始条件确定. 可以看出，在弱阻尼情况下，振动不再是简谐振动，但仍然可以看作是振幅为 $A_0 e^{-\beta t}$、角频率为 ω 的振动. 此时的振动曲线如图 4-22 所示，图中虚线表示振幅 $A_0 e^{-\beta t}$ 随时间 t 按指数关系衰减，阻尼越大，振幅衰减得越快. 但在阻尼不大时，振幅衰减得较慢，此时阻尼振动仍可近似地看作简谐振动，其周期为

$$T = \frac{2\pi}{\omega} = \frac{2\pi}{\sqrt{\omega_0^2 - \beta^2}}. \tag{4-34}$$

式（4-34）表明，阻尼的存在会使得振动的周期比系统的固有周期要大一些.

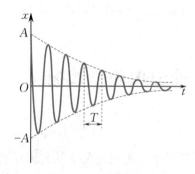

图 4-22　弱阻尼

（2）阻尼系数很大，即 $\beta > \omega_0$ 时，称为过阻尼，这时方程（4-31）的解可写为

$$x = c_1 e^{-(\beta - \sqrt{\beta^2 - \omega_0^2})t} + c_2 e^{-(\beta + \sqrt{\beta^2 - \omega_0^2})t}. \tag{4-35}$$

此时,系统的运动已经完全不是周期性的往复运动了,而是需要较长的时间系统才会回到平衡位置,如图 4-23 中曲线 b 所示.

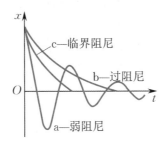

图 4-23　三种阻尼的振动曲线

（3）阻尼系数 $\beta = \omega_0$ 时,称为临界阻尼,这时方程（4-31）的解可写为

$$x = (c_1 + c_2 t)e^{-\beta t}. \tag{4-36}$$

此时,系统处在刚好不能做往复运动的临界情况下,系统将在最短的时间内回到平衡位置并静止下来,如图 4-23 中曲线 c 所示.

阻尼振动在现实中有许多应用,如许多机器上安装的防震器大多会采用阻尼装置,它可以将剧烈频繁的撞击化为缓慢并迅速衰减的振动,从而达到保护机器的目的. 又如,灵敏电流计内安装的阻尼装置,当它工作在临界阻尼状态下时,灵敏电流计的指针可快速回到平衡位置,从而使测量快捷.

4.6.2　受迫振动

实际的振动系统中,由于阻尼的存在,振幅会衰减. 若要使有阻尼的振动系统振幅不变,那就必须要有周期性外力持续对系统做功. 我们把系统在周期性外力作用下所进行的振动叫作**受迫振动**（forced vibration）,这个周期性外力称为**驱动力**（driving force）.

设系统在弹力（$-kx$）、阻力（$-\gamma v$）和驱动力（$F\cos\omega_{\mathrm{p}} t$）的共同作用下做受迫振动,其中 F 是驱动力的幅值,ω_{p} 是驱动力的角频率. 根据牛顿第二定律,有

$$-kx - \gamma v + F\cos\omega_{\mathrm{p}} t = ma$$

或

$$\frac{\mathrm{d}^2 x}{\mathrm{d}t^2} + 2\beta\frac{\mathrm{d}x}{\mathrm{d}t} + \omega_0^2 x = f\cos\omega_{\mathrm{p}} t, \tag{4-37}$$

其中 $\beta = \dfrac{\gamma}{2m}$,$\omega_0 = \sqrt{\dfrac{k}{m}}$,$f = \dfrac{F}{m}$. 方程（4-37）在弱阻尼情况下的解为

$$x = A_0 e^{-\beta t}\cos(\omega t + \varphi) + A\cos(\omega_{\mathrm{p}} t + \psi). \tag{4-38}$$

式（4-38）右端由两项组成,其中第一项 $A_0 e^{-\beta t}\cos(\omega t + \varphi)$ 表示阻尼振动,第二项 $A\cos(\omega_{\mathrm{p}} t + \psi)$ 表示简谐振动. 也就是说,受迫振动是由阻尼振动 $A_0 e^{-\beta t}\cos(\omega t + \varphi)$ 和简谐振动 $A\cos(\omega_{\mathrm{p}} t + \psi)$ 合成的. 第一项 $A_0 e^{-\beta t}\cos(\omega t + \varphi)$ 是方程（4-31）在弱阻尼下的通解,经过不太长的时间,此项就会衰减为零. 第二项 $A\cos(\omega_{\mathrm{p}} t + \psi)$ 才是稳定项,于是有

$$x = A\cos(\omega_{\mathrm{p}} t + \psi). \tag{4-39}$$

可见,达到稳定状态时,受迫振动为简谐振动,振动的角频率就是驱动力的角频率,此时振幅为

$$A = \frac{f}{\sqrt{(\omega_0^2 - \omega_p^2)^2 + 4\beta^2 \omega_p^2}}. \qquad (4-40)$$

式（4-40）表明，在稳定振动状态下，受迫振动的振幅与系统的固有频率、阻尼系数、驱动力的频率和幅度有关，与系统的初始条件无关.

在稳定振动状态下，驱动力在一个周期内对振动系统所做的功，恰好用来补偿系统克服阻力做功所消耗的能量，从而保持受迫振动的振幅稳定不变.

4.6.3 共振

由式（4-40）可知，在稳定振动状态下，受迫振动的振幅 A 与驱动力的角频率 ω_p 有关，我们可以作出在不同阻尼下的振幅曲线，如图 4-24 所示.

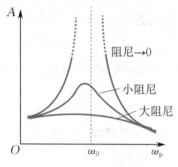

图 4-24 共振

从图中可以看出，当驱动力的角频率 ω_p 与系统固有角频率 ω_0 相差较大时，受迫振动的振幅 A 是比较小的；而当 ω_p 接近 ω_0 时，振幅 A 将迅速增大；当 ω_p 为某一定值时，振幅 A 达到最大值. 我们把受迫振动的振幅达到极大的现象叫作共振（resonance），共振时驱动力的角频率叫作共振角频率，用 ω_r 表示. 将式（4-40）两端对 ω_p 求导，并令 $\frac{\mathrm{d}A}{\mathrm{d}\omega_p} = 0$，即

$$\frac{\mathrm{d}A}{\mathrm{d}\omega_p} = \frac{\mathrm{d}\left[\frac{f}{\sqrt{(\omega_0^2 - \omega_p^2)^2 + 4\beta^2 \omega_p^2}}\right]}{\mathrm{d}\omega_p} = 0,$$

可得共振角频率为

$$\omega_r = \sqrt{\omega_0^2 - 2\beta^2}, \qquad (4-41)$$

代入式（4-40）可得共振时振幅为

$$A_r = \frac{f}{2\beta \sqrt{\omega_0^2 - \beta^2}}. \qquad (4-42)$$

式（4-41）和（4-42）表明，系统的共振角频率 ω_r 和共振的振幅 A_r 均与阻尼系数 β 有关. 阻尼系数越小，共振角频率 ω_r 越接近系统的固有角频率 ω_0，同时共振的振幅 A_r 也越大. 若阻尼系数趋近于零，则 ω_r 趋近于 ω_0，此时共振的振幅将趋近于无穷大.

共振现象在声学、光学、电学、无线电技术中有着广泛的应用. 例如提琴、吉他等乐器，其木质琴身本身就是一个共鸣腔，利用共振原理，它将声音放大后传播出去，从而获得良好的音响效果. 又如收音机、电视机的"调台"装置就是利用了共振原理来接收某一特定频率的电磁波信号. 共振现象也有危害性. 例如，风浪产生的周期性外力的冲击会引起桥梁等建筑物的受迫振动，若发生共振，会对建筑物造成严重的破坏. 因此，建筑物在设计时必须考虑如何避免发生共振.

思考题

如图4-25所示,在一根张紧的细绳上系有四个静止的单摆,每个单摆小球的质量一样,单摆A与单摆C的绳长相同,单摆B的绳长最长,单摆D的绳长最短.使单摆A摆动起来,观察单摆B,C,D摆动的频率和振幅.试运用本节所学的知识解释观察到的现象.

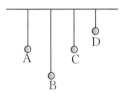

图4-25　受迫振动、共振演示

本章小结　　阅读材料4

习　题　4

4-1　一质点做简谐振动的运动方程为 $x = A\cos(\omega t + \varphi)$,求 $t = T/2$(T为周期)时质点的速度.

4-2　把单摆的摆球从平衡位置向位移正方向拉开,使摆线与竖直方向成一微小角度 θ,然后由静止放手任其自由摆动.从放手时开始计时,求该单摆摆动的初相.

4-3　两质点各自做简谐振动,它们的振幅、周期均相同,第一个质点的运动方程为 $x_1 = A\cos(\omega t + \varphi)$.当第一个质点沿 x 轴负方向回到平衡位置时,第二个质点正处于正方向最大位移处,求第二个质点的运动方程.

4-4　一质点做简谐振动,振幅为 A,在初始时刻质点的位移为 $\dfrac{A}{2}$,且沿 x 轴正方向运动,试画出代表此简谐振动的初始旋转矢量.

4-5　劲度系数为 k 的弹簧振子做简谐振动,振幅为 A,求弹力在半个周期内对该质点所做的功.

4-6　一辆汽车可以认为是被支撑在四根完全相同的弹簧上,并沿竖直方向振动,设振动的频率为 3.00 Hz.

（1）若汽车的质量为 1 450 kg,求每根弹簧的劲度系数;

（2）若汽车上有 5 名乘客,人均质量按 73 kg 计算,问人-车系统的振动频率又是多少(假设车和人的重量平均分配在四根弹簧上)?

4-7　在一轻弹簧下端悬挂质量为 $m_0 = 0.1$ kg 的砝码时,弹簧伸长 0.08 m,现在这根弹簧下端又悬挂一质量为 $m = 0.25$ kg 的物体,构成弹簧振子.将物体从平衡位置向下拉动 0.04 m,并给其一向上且大小为 0.21 m/s 的初速度,选取向下为 y 轴正方向,求该物体的运动方程.

4-8　一质量为 M,长为 L 的均质细杆,上端挂在无摩擦的水平轴上,下端用一弹簧连在墙上,如图4-26所示.弹簧的劲度系数为 k,当细杆竖直静止时弹簧处于水平原长状态,求细杆做微小振动的周期.

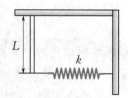

图 4 - 26 习题 4 - 8 图

4 - 9 一轻弹簧的右端连着一物体，弹簧的劲度系数 $k = 0.72$ N/m，物体的质量 $m = 0.020$ kg.

（1）把物体从平衡位置向右拉动 $x = 0.05$ m，静止后再释放，求物体的运动方程；

（2）在（1）中的条件下，求物体从初始位置运动到第一次经过 $x = A/2$ 处时的速率；

（3）如果物体在 $x = 0.05$ m 处时速度不等于零，而是具有向右的初速度 $v_0 = 0.30$ m/s，求其运动方程.

4 - 10 一质量为 0.20 kg 的质点做简谐振动，其运动方程为 $x = 0.6\cos\left(5t - \dfrac{\pi}{2}\right)$ m，求：

（1）该质点的初速度；

（2）该质点在正方向最大位移一半处时所受的力.

4 - 11 两个同方向的简谐振动曲线如图 4 - 27 所示，求其合振动的运动方程.

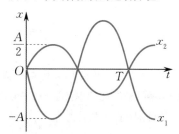

图 4 - 27　习题 4 - 11 图

4 - 12 一质点同时参与了两个同方向的简谐振动，两个分振动的运动方程分别为

$$x_1 = 0.05\cos\left(\omega t + \dfrac{\pi}{4}\right) \text{ m},$$

$$x_2 = 0.05\cos\left(\omega t + \dfrac{19\pi}{12}\right) \text{ m},$$

求其合振动的运动方程.

4 - 13 若两个同方向、不同频率简谐振动的运动方程分别为

$$x_1 = A\cos 10\pi t, \quad x_2 = A\cos 12\pi t,$$

求其合振动的频率及拍频.

4 - 14 为测定某音叉 C 的频率，选取频率已知且与音叉 C 的频率接近的另两个音叉 A 和 B. 已知音叉 A 的频率为 800 Hz，音叉 B 的频率为 797 Hz，进行下面试验：第一步，使音叉 A 和 C 同时振动，测得拍频为 2 Hz；第二步，使音叉 B 和 C 同时振动，测得拍频为 5 Hz. 试求音叉 C 的频率.

4 - 15 火车在行驶时，车轮每经过铁轨的连接处就会受到一次影响，使装在消振弹簧上的车厢上下振动. 设每段铁轨长为 25 m，弹簧的劲度系数为 2.5×10^6 N/m，车厢重为 5.5×10^4 kg，试求火车的危险车速.

5 第5章
机 械 波

振动在空间中传播形成波(wave).机械振动在弹性介质中传播形成的波叫作机械波(machanical wave),如绳子上的波、声波、水波、地震波等.电磁振动在空间中传播形成的波叫作电磁波,如无线电波、光波等.近代物理指出,任何实物粒子乃至所有物体都具有波动性,这类波叫作物质波.这三类波虽然有本质上的区别,但是它们都具有波动的一些共同特征.例如,电磁波和机械波都具有一定的波速,都伴随着能量的传播,都能产生反射、折射、干涉和衍射等现象.

本章以机械波为例,讨论波动过程中的基本规律,主要内容包括机械波的形成、波函数、波的能量、波的干涉、驻波、多普勒效应等.

■ 5.1 机械波的形成及描述

5.1.1 机械波的形成

绳子上可以形成机械波.如图5-1所示,用手握住张紧的绳的左端,绳的右端固定,当手上下抖动时,绳的左端先跟着手上下振动起来,然后绳上从左向右的各部分质元就依次上下振动起来,我们会看到在绳子上交替出现凸起的波峰(wave crest)和凹下的波谷(wave trough),并且它们以一定的速度沿绳向右传播,此时绳上就形成了机械波.

我们可以将绳子看作是由许多可视为质点的质元组成的,各质元之间都以弹力相联系.方便起见,将绳中的各个质元依次编号.设$t=0$时各质元都处于各自的平衡位置,之后最左边的质元1在外力的作用下,开始向上运动,然后质元1通过质元间的弹力作用,带动质元2也开始向上运动,之后质元2又带动质元3向上运动……设振动周期为T,在$t=\dfrac{T}{4}$时刻,质元1运动到其正方向最大位移处,质元4正开始离开平衡位置向上运动.在$t=\dfrac{T}{2}$时刻,质元1回到平衡位置并向下运动,质元4刚好运动到其正方向最大位移处,质元7正开始向上运动……在$t=T$时刻,质元1又回到平衡位置,质元13才开始运动.随着时间的推移,绳上更远处的质元也将依次振动起来.这样,绳上就形成了一列向右传播的机械波.从上述机械波的形成过程可以看出,要产生波动首先必须要有波源,图 5-1 中最先振动起来的质元 1 就是波源,其次必须要有介质(电磁波除外),图中绳就是传播机械波的介质.从图中我们还可以看出,机械波在介质中传播时,介质中各质元都是在各自的平衡位置附近振动,且各质元的振动频率等于波源的振动频率.此外,波以一定的速度在介质中传播.沿着波的传播方向看过去,后方质元(离波源较近)已经振动了一段时间,前方质元(离波源较远)才开始振动起来,或者说前方质元总是在稍后一段时间才重复后方质元的振动状态,前方质元振动的相位总是落后于后方质元振动的相位.

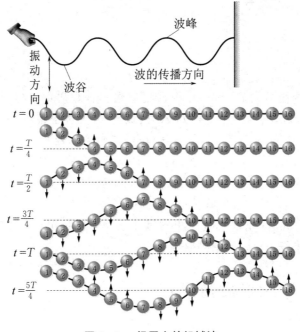

图 5-1 绳子上的机械波

这里需要强调的是,机械波在介质中传播时,各质元都是在各自的平衡位置附近振动,并没有随波的传播而移走.大家可以观察一下湖面上漂浮的树叶随水波荡漾的情形.

5.1.2 横波和纵波

我们可以按照质元振动的方向与波的传播方向之间的关系,把波分为横波和纵波.质元振动的方向与波的传播方向相垂直的波,称为横波(transverse wave),图 5-1 所示的绳波就是横波.对于横波,我们将会看到交替出现的波峰和波谷.

将一根长弹簧水平放置,其右端固定,我们用手去压或拉一下左端,使左端沿着弹簧的长度方向振动起来.由于弹簧各部分之间的弹力的作用,左端将带动邻近部分振动,并依次地将弹簧中各部分都带动起来振动,这样弹簧中就形成了波.显然,弹簧中各部分的振动方向与波的传播方向平行,这种各质元振动方向与波的传播方向相互平行的波,称为纵波(longitudinal wave).弹簧中的纵波所表现出的是交替出现的疏部和密部,如图 5-2 所示.无论是横波还是纵波,都是振动的传播过程,各质元均在各自的平衡位置附近振动,它们的一般运动规律都是一致的,故在后面的有关讨论中将不再区分横波和纵波.

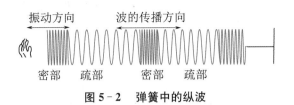

图 5‐2 弹簧中的纵波

5.1.3 波线 波面 波前

为了形象地描述波在空间中的传播情况,我们引入波线、波面和波前的概念.如图 5‐3 所示,沿波的传播方向画一些带有箭头的线,称作**波线**(wave line),波线显示了波的传播方向.我们把不同波线上相位相同的点连成的面,称作**波面**(wave surface).显然,波面可以有许多个,同一波面上各点的相位相同,不同波面的相位不同.画波面时,一般都是使两相邻波面之间的相位差等于 2π.根据波面的形状,波又可分为球面波、平面波和柱面波等.某一时刻,传播到最前面的波面称为**波前**(wave front)或**波阵面**,不同时刻的波前不同,某时刻的波前只有一个.

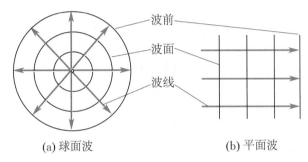

(a) 球面波   (b) 平面波

图 5‐3 波线、波面和波前

这里需要说明的是,在均匀介质中,波线是直的,且波线与波面处处垂直.

5.1.4 波长 波的周期和频率 波速

描述波动时,我们会用到波长、周期、频率和波速这些特征量.在波的传播过程中,同一波线上两相邻的、相位差为 2π 的质元之间的距离(一个完整波形的长度)叫作**波长**(wave length),用 λ 表示.显然,横波中相邻两波峰或波谷之间的距离就是一个波长;纵波中相邻两密部或疏部之间的距离也是一个波长.波源做一次完整的振动,波就传播了一个波长的距离,因此波长反映了波的空间周期性.

在波的传播过程中,波前进一个波长的距离所需的时间叫作波的**周期**,用 T 表示.周期的倒数叫作**频率**,用 ν 表示,即 $\nu = \dfrac{1}{T}$,波的频率等于单位时间内通过介质中某固定点完整波的数目.由于波源每做一次完整的振动,波就前进一个波长的距离,因此当波源相对介质静止时,波的周期或频率等于波源的振动周期或频率.

波动是振动的传播,在波的传播过程中,某一振动状态或振动相位在单位时间内所传播的距离叫作**波速**或**相速**,用 u 表示.波速的大小通常由介质的性质决定,在不同的介质中波速是不同的.例如,在标准状态下,声波在空气中传播的速度为 331 m/s,而在玻璃中传播的速度可达 5 500 m/s.

在一个周期内,波传播了一个波长的距离,因此波速与波长和周期或频率的关系为

$$u = \frac{\lambda}{T} \tag{5-1}$$

或

$$u = \lambda\nu. \tag{5-2}$$

以上两式对各类波都适用.值得注意的是,波速虽由介质决定,但波的频率却与介质无关.

理论和实验都证明,在固体中可以传播横波和纵波,波速分别为

$$u_{横波} = \sqrt{\frac{G}{\rho}}, \quad u_{纵波} = \sqrt{\frac{E}{\rho}},$$

其中 G,E 和 ρ 分别为固体介质的剪切模量、弹性模量和密度.在气体或液体中只能传播纵波,其波速为

$$u_{纵波} = \sqrt{\frac{K}{\rho}},$$

其中 K 为压缩模量.

例 5-1 室温下,已知空气中的声速为 340 m/s,土壤中的声速为 3 400 m/s,求频率分别为 300 Hz 和 3 000 Hz 的声波在空气和土壤中的波长各为多少?

解 由式(5-2)可得

$$\lambda = \frac{u}{\nu}.$$

频率为 300 Hz 的声波在空气和土壤中的波长分别为

$$\lambda_1 = \frac{u_1}{\nu_1} = \frac{340 \text{ m/s}}{300 \text{ Hz}} \approx 1.133 \text{ m},$$

$$\lambda_2 = \frac{u_2}{\nu_1} = \frac{3\,400 \text{ m/s}}{300 \text{ Hz}} \approx 11.33 \text{ m}.$$

频率为 3 000 Hz 的声波在空气和土壤中的波长分别为

$$\lambda_1' = \frac{u_1}{\nu_2} = \frac{340 \text{ m/s}}{3\,000 \text{ Hz}} \approx 0.1133 \text{ m},$$

$$\lambda_2' = \frac{u_2}{\nu_2} = \frac{3\,400 \text{ m/s}}{3\,000 \text{ Hz}} \approx 1.133 \text{ m}.$$

可见,同一频率的声波,在土壤中的波长比在空气中的波长要长得多;同一介质中,声波的频率越低,波长越长.

思考题

为什么贴在地面上能听到更远处的声音?

5.2 平面简谐波的波函数

机械波在弹性介质中传播时,波动传播到的各质元都在各自的平衡位置附近做相应的振动,虽然每个质元振动的频率、周期和方向相同,但同一时刻各质元的振动状态却不尽相同.沿着同一波线,各质元振动的相位是依次落后的.要定量地描述波动,就应该知道每个质元在任意时刻的位移,即波函数(wave function).下面我们讨论最简单、最基本的波,即当波源做简谐振动时,介质中所有的质元也做同样振幅的简谐振动而形成的平面简谐波.理论可以证明,任何复杂的波,都可以表示成若干个简谐波的合成.

5.2.1 平面简谐波的波函数

设有一列平面简谐波,在各向同性、无吸收的介质中沿 x 轴正方向传播,振动方向为 y 轴方向,如图 5-4 所示.设原点 O 处质元的运动方程为

$$y_0 = A\cos(\omega t + \varphi),$$

其中 y_0 是原点处的质元在 t 时刻相对平衡位置的位移, A 是振幅, ω 是原点处质元振动的角频率, φ 是原点处质元振动的初相.

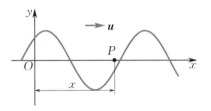

图 5-4 波函数的推导

由于介质无吸收,因此各质元的振幅都为 A.波源相对介质静止,各质元振动的角频率也都为 ω.对于 x 轴上 P 点处的质元,它振动的相位落后于原点处质元振动的相位.我们知道,波传播一个波长的距离所用的时间为 T,对应两点间的相位差为 2π,而 P 点到原点的距离为 x,故 P 点处质元振动的相位落后原点处质元振动的相位为

$$\Delta\varphi = \frac{2\pi}{\lambda}x. \tag{5-3}$$

故 t 时刻 P 点处质元振动的相位为

$$\omega t - \frac{2\pi}{\lambda}x + \varphi.$$

因此, P 点处质元振动的运动方程为

$$y = A\cos\left(\omega t - \frac{2\pi}{\lambda}x + \varphi\right). \tag{5-4}$$

式(5-4)即为平面简谐波的波函数.另外,波函数还有另外两种表达式,分别是

$$y = A\cos\left[\omega\left(t - \frac{x}{u}\right) + \varphi\right], \tag{5-5a}$$

$$y = A\cos\left[2\pi\left(\frac{t}{T} - \frac{x}{\lambda}\right) + \varphi\right]. \tag{5-5b}$$

式(5-5b)中的 T 反映了波动在时间上的周期性, λ 反映了波动在空间上的周期性.

如果波沿 x 轴负方向传播, P 点处质元振动的相位反而超前原点 $\Delta\varphi = \dfrac{2\pi}{\lambda}x$, 故 t 时刻 P 点处质元振动的相位为

$$\omega t + \frac{2\pi}{\lambda}x + \varphi,$$

则波函数为

$$y = A\cos\left(\omega t + \frac{2\pi}{\lambda}x + \varphi\right). \tag{5-6}$$

5.2.2 波函数的物理意义

为了深刻理解平面简谐波波函数的物理意义, 下面从三方面进行讨论.

(1) 当 x 为给定值时(设 $x = x_0$), 位移 y 仅为时间 t 的函数. 此时, 波函数(式(5-4))变为 $x = x_0$ 点处质元的运动方程, 即

$$y(x_0, t) = A\cos\left(\omega t - \frac{2\pi}{\lambda}x_0 + \varphi\right).$$

由上式可知, 对于不同位置的质元, 其振动的相位 $\left(\omega t - \dfrac{2\pi}{\lambda}x_0 + \varphi\right)$ 是不一样的. 沿着波线, 各点处质元振动与原点处质元振动的相位差为

$$\Delta\varphi = -\frac{2\pi}{\lambda}x_0 = -\frac{\omega}{u}x_0,$$

其中 $\dfrac{x_0}{u}$ 正是波从原点传播到 $x = x_0$ 点所需要的时间. 这就意味着, $x = x_0$ 点处质元在 t 时刻的振动相位是原点处质元在 $t - \dfrac{x_0}{u}$ 时刻的振动相位, 原点处质元在 t 时刻的振动状态要在 $t + \dfrac{x_0}{u}$ 时刻才能传播到 $x = x_0$ 点, 这也表明波的传播过程实质上是相位的传播过程.

如图5-5所示, 设原点处质元振动的初相为零, 对于不同位置的质元, 其振动曲线是不一样的, 主要体现在振动的初相 $-\dfrac{2\pi}{\lambda}x_0$ 不一样. 与原点每间隔 $\dfrac{\lambda}{4}$, 相位依次落后 $\dfrac{\pi}{2}$; 但每间隔一个波长 λ, 相应质元的振动曲线又变成完全一致, 波长体现了波动在空间上的周期性. 通过某点处质元的振动曲线, 我们可以知道波的振幅、周期以及该点的初相.

(2) 当 t 为给定值时(设 $t = t_0$), 位移 y 仅为位置坐标 x 的函数. 此时, 波函数(式(5-4))变为

$$y(x, t_0) = A\cos\left(\omega t_0 - \frac{2\pi}{\lambda}x + \varphi\right).$$

这时的方程给出了 t_0 时刻同一波线上各质元离开各自平衡位置的位移的分布情况, 称为 t_0 时刻的波形方程, 相应的 y-x 曲线称为**波形图**, 如图5-6所示. 由波形图我们可以知道波的振幅、波长以及该时刻各点的振动状态(相位).

另外, 我们还可以得出同一时刻、同一波线上两质元之间的相位差为

$$\Delta\varphi = -\frac{2\pi}{\lambda}(x_2 - x_1) = -\frac{2\pi}{\lambda}\Delta x,$$

其中 Δx 叫作波程差.

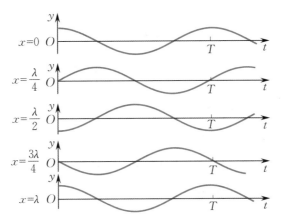

图 5-5　同一波线上不同位置处质元的振动曲线

虽然振动曲线和波形图都是余弦曲线,但两者有着明显的区别.某点的振动曲线是该点处质元的位移随时间变化的曲线,它的斜率 $\dfrac{\mathrm{d}y}{\mathrm{d}t}$ 代表着质元振动的速度.某时刻的波形图是该时刻所有质元的位移随位置的分布曲线,它的斜率 $\dfrac{\mathrm{d}y}{\mathrm{d}x}$ 代表着相对形变.波动中的某质元过平衡位置时,振动速度最大,此处相对形变也最大.处在最大位移处时,质元振动的速度为零,相对形变也为零.

(3) 当 x 和 t 都变化时,波函数就给出了波线上所有质元在不同时刻的位移,它包含了各个不同时刻的波形.图 5-7 中画出了两不同时刻的波形图,实线代表 t_1 时刻,虚线代表 t_2 时刻.可以看出,只要将 t_1 时刻的波形图沿着波的传播方向平移 $\Delta x = u\Delta t (\Delta t = t_2 - t_1)$ 就可得到 t_2 时刻的波形图,即 $y(x,t) = y(x + \Delta x, t + \Delta t)$.于是我们形象地称式(5-4)表示的波为行波,波速就是相位向前传播的速度,因此也称为相速.所以,当 x 和 t 都变化时,波函数就描述了波的传播过程.

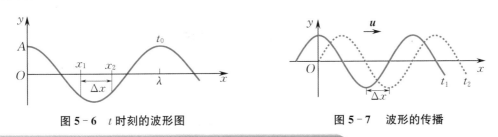

图 5-6　t 时刻的波形图　　　　　图 5-7　波形的传播

例 5-2　　一平面简谐波沿 x 轴正方向传播,已知振幅 $A = 0.02$ m,周期 $T = 2.0$ s,波长 $\lambda = 4.0$ m.若初始时刻原点处的质元位于平衡位置且沿 y 轴正方向运动.求:

(1) 该波的波函数;

(2) $t = 1.0$ s 时的波形图;

(3) $x = 1.0$ m 处质元的运动方程.

解　(1) 设波函数表达式为

$$y = A\cos\left(\omega t - \frac{2\pi}{\lambda}x + \varphi\right).$$

根据题意可知，$A = 0.02\,\mathrm{m}$，$\omega = \dfrac{2\pi}{T} = \dfrac{2\pi}{2.0}\,\mathrm{rad/s} = \pi\,\mathrm{rad/s}$，$\lambda = 4.0\,\mathrm{m}$. 由于初始时刻原点处的质元过平衡位置且沿 y 轴正方向运动，可画出相应的旋转矢量，得 $\varphi = -\dfrac{\pi}{2}$，故波函数为

$$y = 0.02\cos\left(\pi t - \frac{\pi}{2}x - \frac{\pi}{2}\right)\,\mathrm{m}.$$

（2）将 $t = 1.0\,\mathrm{s}$ 代入（1）中所得的波函数，得此时的波形方程为

$$y = 0.02\cos\left(\frac{\pi}{2}x - \frac{\pi}{2}\right)\,\mathrm{m}.$$

$t = 1.0\,\mathrm{s}$ 时的波形图如图 5-8 所示.

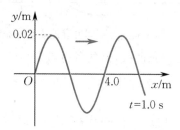

图 5-8 $t = 1.0\,\mathrm{s}$ 时的波形图

（3）将 $x = 1.0\,\mathrm{m}$ 代入（1）中所得的波函数，得 $x = 1.0\,\mathrm{m}$ 处质元的运动方程为

$$y = 0.02\cos(\pi t - \pi)\,\mathrm{m}.$$

例 5-3 一平面简谐波在 $t = 0$ 时的波形图如图 5-9 所示，试写出其波函数.

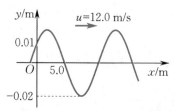

图 5-9 $t = 0$ 时的波形图

解 设波函数为

$$y = A\cos\left(\omega t - \frac{2\pi}{\lambda}x + \varphi\right).$$

由题意可知，$A = 0.02\,\mathrm{m}$，$u = 12.0\,\mathrm{m/s}$. 初始时刻原点处的质元过 $y = \dfrac{A}{2}$ 处，且沿着 y 轴负方向运动，可画出相应的旋转矢量，得原点处质元振动的初相为 $\varphi = \dfrac{\pi}{3}$. 初始时刻 $x = 5.0\,\mathrm{m}$ 处的质元过平衡位置，且沿着 y 轴正方向运动，由旋转矢量法可得该点处质元振动的初相为 $-\dfrac{\pi}{2}$.

由 $\Delta\varphi = -\dfrac{2\pi}{\lambda}\Delta x$ 得

$$\lambda = -\frac{2\pi}{\Delta\varphi}\Delta x = \frac{2\pi}{\dfrac{\pi}{3} + \dfrac{\pi}{2}} \times 5.0\,\mathrm{m} = 12.0\,\mathrm{m},$$

于是有

$$\omega = \frac{2\pi}{T} = 2\pi \frac{u}{\lambda} = 2\pi \text{ rad/s},$$

故波函数为

$$y = 0.02\cos\left(2\pi t - \frac{\pi}{6}x + \frac{\pi}{3}\right) \text{ m}.$$

例 5-4 一平面简谐波以速度 $u = 20$ m/s 沿 x 轴正方向传播,各质元的位置如图 5-10 所示.已知 A 点处质元的运动方程为 $y_A = 0.03\cos(4\pi t)$ m.

(1) 以 A 点为原点,写出该波的波函数;

(2) 以 B 点为原点,写出该波的波函数;

(3) 写出 C 点和 D 点处质元的运动方程.

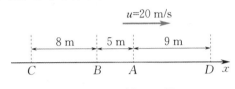

图 5-10 例 5-4 图

解 (1) 由 A 点处质元的运动方程和图中给出的条件可知,波的振幅为 $A = 0.03$ m,角频率为 $\omega = 4\pi$ rad/s,频率为 $\nu = \frac{\omega}{2\pi} = 2$ Hz,波长为 $\lambda = \frac{u}{\nu} = 10$ m,A 点处质元振动的初相为 $\varphi = 0$. 所以,以 A 点为原点时的波函数为

$$y = 0.03\cos\left(4\pi t - \frac{\pi x}{5}\right) \text{ m}.$$

(2) A,B 两点的间隔为 5 m,B 点处质元振动的相位比 A 点超前,超前的相位为 $\Delta\varphi = -\frac{2\pi}{\lambda}\Delta x = \pi$,故 B 点处质元振动的初相为 $\varphi = -\pi$. 所以,以 B 点为原点时的波函数为

$$y = 0.03\cos\left(4\pi t - \frac{\pi x}{5} - \pi\right) \text{ m}.$$

(3) A,C 两点的间隔为 13 m,C 点处质元振动的相位比 A 点超前 $\Delta\varphi = -\frac{2\pi}{\lambda}\Delta x = \frac{13\pi}{5}$,故 C 点处质元振动的初相为 $\varphi = \frac{13\pi}{5} - 2\pi = \frac{3\pi}{5}$,$C$ 点处质元的运动方程为

$$y_C = 0.03\cos\left(4\pi t + \frac{3\pi}{5}\right) \text{ m}.$$

同理,A,D 两点的间隔为 9 m,A 点处质元振动的相位比 D 点超前 $\Delta\varphi = -\frac{2\pi}{\lambda}\Delta x = \frac{9\pi}{5}$,故 D 点处质元振动的初相为 $\varphi = -\frac{9\pi}{5} + 2\pi = \frac{\pi}{5}$,$D$ 点处质元的运动方程为

$$y_D = 0.03\cos\left(4\pi t + \frac{\pi}{5}\right) \text{ m}.$$

■ 5.3 波的能量

5.3.1 波的能量和能量密度

波在介质中传播时，波动传播到的空间中的各质元都在各自的平衡位置附近振动．振动起来的各质元具有动能，同时该处的介质因发生了形变还具有势能．简单起见，下面我们以固体棒中传播的纵波为例，来讨论波的能量和能量密度．

如图 5-11 所示，一水平放置的固体棒，设其截面积为 S，密度为 ρ，现有一列纵波沿固体棒向右传播．设纵波的波函数为

$$y = A\cos\left(\omega t - \frac{2\pi}{\lambda}x + \varphi\right).$$

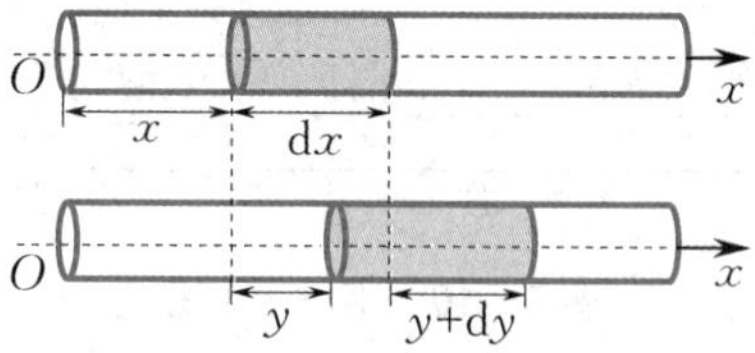

图 5-11 纵波在固体棒中传播

取 x 处一段长为 $\mathrm{d}x$ 的体积元 $\mathrm{d}V$，该体积元的体积 $\mathrm{d}V = S\mathrm{d}x$，质量 $\mathrm{d}m = \rho S\mathrm{d}x$. t 时刻，其发生的位移为 y，同时还发生了 $\mathrm{d}y$ 的形变，其振动速度为

$$v = \frac{\partial y}{\partial t} = -A\omega\sin\left(\omega t - \frac{2\pi}{\lambda}x + \varphi\right).$$

此时，体积元具有的动能为

$$\mathrm{d}E_k = \frac{1}{2}(\mathrm{d}m)v^2 = \frac{1}{2}\rho\mathrm{d}VA^2\omega^2\sin^2\left(\omega t - \frac{2\pi}{\lambda}x + \varphi\right), \qquad (5-7)$$

体积元的弹性势能为

$$\mathrm{d}E_p = \frac{1}{2}k(\mathrm{d}y)^2,$$

其中 k 为固体棒的劲度系数．棒的劲度系数与弹性模量 E 的关系为 $k = \dfrac{ES}{\mathrm{d}x}$，于是有

$$\mathrm{d}E_p = \frac{1}{2}k(\mathrm{d}y)^2 = \frac{1}{2}ES\mathrm{d}x\left(\frac{\mathrm{d}y}{\mathrm{d}x}\right)^2.$$

固体棒中纵波的波速为 $u = \sqrt{E/\rho}$，于是有

$$\mathrm{d}E_p = \frac{1}{2}\rho u^2\mathrm{d}V\left(\frac{\partial y}{\partial x}\right)^2 = \frac{1}{2}\rho\mathrm{d}VA^2\omega^2\sin^2\left(\omega t - \frac{2\pi}{\lambda}x + \varphi\right). \qquad (5-8)$$

因此，体积元的机械能为

$$\mathrm{d}E = \mathrm{d}E_k + \mathrm{d}E_p = \rho\mathrm{d}VA^2\omega^2\sin^2\left(\omega t - \frac{2\pi}{\lambda}x + \varphi\right). \qquad (5-9)$$

由式(5-7)，(5-8)和(5-9)可知，介质中任一体积元的动能、势能和机械能都随时间呈周期性变化，三者的变化是同步调的．任一时刻，动能等于势能，总能量等于动能或势能的 2 倍．当体积元经过平衡位置时，其振动速度最大，动能最大，同时其相对形变最大，弹性势能也最

大,故总能量最大. 当体积元处在最大位移处时,其振动速度为零,动能为零,同时其相对形变为零,弹性势能也为零,故总能量为零. 介质中任一体积元的机械能随时间呈周期性变化,这也意味着该体积元与相邻的体积元之间有能量的交换. 当它接受后方的体积元传递来的能量大于它传递给前方体积元的能量时,其总能量增加,反之,其总能量减少. 因此,波动的过程,也是能量的传播过程.

课堂思考 简谐波传播过程中,介质中每个质元都在做简谐振动,每个质元的能量守恒吗? 为什么?

单位体积介质中的波动能量,叫作波的**能量密度**(energy density),用 w 表示,于是有

$$w = \frac{\mathrm{d}E}{\mathrm{d}V} = \rho A^2 \omega^2 \sin^2\left(\omega t - \frac{2\pi}{\lambda}x + \varphi\right). \qquad (5-10)$$

式(5-10)表明,波的能量密度也随时间呈周期性变化. 波的能量密度在一个周期内的平均值,称为**平均能量密度**,用 $\overline{w}$ 表示,有

$$\overline{w} = \frac{1}{T}\int_0^T \rho A^2 \omega^2 \sin^2\left(\omega t - \frac{2\pi}{\lambda}x + \varphi\right)\mathrm{d}t = \frac{1}{2}\rho A^2 \omega^2. \qquad (5-11)$$

式(5-11)表明,平均能量密度正比于波振幅的平方、角频率的平方及介质的密度,不再随时间变化而为一定值,即平均而言,介质中无能量的积累.

5.3.2 能流和能流密度

从前面的讨论中我们可知,波动过程一定会伴随着能量的流动. 我们把单位时间内通过某一截面的能量,叫作通过该截面的**能流**(energy flux),用 P 表示,单位为瓦[特](W). 如图 5-12 所示,在介质中作一个垂直于波速方向的截面 S(其面积也记为 S),则单位时间内,体积为 uS 的长方体内的波动能量都会通过 S,于是有

$$P = wuS.$$

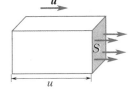

图 5-12 波的能流

由于波的能量密度随时间呈周期性变化,因此能流 P 也随时间呈周期性变化,我们取其在一个周期内的平均值,称为**平均能流**,有

$$\overline{P} = \overline{w}uS = \frac{1}{2}\rho A^2 \omega^2 uS. \qquad (5-12)$$

通过与波速垂直的单位截面积的平均能流,称为**能流密度**(energy flux density)或**波的强度**(简称波强),其方向与波速方向相同,用 I 表示,有

$$I = \frac{\overline{P}}{S} = \overline{w}u = \frac{1}{2}\rho A^2 \omega^2 u. \qquad (5-13)$$

波强的单位为瓦[特]每平方米(W/m^2). 波强越大,单位时间内通过与波速垂直的单位截面积的能量就越多,这就意味着波动越剧烈.

5.4 惠更斯原理 波的叠加和干涉

5.4.1 惠更斯原理

在波动过程中,借助于质元之间的弹力作用,介质中任意一质元的振动都会引起其邻近质

元的振动. 因此, 波动传播到的空间中任何质元都可以看作新的波源. 如图 5-13 所示, 波在介质中传播时, 前方遇到一障碍物, 若障碍物上小孔的线度与波长差不多, 就可以观察到波可以穿过小孔, 且穿过小孔后的波是圆形波, 这些圆形波就好像是以小孔为点波源发出的一样. 这个现象说明小孔可以看作新的波源, 称为**子波源**, 其发出的波称为**次波或子波**(wavelet).

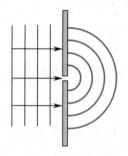

图 5-13　小孔成为新波源

在观察和研究了大量此类现象后, 惠更斯首先提出: 介质中波动传播到的各点都可以看作发射子波的波源, 其后的任一时刻, 这些子波的包络面就是新的波前, 这就是**惠更斯原理**(Huygens' principle). 惠更斯原理描述了波的传播特性.

不论是机械波还是电磁波, 不论介质是各向同性的还是各向异性的, 惠更斯原理都成立.

根据惠更斯原理, 若已知某时刻的波前, 则可以画出以后各时刻的波前, 再作出波线, 就能确定波的传播方向. 下面以球面波和平面波为例对此进行说明.

如图 5-14(a) 所示, O 点处的点波源发出的球面波以波速 u 在各向同性介质中传播, t_1 时刻的波前是半径为 R_1 的球面 S_1. 根据惠更斯原理, S_1 上的各点都可以看作子波源, 以 S_1 上的各点为球心, $r = u\Delta t(\Delta t = t_2 - t_1)$ 为半径画出许多球形子波前, 作这些子波前的包络面 S_2, S_2 是以 O 点为球心、半径为 $R_2 = R_1 + u\Delta t$ 的球面, 即 t_2 时刻的波前. 按照此法, 我们可以不断获得新的波前, 很明显, 这些波前都是球面.

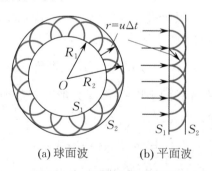

(a) 球面波　　　　(b) 平面波

图 5-14　惠更斯原理的应用

如图 5-14(b) 所示, 平面波在各向同性介质中传播, t_1 时刻的波前是平面 S_1. 把 S_1 上的各点看作子波源, 以 S_1 上的各点为球心, $r = u\Delta t(\Delta t = t_2 - t_1)$ 为半径画出许多球形子波前, 作这些子波前的包络面 S_2, S_2 是一个与 S_1 平行且相距 $u\Delta t$ 的平面, 即 t_2 时刻的波前.

课堂思考　可以用惠更斯原理解释波的反射、折射和衍射等现象吗？

5.4.2　波的叠加原理

生活中, 我们可以观察到以下现象: 把两个石块投入水中, 水面上就会激起水波, 两列水波相遇的区域出现的是两列波合成的结果,而在它们分开后,两列波仍将保持自己原来的特征继续传播,就好像没有相遇一样;乐队演奏时,我们总可以区分出每种乐器发出的声波;空中同时传播着许多电磁波信号,我们可以选择性地接收某个信号.这些现象表明,几列波相遇后,各列波仍然保持各自原来的特性(振动方向、频率、波长和传播方向等)不变,继续传播,就像各列波是在单独传播一样,在相遇区域内各点的振动是各列波单独在该点所引起的振动的合成,这就是波的叠加原理.

这里需要说明的是,叠加原理只适用于小振幅波动的线性叠加,对于很大振幅波动的情形或是波在非线性介质中传播时,波不再遵循叠加原理.

5.4.3 波的干涉

下面我们应用波的叠加原理来讨论波的干涉.

当频率相同、振动方向相同、相位差恒定的两列波相遇时,在它们相遇的区域内,某些地方的振动始终加强,而另一些地方的振动始终减弱,这种现象称为波的干涉(wave interference).能够产生干涉现象的两列波叫作相干波(coherent wave),对应的波源叫作相干波源.要产生波的干涉必须满足相干条件(coherent condition),即频率相同、振动方向相同、相位差恒定.下面我们应用波的叠加原理,具体分析干涉现象的产生及其干涉加强与减弱的条件.

如图 5-15 所示,设有两相干波源 S_1, S_2,它们的运动方程分别为

$$y_1 = A_1\cos(\omega t + \varphi_1), \quad y_2 = A_2\cos(\omega t + \varphi_2),$$

其中 ω 为两波源的角频率,A_1, A_2 分别为两波源的振幅,φ_1, φ_2 分别为两波源的初相.又设两波源发出的波在同一介质中传播,波长相同,均为 λ,且不考虑介质的吸收,各质元振动的振幅设为不变.两列波分别由波源经过 r_1, r_2 的波程传播到 P 点,在 P 点引起质元振动的运动方程分别为

$$y_{1P} = A_1\cos\left(\omega t + \varphi_1 - \frac{2\pi r_1}{\lambda}\right), \quad y_{2P} = A_2\cos\left(\omega t + \varphi_2 - \frac{2\pi r_2}{\lambda}\right).$$

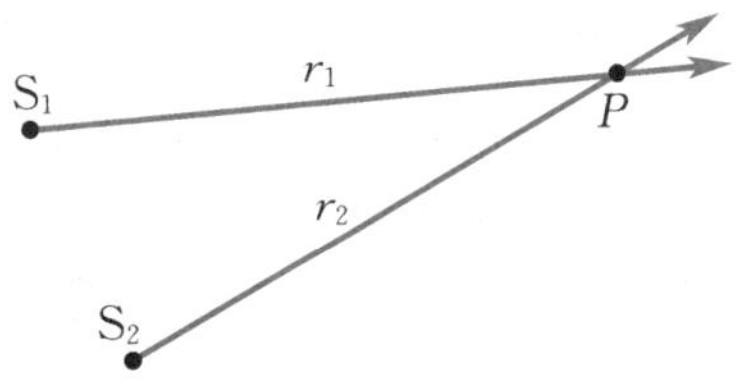

图 5-15 两列相干波的叠加

可以看出,两列相干波在 P 点引起的两分振动是同方向、同频率的简谐振动.因此,P 点处质元的合振动也是简谐振动,合振动的运动方程可以表示为

$$y_P = y_{1P} + y_{2P} = A\cos(\omega t + \varphi).$$

合振动的振幅为

$$A = \sqrt{A_1^2 + A_2^2 + 2A_1A_2\cos\Delta\varphi}, \tag{5-14}$$

其中

$$\Delta\varphi = \left(\varphi_2 - \frac{2\pi r_2}{\lambda}\right) - \left(\varphi_1 - \frac{2\pi r_1}{\lambda}\right) = (\varphi_2 - \varphi_1) - \frac{2\pi(r_2 - r_1)}{\lambda}. \tag{5-15}$$

式(5-15)为 P 点处质元参与的两分振动的相位差,式中右端第一项 $\varphi_2 - \varphi_1$ 表示造成相位差

的第一个来源是两相干波源本身的相位差,为一定值;第二项表示造成相位差的第二个来源是两列波的波程差 $\delta = r_2 - r_1$,对于定点 P,它也是一定值.因此,两相干波相遇的区域内,每一个点的合振动的振幅是一定的,不同位置的点,由于波程差不同,造成相位差也不同,故不同点有不同的但恒定的合振幅.这样,在两列波相遇的区域内,就会呈现出振幅分布不均匀但又相对稳定的干涉图样.干涉的结果使得某些点的振动始终加强,某些点的振动始终减弱.下面我们对此进行讨论.

（1）若空间中某些点满足

$$\Delta\varphi = \varphi_2 - \varphi_1 - \frac{2\pi(r_2 - r_1)}{\lambda} = \pm 2k\pi \quad (k = 0,1,2,\cdots), \tag{5-16}$$

则这些点的合振幅 $A = A_1 + A_2$,合振幅取最大值,这些点的振动始终加强,称为相长干涉或干涉加强.

（2）若空间中某些点满足

$$\Delta\varphi = \varphi_2 - \varphi_1 - \frac{2\pi(r_2 - r_1)}{\lambda} = \pm 2(k+1)\pi \quad (k = 0,1,2,\cdots), \tag{5-17}$$

则这些点的合振幅 $A = |A_1 - A_2|$,合振幅取最小值,这些点的振动始终减弱,称为相消干涉或干涉减弱.

（3）对于不满足上述两条件的空间各点,合振动的振幅介于最大值 $A_1 + A_2$ 和最小值 $|A_1 - A_2|$ 之间,可根据式(5-14)求出合振幅的大小.

另外,若 $\varphi_1 = \varphi_2$,则上述相长干涉和相消干涉的条件又可简化为

$$\delta = r_2 - r_1 = \begin{cases} \pm 2k\dfrac{\lambda}{2} & (k = 0,1,2,\cdots), \quad \text{相长干涉,} \\ \pm(2k+1)\dfrac{\lambda}{2} & (k = 0,1,2,\cdots), \quad \text{相消干涉,} \end{cases} \tag{5-18}$$

即当两相干波源的初相相同时,在两列波的相遇区域内,波程差为半波长偶数倍的各点为相长干涉,波程差为半波长奇数倍的各点为相消干涉.

影剧院、歌剧院和大礼堂等建筑物在设计及装修时需考虑声波的干涉,保证每一个角落都能听到清晰洪亮的声音.柴油发动机、摩托车等排气时会发出强噪音,这时我们可以安装消声器来降噪甚至消声.图 5-16 所示为干涉消声器的结构示意图,图中波长为 λ 的声波在消声器的水平管道中由左向右传播,在 A 点处声波沿上下方向分成两束.由于这两束波来源于同一束波,因此是一对初相相同的相干波.这两束波经不同的波程在 B 点相遇时,若波程差满足

$$\delta = \pm(2k+1)\frac{\lambda}{2} \quad (k = 0,1,2,\cdots), \tag{5-19}$$

则 B 点处声波的合振幅几乎减弱为零,故可达到降噪甚至消声的效果.

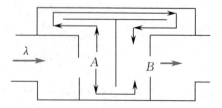

图 5-16　干涉消声器的结构示意图

例 5 - 5 如图 5 - 17 所示,同一介质中有两相干波源分别位于 A, B 两点处,波到达 P 点时的振幅均为 6 cm,频率为 250 Hz. 当 A 点为波谷时,B 点正好为波峰. 设波速均为 100 m/s,不考虑介质的吸收,试讨论两列波传到 P 点时的干涉结果.

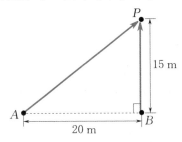

图 5 - 17　例 5 - 5 图

解 由图可知,两列波传到 P 点的波程分别为 $\overline{AP} = \sqrt{15^2 + 20^2}$ m $= 25$ m,$\overline{BP} = 15$ m,波程差为

$$\delta = \overline{BP} - \overline{AP} = -10 \text{ m}.$$

又已知频率 $\nu = 250$ Hz,波速 $u = 100$ m/s,因此波长为

$$\lambda = \frac{u}{\nu} = \frac{100 \text{ m/s}}{250 \text{ Hz}} = 0.4 \text{ m}.$$

根据题意,$\varphi_B - \varphi_A = \pi$,故 P 点处质元参与的两分振动的相位差为

$$\Delta\varphi = \varphi_B - \varphi_A - \frac{2\pi\delta}{\lambda} = 51\pi.$$

相位差为 π 的奇数倍,满足相消干涉的条件,因此 P 点的干涉结果是相消干涉.

例 5 - 6 如图 5 - 18 所示,两列相干波在 P 点相遇,一列波在 B 点引起的振动为

$$y_B = 0.03\cos(2\pi t) \text{ m},$$

另一列波在 C 点引起的振动为

$$y_C = 0.03\cos\left(2\pi t + \frac{\pi}{2}\right) \text{ m}.$$

已知 $\overline{BP} = 0.45$ m,$\overline{CP} = 0.30$ m,两波的波速均为 $u = 0.20$ m/s,设两波源在 P 点引起的振动的振幅均为 0.03 m,求 P 点的干涉结果及合振动的运动方程.

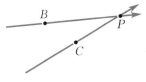

图 5 - 18　例 5 - 6 图

解 根据 B, C 两点处质元的运动方程可知,两列波的角频率均为 $\omega = 2\pi$ rad/s,又已知波速 $u = 0.20$ m/s,因此波长为

$$\lambda = \frac{2\pi u}{\omega} = 0.20 \text{ m}.$$

B 点的振动传到 P 点引起的分振动的相位为

$$2\pi t - \frac{2\pi \overline{BP}}{\lambda} = 2\pi t - \frac{9\pi}{2}.$$

C 点的振动传到 P 点引起的分振动的相位为

$$2\pi t + \frac{\pi}{2} - \frac{2\pi \overline{CP}}{\lambda} = 2\pi t - \frac{5\pi}{2}.$$

P 点处质元参与的两分振动的相位差为

$$\Delta\varphi = 2\pi,$$

满足相长干涉的条件，故两列波传到 P 点时的干涉结果是相长干涉. P 点处质元合振动的运动方程为

$$y_P = 0.06\cos\left(2\pi t - \frac{\pi}{2}\right) \text{ m}.$$

例 5-7　如图 5-19 所示，频率均为 100 Hz 的两相干波源 S_1 和 S_2 分别位于 x 轴上 A, B 两点处，由 S_1 发出的波沿 x 轴正方向传播，由 S_2 发出的波沿 x 轴负方向传播. 若两波振幅相同，相位差为 π，两波源相距 30 m，波速为 400 m/s，试求在 S_1 和 S_2 之间的连线上因相消干涉而静止的质元的位置.

$$\begin{array}{ccccc} & S_1 & & S_2 & \\ \hline & & \bullet & & \to \\ & A & P & B & x \end{array}$$

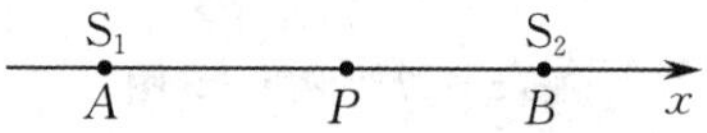

图 5-19　例 5-7 图

解　已知波的频率 $\nu = 100 \text{ Hz}$，波速 $u = 400 \text{ m/s}$，因此波长为

$$\lambda = \frac{u}{\nu} = 4 \text{ m}.$$

取 A 点为原点，在 A 点和 B 点之间任取一点 P，设其坐标为 x. 两列波传到 P 点时的相位差为

$$\Delta\varphi = \varphi_2 - \varphi_1 - \frac{2\pi(\overline{BP} - \overline{AP})}{\lambda} = \pi - \frac{2\pi(30 - x - x)}{4} = -14\pi + \pi x.$$

若 P 点为因相消干涉而静止的点，则必须满足

$$\Delta\varphi = -14\pi + \pi x = \pm(2k+1)\pi \quad (k = 0, 1, 2, \cdots),$$

得

$$x = \pm(2k'+1) \text{ m} \quad (k' = 0, 1, 2, \cdots).$$

故在波源 S_1 和 S_2 之间的连线上因相消干涉而静止的质元的位置坐标为

$$x = (2k'+1) \text{ m} \quad (k' = 0, 1, 2, \cdots, 14).$$

5.5　驻波

5.5.1　驻波的产生

下面我们来讨论一种特殊的干涉现象. 如图 5-20 所示，一根弦线的左端系在音叉上，右端通过定滑轮系着砝码使弦线张紧. 当音叉上下振动时，音叉带动弦线的左端也上下振动起来，振动从左向右在弦线中传播，形成向右传播的入射波. 入射波传播到劈尖所在的 B 点处时被反射，弦线上又产生向左传播的反射波，入射波和反射波是一对相干波. 两列相干波在弦线上相遇必将发生干涉. 实验时，调节劈尖至合适的位置，就可以看到弦线被分成了长度相等的几段，每一段都做稳定的振动，线上各质元振动的振幅不同，有些质元始终振动加强，振幅最大，有些质元始终静止不动，振幅为零，但在整个弦线上没有看到波形的左右移动. 我们把弦线上形成

的这种波形不随时间移动的波称为驻波(standing wave).驻波实质上是向右的入射波和向左的反射波形成的特殊的干涉现象.通过上述驻波形成过程的介绍,不难发现,要形成驻波,这两列相干波除了在同一直线上以相同的速率沿相反方向传播外,还要求振幅相同.

图 5 - 20　弦线上的驻波

5.5.2　驻波方程

驻波形成后,除了那些因发生相消干涉而静止不动的质元外,其他各质元都在做幅度不等的振动.下面我们仍以弦线驻波为例,来讨论弦线上各质元的运动方程,即驻波方程.

设有两列相干简谐波分别沿 x 轴正、负方向传播,两列波的振幅相同.为了讨论方便,设这两列波在原点处的初相均为零,则这两列波的波函数可以分别表示为

$$y_1 = A\cos\left(2\pi\nu t - \frac{2\pi x}{\lambda}\right), \quad y_2 = A\cos\left(2\pi\nu t + \frac{2\pi x}{\lambda}\right),$$

其中 A 为波的振幅,ν 为波的频率,λ 为波的波长.根据波的叠加原理,x 轴上任意一点处质元合振动的运动方程为

$$y = y_1 + y_2 = A\cos\left(2\pi\nu t - \frac{2\pi x}{\lambda}\right) + A\cos\left(2\pi\nu t + \frac{2\pi x}{\lambda}\right).$$

利用三角函数关系,化简得

$$y = 2A\cos\frac{2\pi x}{\lambda}\cos(2\pi\nu t). \tag{5-20}$$

式(5-20)就是驻波方程,它由两项构成,其中 $2A\cos\dfrac{2\pi x}{\lambda}$ 称为振幅因子,$\cos(2\pi\nu t)$ 称为振动因子.由式(5-20)可知,弦线上各点都在做振幅为 $\left|2A\cos\dfrac{2\pi x}{\lambda}\right|$、频率为 ν 的简谐振动.图 5-21 描绘了几个特殊时刻的入射波、反射波和合成的驻波波形.图中细实线表示向右传播的入射波,虚线表示向左传播的反射波,粗实线表示驻波.

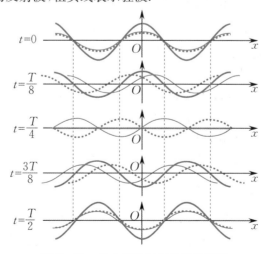

图 5 - 21　几个特殊时刻的驻波波形

5.5.3 驻波的特点

下面根据驻波方程,进一步讨论驻波振幅和相位的分布特点.

由图 5-21 可知,弦线上形成驻波时,有些点始终为相长干涉,振幅最大,称为波腹(wave loop);有些点始终静止,振幅为零,称为波节(wave node);其他点的振幅介于最大振幅和零之间,随 x 呈周期性变化. 令 $\left| 2A\cos\dfrac{2\pi x}{\lambda} \right| = 2A$,得波腹的位置为

$$x = \pm k\frac{\lambda}{2} \quad (k = 0,1,2,\cdots). \tag{5-21}$$

令 $\left| 2A\cos\dfrac{2\pi x}{\lambda} \right| = 0$,得波节的位置为

$$x = \pm(2k+1)\frac{\lambda}{4} \quad (k = 0,1,2,\cdots). \tag{5-22}$$

相邻两波腹或波节间的距离为

$$\Delta x = x_{k+1} - x_k = \frac{\lambda}{2}. \tag{5-23}$$

利用驻波的特点可以测波长.让待测波在空间来回反射形成稳定的驻波,测得相邻两波节间的距离,待测波长就为该距离的 2 倍.

如果两列波在原点处的初相不为零,合成的驻波方程不一定与式(5-20)完全一样,波腹和波节的位置也不一定能用式(5-21)和(5-22)来表示,但是两相邻波腹或波节之间的距离仍然是半个波长.

在驻波方程(5-20)中,振动因子为 $\cos(2\pi\nu t)$,但不能认为驻波中各质元的振动相位都为 $2\pi\nu t$.弦线上各质元的振动相位与振幅因子 $2A\cos\dfrac{2\pi x}{\lambda}$ 的正负有关.当 $2A\cos\dfrac{2\pi x}{\lambda} > 0$ 时,对应位置处质元的振动相位为 $2\pi\nu t$;当 $2A\cos\dfrac{2\pi x}{\lambda} < 0$ 时,对应位置处质元的振动相位为 $2\pi\nu t + \pi$.根据各质元振动相位的特点,我们可以得到以下结论:(1) 相邻两波节之间各质元的振幅因子 $2A\cos\dfrac{2\pi x}{\lambda}$ 的符号一样;(2) 波节两端相邻两段上各质元的振幅因子 $2A\cos\dfrac{2\pi x}{\lambda}$ 的符号相反.可见,弦线是按波节分段振动的,两相邻波节之间的各段作为一个整体同步振动(但各自的振幅不一样),即同一段内各质元沿相同方向同时到达各自振动位移的最大值,又沿相同方向同时通过平衡位置;而相邻两段内各质元的振动反相,即沿相反方向同时到达各自振动位移的正、负最大值处,又沿相反方向同时通过平衡位置. 在每一时刻,驻波都有一定的波形,此波形既不左移,也不右移,各质元以确定的振幅在各自的平衡位置附近振动,因此叫作驻波.

以上讨论的机械驻波的结论同样适用于电磁波的驻波.

课堂思考　行波和驻波中各质元的相位关系有什么不同?

5.5.4 驻波的能量

由图 5-21 可知,驻波形成时,除了波节外,其他质元都在振动,因此驻波具有动能.另外,同一时刻各质元的位移不一样,这使得弦线发生了形变,故驻波也具有势能. 取两相邻波节之间的一段为研究对象,这一段是作为一个整体同步振动的.当各质元同时到达各自的最大位移

处时,振动速度为零,动能为零,此时驻波的总动能为零.波节附近因相对形变量最大,势能有极大值,波腹附近因相对形变量最小,势能有极小值.所以此时驻波的能量以势能的形式,且基本集中在波节附近.当各质元回到平衡位置时,各处的形变都随之消失,势能为零.波腹附近因质元振动速度最大,动能最大,离波节越近,动能越小,所以此时驻波的能量以动能的形式,且基本集中于波腹附近.其他时刻则动能、势能并存.我们也可以换一个角度来看驻波的能量.驻波由两列相向而行的波干涉叠加而成,两列波的振幅相等,波强大小相等,但方向相反,其叠加的结果是介质中总的波强为零,驻波中没有能量的流动,即没有能量的传播.综上所述,驻波中一个波段内的能量以动能和势能的形式并存且相互转化,并在不同的时间段内分别集中在波节和波腹附近而不向其他波段传播.

5.5.5　半波损失

在图 5-20 所示的弦线驻波实验中,入射波在劈尖所在处发生反射,入射波和反射波在该点处干涉叠加形成的是波节,这说明反射波与入射波在该点的相位相反,或者说反射波在反射点处的相位比起入射波在该点的相位变化了 π,这种现象叫作相位跃变(phase jump).在波的传播过程中,当相位差为 π 时,相当于波程差为半个波长,故相位跃变又称为半波损失(half-wave loss).

当波在两种介质交界面处发生反射时,其反射波有无相位跃变取决于交界面两边介质的波阻,即介质的密度与波速的乘积 ρu.相对而言,波阻较大的介质称为波密介质,波阻较小的介质称为波疏介质.实验表明,当波由波疏介质垂直入射到波密介质表面被反射时,反射点处形成波节,这说明反射波在反射点处发生了半波损失.反之,当波由波密介质垂直入射到波疏介质表面被反射时,反射点处形成波腹,这说明在反射点处入射波和反射波的相位始终相同,这时反射波没有发生半波损失.因此,半波损失发生的条件是:波从波疏介质垂直入射到波密介质表面并被反射.

课堂思考　折射时有半波损失发生吗?

5.5.6　振动的简正模式

弦线上的驻波实验告诉我们,入射波和反射波在弦线上相遇,可以在弦线上产生驻波.那么,当弦线长度一定时,是不是任意波长的波都能在弦线上形成稳定的驻波呢?其实,对于一定长度且两端固定的弦线来说,形成驻波时,由于弦线两端的固定端形成的是波节,此时波长 λ 和弦长 L 之间应满足

$$L = n\frac{\lambda}{2} \quad (n=1,2,\cdots) \tag{5-24a}$$

或

$$\lambda = \frac{2L}{n} \quad (n=1,2,\cdots). \tag{5-24b}$$

也就是说,只有当弦长等于半波长的整数倍时,两端固定的弦线上才能形成稳定的驻波,如图 5-22 所示.由于波长只能取一系列分立的值,因此我们称其波长是"量子化"的.由于 $\nu = \frac{u}{\lambda}$,故弦线上驻波的频率应满足

$$\nu = n\frac{u}{2L} \quad (n = 1,2,\cdots). \tag{5-25}$$

又因弦线的波速 $u = \sqrt{T/\mu}$，其中 T 为弦线的拉力，μ 为弦线的线密度，故

$$\nu = \frac{n}{2L}\sqrt{\frac{T}{\mu}} \quad (n = 1,2,\cdots). \tag{5-26}$$

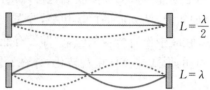

图 5-22　两端固定弦的几种简正模式

式(5-26)中每一个频率值对应于弦线的一种可能的振动模式，称为简正模式，相应的频率称为本征频率. $n = 1$ 时对应的频率称为基频，其后的频率依次称为二次谐频、三次谐频 …… 由此可见，对两端固定的弦线，它有许多个简正模式和本征频率.

式(5-25)也适用于两端闭合或两端开放的管，若为闭合管，则两端为波节；若为开放管，则两端为波腹. 对于一端固定、一端自由的弦，固定端为波节，自由端为波腹；一端封闭、一端开放的管，封闭端为波节，开放端为波腹，如图5-23所示，此时的本征频率公式大家可自行推导.

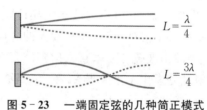

图 5-23　一端固定弦的几种简正模式

例 5-8　如图 5-24 所示，沿 x 轴正方向传播的入射波的波函数为

$$y_\lambda = 0.05\cos(200\pi t - \pi x)\ \text{m},$$

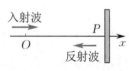

图 5-24　例 5-8 图

该波传播至两种介质的交界面 P 点处时发生反射. 已知 P 点与原点 O 相距 $L = 2.50\ \text{m}$，且反射处为固定端. 假设入射波与反射波的振幅相等，求：

（1）反射波的波函数；

（2）驻波方程；

（3）O 点与 P 点之间波腹和波节的位置.

解　（1）设反射波的波函数为

$$y_反 = 0.05\cos(200\pi t + \pi x + \varphi)\ \text{m},$$

其中 φ 为反射波在 O 点的初相.

由入射波的波函数可知，入射波的波长 $\lambda = 2.00\ \text{m}$，入射波在 P 点的相位为 $200\pi t - \pi L$. 因入射波在 P 点处发生反射时存在半波损失，故反射波在 P 点的相位为 $200\pi t - \pi L - \pi$. 于是可得反射波在 O 点的相位为

$$200\pi t - \pi L - \pi - \pi L = 200\pi t - 2\pi L - \pi.$$

又因初相的取值范围为 $[-\pi, \pi)$，故 $\varphi = 0$.

因此,反射波的波函数为
$$y_反 = 0.05\cos(200\pi t + \pi x)\ \text{m}.$$

(2) 驻波方程为
$$y = y_入 + y_反 = 0.05\cos(200\pi t - \pi x) + 0.05\cos(200\pi t + \pi x)$$
$$= 0.10\cos(\pi x)\cos(200\pi t)\ \text{m}.$$

(3) 令 $|\cos(\pi x)| = 1$,可得 O 点与 P 点之间波腹的位置坐标为
$$x_{波腹} = 0\ \text{m}, 1\ \text{m}, 2\ \text{m}.$$

令 $\cos(\pi x) = 0$,得 O 点和 P 点之间波节的位置坐标为
$$x_{波节} = 0.5\ \text{m}, 1.5\ \text{m}, 2.5\ \text{m}.$$

❓ 思考题

鱼洗是我国古代的珍贵文物,它由黄铜铸造而成,如图 5-25 所示.盆中注入适量的水,用双手来回搓动鱼洗的双耳,就会听到鱼洗发出"嗡嗡"的声音,同时水面上溅起水花.鱼洗溅起水花的现象曾使许多人迷惑不解,你能解释这种现象吗?

图 5-25　鱼洗

5.6　多普勒效应　冲击波

5.6.1　多普勒效应

在前面的讨论中,我们研究的是波源和观察者相对介质都静止的情况,这时介质中波的频率、观察者接收到的波的频率与波源振动的频率相等.但在实际生活中,我们经常会遇到波源或观察者以及两者同时相对介质运动的情况.例如,站在站台上,当火车迎面飞驰而来时,我们听到的鸣笛声音调高昂,即频率较高;当它疾驰而去时,我们听到的鸣笛声音调低沉,即频率较低.实际上,火车喇叭振动的频率并未改变,但火车接近和驶离我们时,我们接收到的波的频率却改变了.这种观察者接收到的波的频率与波源振动的频率不同的现象叫作多普勒效应(Doppler effect).

在下面的讨论中,我们首先应严格区分这三种频率:波源振动的频率、观察者接收到的波的频率和介质中波的频率.波源振动的频率 ν,是指波源在单位时间内振动的次数.观察者接收到的波的频率 ν',是指观察者在单位时间内接收到的波数.介质中波的频率 ν_b,是指单位时间内通过介质中某点的波数.介质中波的频率以介质为参考系,$\nu_b = \dfrac{u}{\lambda_b}$,其中 u, λ_b 为介质中的波速和波长.观察者接收到的波的频率以观察者为参考系,$\nu' = \dfrac{u'}{\lambda'}$,其中 u', λ' 为观察者测得的波速和波长.发生多普勒效应时,这三个频率可能互不相同,下面分三种情况来讨论.

1. 波源不动，观察者相对介质运动

设波源振动的频率为 ν，若波源 S 相对介质静止不动，则介质中波的频率 $\nu_b = \nu$。介质中的波速为 u，波长为 $\lambda_b = \dfrac{u}{\nu_b} = \dfrac{u}{\nu}$。若观察者向着波源以速度 v_0 运动，则波相对观察者的速度为 $u' = u + v_0$。同时，因为 $\lambda' = \lambda_b$，所以观察者接收到的波的频率为

$$\nu' = \frac{u'}{\lambda'} = \frac{u + v_0}{u}\nu = \left(1 + \frac{v_0}{u}\right)\nu. \qquad (5-27)$$

式 (5-27) 表明，当观察者靠近静止波源时，观察者接收到的波的频率相对波源振动的频率变大了，即 $\nu' > \nu$。

当观察者远离静止波源时，不难求出观察者接收到的波的频率为

$$\nu' = \left(1 - \frac{v_0}{u}\right)\nu, \qquad (5-28)$$

即此时观察者接收到的波的频率小于波源振动的频率。

2. 观察者不动，波源相对介质运动

设观察者相对介质静止，波源却以速度 $v_s (0 < v_s < u)$ 向着观察者运动。当波源相对介质运动时，介质中的波长 λ_b 将发生变化。在波源的运动方向上，向着观察者方向的波面变得密集些，即波长变短，背离波源运动方向的波面变得稀疏，即波长变长（见图 5-26）。

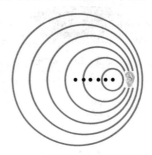

图 5-26　波源运动时的多普勒效应

在波源不动的情况下，波源 S 每振动一个周期 T，波向前传播的距离为一个波长 $\lambda = uT$。但现在波源向着观察者运动，一个周期内波源向前运动了 $v_s T$ 的距离而从 A 点运动到 B 点，如图 5-27 所示。波源运动的结果使得其运动的前方介质中的波长变为

$$\lambda_b = \lambda - v_s T = uT - v_s T = \frac{u - v_s}{\nu}.$$

由于观察者相对介质静止，因此观察者接收到的波的频率为

$$\nu' = \frac{u'}{\lambda'} = \frac{u}{\lambda_b} = \frac{u}{u - v_s}\nu. \qquad (5-29)$$

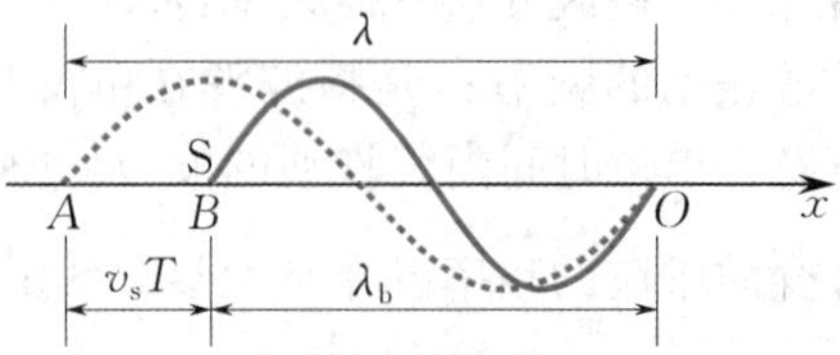

图 5-27　波源运动的前方介质中的波长变短

式 (5-29) 表明，当波源靠近观察者而观察者不动时，观察者接收到的波的频率为波源振

动频率的 $\dfrac{u}{u-v_s}$ 倍. 同理,当波源远离观察者而观察者不动时,观察者接收到的波的频率为

$$\nu' = \frac{u}{u+v_s}\nu, \tag{5-30}$$

此时观察者接收到的波的频率小于波源振动的频率.

3. 波源与观察者同时相对介质运动

从前面的讨论可知,观察者或波源只要相对介质运动就会产生多普勒效应. 但它们是有区别的. 当观察者以 v_0 的速度相对介质运动(接近波源)时,观察者测得的波速为 $u' = u+v_0$;当波源以 v_s 的速度相对介质运动(接近观察者)时,相当于介质中的波长变为 $\lambda_b = \lambda - v_s T$. 如果观察者和波源同时相对介质运动,以上两种多普勒效应将同时存在,此时观察者接收到的波的频率可以表示为

$$\nu' = \frac{u'}{\lambda'} = \frac{u \pm v_0}{u \mp v_s}\nu. \tag{5-31}$$

式(5-31)中,当观察者向着波源运动时,v_0 前取正号,反之取负号;当波源向着观察者运动时,v_s 前取负号,反之取正号. v_0 和 v_s 都是相对介质的速度.

由此可见,不论是波源运动,还是观察者运动,或是两者同时都运动,只要波源和观察者相互接近,观察者接收到的波的频率就会大于波源振动的频率. 当两者相互远离时,观察者接收到的波的频率总是小于波源振动的频率.

不仅机械波有多普勒效应,电磁波也有多普勒效应,多普勒效应是一切波的共同特征. 电磁波的传播速度为光速,且其传播不需要介质,因此要用相对论来处理该问题. 当频率为 ν 的单色光源和观察者在同一直线上运动时(相对速度为 v),观察者接收到的光的频率为

$$\nu' = \sqrt{\frac{1+v/c}{1-v/c}}\nu \quad (接近时) \tag{5-32a}$$

或

$$\nu' = \sqrt{\frac{1-v/c}{1+v/c}}\nu \quad (远离时). \tag{5-32b}$$

式(5-32a)与(5-32b)表明,光源与观察者相互接近时,观察者接收到的光的频率变大;相互远离时,观察者接收到的光的频率变小. 我们把光源远离观察者时,观察者接收到的光的频率变小、波长变长的现象称为红移,即移向光谱中的红光一侧. 天文学家将来自星体的光谱与地球上相同元素的发光光谱进行对比后,发现几乎所有的星体光谱都发生了红移,这个现象说明宇宙中的星体都在不断地远离我们,即整个宇宙在不断地膨胀.

在交通和军事上,根据多普勒效应制成的雷达系统可以跟踪运动目标(车辆、飞机、舰船、卫星等)及测定其运动速度. 在医学上,利用超声波的多普勒效应,可以测量人体血液流动速度,检查人体心脏的跳动情况和内脏的活动等.

5.6.2 冲击波

当波源以小于波速的速度向观察者运动而观察者不动时,观察者接收到的波的频率可以用式(5-29)来计算. 但如果波源向着观察者运动的速度大于波速,此时我们将得到观察者接收到的波的频率为负值的结论. 频率为负值,这在物理学上是毫无意义的. 实际上,当波源运动的速度大于波速时,波源的前方将不再有任何波动产生,波动只会出现在波源的后方,此时所

有的波前将被挤压而集中在一圆锥面上,即会形成以波源为顶点的 V 字形波,我们把这种波称为冲击波.冲击波圆锥状的包络面称为马赫锥,其半顶角 α 叫作马赫角,如图 5-28 所示.当波速一定时,随着波源速度的增大,冲击波将变得越发尖锐.马赫锥的圆锥面上高度集中了波的能量,足以对圆锥面掠过的物体造成破坏.像炮弹、导弹等物体以超音速飞行时,会在空气中激起冲击波,冲击波波及的地方,空气压强突然增大,形成音爆,音爆携带的能量轻则损伤耳膜,打碎玻璃,重则摧毁建筑物.

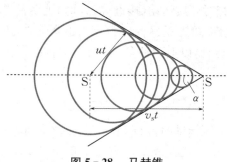

图 5-28　马赫锥

例 5-9　利用多普勒效应测量汽车行驶的速度.一固定不动的超声波探测器,发出频率为 $\nu = 100 \text{ kHz}$ 的超声波.一辆汽车迎面驶来时,探测器接收到从汽车反射回来的超声波的频率为120 kHz.若空气中声速取 $u = 330 \text{ m/s}$,试求汽车行驶的速度.

解　设汽车行驶的速度为 v.当汽车相对空气以 v 的速度驶向探测器时,此时探测器是静止的波源,汽车作为观察者向着波源运动,则汽车接收到的超声波的频率为

$$\nu' = \frac{u+v}{u}\nu.$$

被汽车反射回来的超声波又被探测器接收,此时汽车是运动的波源,汽车发出的反射波的频率是 ν',接收器是静止的观察者,它接收到的超声波的频率为

$$\nu'' = \frac{u}{u-v}\nu' = \frac{u+v}{u-v}\nu.$$

故汽车行驶的速度为

$$v = \frac{\nu''-\nu}{\nu''+\nu}u = \frac{120-100}{120+100} \times 330 \text{ m/s} = 108 \text{ km/h}.$$

本章小结　　　　阅读材料 5

习 题 5

5-1 频率为 100 Hz,传播速度为 300 m/s 的平面简谐波,波线上两点振动的相位差为 $\pi/3$,求这两点之间的距离.

5-2 一简谐波的频率为 5×10^4 Hz,波速为 1.5×10^3 m/s,求在传播路径上相距 5 mm 的两点振动的相位差.

5-3 一平面简谐波沿 x 轴负方向传播,已知 $x=x_0$ 处质元的运动方程为 $y=A\cos(\omega t+\varphi)$,若波长为 λ,试写出此波的波函数.

5-4 已知一平面简谐波沿 x 轴正方向传播,波源振动的周期 $T=0.5$ s,波长 $\lambda=10$ m,振幅 $A=0.1$ m. 当 $t=0$ 时波源振动的位移恰好为正的最大值,取波源处为原点,求:

(1) $x=5$ m 处质元的运动方程;

(2) $t=0.25$ s 时,$x=2.5$ m 处质元的振动速度.

5-5 一平面简谐波在 $t=0$ 时的波形图如图 5-29 所示,求:

(1) 该波的波函数;

(2) $x=0.20$ m 处质元的运动方程.

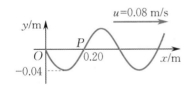

图 5-29 习题 5-5 图

5-6 某质元做简谐振动,周期为 2 s,振幅为 0.06 m,初始时刻该质元恰好处在负的最大位移处,求:

(1) 该质元的运动方程;

(2) 此振动以 2 m/s 的速度沿 x 轴正方向传播时,形成的一维简谐波的波函数;

(3) 该波的波长.

5-7 如图 5-30 所示,两相干波源 S_1 和 S_2 相距 $\lambda/4$(λ 为波长),S_1 的相位比 S_2 的相位超前 $\pi/2$,求在 S_1,S_2 连线上 S_1 外侧的 P 点两波引起的两简谐振动的相位差.

图 5-30 习题 5-7 图

5-8 如图 5-31 所示,三列同频率、振动方向均垂直纸面的简谐波,在传播过程中在 P 点处相遇,若三列简谐波在 S_1,S_2 和 S_3 三点的运动方程分别为

$$y_1=A\cos\left(\omega t+\frac{\pi}{2}\right),$$
$$y_2=A\cos\omega t,$$
$$y_3=2A\cos\left(\omega t+\frac{\pi}{2}\right),$$

且 $\overline{S_2P}=4\lambda$,$\overline{S_1P}=\overline{S_3P}=5\lambda$($\lambda$ 为波长),求 P 点处质元合振动的运动方程(设传播过程中各波振幅不变).

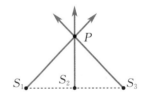

图 5-31 习题 5-8 图

5-9 某时刻驻波波形曲线如图 5-32 所示,求 a,b 两点处质元振动的相位差.

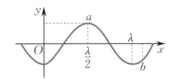

图 5-32 习题 5-9 图

5-10 如果在长为 L 且两端固定的弦线上形成驻波,求此驻波的基频波的波长.

5-11 设平面简谐波沿 x 轴传播时在 $x=0$ 处发生反射,反射波的波函数为

$$y_反=A\cos\left(2\pi\nu t-\frac{2\pi x}{\lambda}+\frac{\pi}{2}\right).$$

已知反射点为一自由端,求:

(1) 入射波的波函数;

(2) 由入射波和反射波叠加形成的驻波方程;

（3）波节的位置坐标.

5－12 如图5-33所示，设沿弦线传播的入射波的波函数为

$$y_入 = A\cos\left(2\pi\nu t - \frac{2\pi x}{\lambda} + \varphi\right),$$

其在 $x = L$ 处的 P 点发生反射，反射点为固定端，设波在传播和反射过程中振幅不变，求：

（1）弦线上反射的波函数；

（2）弦线上形成的驻波方程.

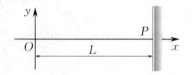

图 5－33　习题 5－12 图

5－13 一机车发出的汽笛声频率为 750 Hz，该机车以 90 km/h 的速度远离静止的观察者，设空气中的声速为 340 m/s，求观察者听到的汽笛声的频率.

5－14 相对于空气静止的声源振动频率为 ν，接收器 R 以 v_R 的速度远离声源，设声波在空气中的传播速度为 u，求接收器收到的声波的频率.

WAVE OPTICS

第三篇

波动光学

光学（optics）是物理学中的一个重要分支学科，它的发展历史非常悠久．早在公元前 400 年左右，中国的《墨经》中就记录了光影的形成、光的直线传播和针孔成像等光学现象．早期人们对光学现象的研究主要是基于光的直线传播特性，直到 17 世纪上半叶，斯涅耳和笛卡儿通过对光的折射现象的观察总结，提出了光的折射定律，后来菲涅耳又基于实验现象提出了光的反射定律．折射定律和反射定律一起奠定了几何光学的基础．关于光的本质，历史上物理学家提出了两种不同的学说．一种是牛顿提出的光的微粒说，认为光是一束微粒流，以此来解释光的直线传播和反射特性；另一种就是惠更斯所提出的光的波动说，认为光是一种波动，是机械振动在"以太"介质中传播所形成的机械波．光的波动说可以成功解释光的干涉、衍射和偏振等现象，因此自 17 世纪末提出以来，得到了人们的普遍认可．

到了 19 世纪，麦克斯韦提出了电磁场与电磁波理论，并被赫兹实验所证实，人们才认识到光波实际上是一种电磁波而非机械波，从而形成了以电磁场与电磁波理论为基础的波动光学．1905 年，爱因斯坦为了解释光电效应的实验规律，提出了光量子的概念，认为光由大量光子组成，从而使光的微粒说和波动说得到统一，即光具有波粒二象性，这也是所有微观粒子所具有的基本属性．目前，光学已经发展成为研究微波、红外线、可见光、紫外线、X 射线和 γ 射线等电磁辐射的产生、传播、接收和显示，以及与物质相互作用的一门综合性学科．

本篇将基于光的电磁波理论，讨论光的干涉、光的衍射和光的偏振及其应用，这些都属于波动光学的范畴．光的波粒二象性问题将在本书下册近代物理部分介绍．

6 第6章 波动光学

6.1 光的波动性 相干光波

6.1.1 光是一种电磁波

1. 光的波函数

人们对光的波动性认识始于 17 世纪末,惠更斯提出了光的**波动说**(undulatory theory),认为光波是机械振动在"以太"介质中的传播. 到了 19 世纪,麦克斯韦提出了电磁场与电磁波理论,他认为人类眼睛通常所能感知的光不是机械波,而是一种电磁波. 此结论后来被一系列实验所证实.

光波是一种横波,两个相互垂直的振动矢量,即电场矢量 E 和磁场矢量 H(关于电场和磁场的理论将在本书下册电磁学部分中介绍),都与光的传播方向垂直. 对于沿 x 轴正方向传播的平面电磁波,其波函数可以分别表示为

$$E = E_0 \cos \omega\left(t - \frac{x}{u}\right), \tag{6-1}$$

$$H = H_0 \cos \omega\left(t - \frac{x}{u}\right). \tag{6-2}$$

由于在光波中对人的眼睛和感光仪器产生作用的主要是电场矢量 E,因此我们常常将 E 称为**光矢量**,E 的振动又常称为**光振动**. 在本章中,我们将主要讨论光矢量 E 的振动引起的波动现象.

2. 光速,光在介质中的波长

光波在介质中的传播速度(相速度)取决于介质的性质. 由电磁场与电磁波理论可知,在真空中,光速为

$$c = \frac{1}{\sqrt{\varepsilon_0 \mu_0}} = 2.997\ 924\ 58 \times 10^8 \text{ m/s}, \tag{6-3}$$

其中 ε_0,μ_0 为常量,分别称为真空电容率和真空磁导率.

在介质中光速为

$$u = \frac{c}{\sqrt{\varepsilon_r \mu_r}}, \tag{6-4}$$

其中 ε_r, μ_r 是与介质性质有关的常量, 分别称为介质的相对电容率和相对磁导率.

我们定义介质的折射率(refractive index)为

$$n = \frac{c}{u},\qquad\qquad (6-5)$$

则介质的折射率又可表示为

$$n = \sqrt{\varepsilon_r \mu_r}.\qquad\qquad (6-6)$$

由于一般有 $n > 1$, 因此通常情况下光在介质中的传播速度要小于光在真空中的传播速度.

当光源和观察者之间没有相对运动时, 光波的频率仅仅取决于光源, 与介质无关. 而光的波长不仅取决于光源的频率, 还取决于介质的折射率. 因此, 同一光源发出的光在不同介质中传播时, 具有相同的频率, 但是波长不同. 设光波在真空和介质中的波长分别为 λ 和 λ_n, 在真空中, 有 $c = \lambda\nu$, 而在介质中, 有 $u = \lambda_n\nu$, 因此光在介质中的波长为

$$\lambda_n = \frac{u}{c}\lambda = \frac{\lambda}{n}.\qquad\qquad (6-7)$$

这说明, 光在介质中的波长比在真空中的波长短, 是其在真空中波长的 n 分之一.

3. 电磁波谱

我们把电磁波按照波长或频率的大小进行排列, 所得到的即为**电磁波谱**(electromagnetic wave spectrum). 人眼所能感知的电磁波波长范围一般为 $400 \sim 760$ nm, 我们通常把这种波长范围的电磁波称为可见光. 波长在 400 nm 附近的为紫光, 比 400 nm 小(不小于 10 nm)的电磁波称为紫外线; 波长在 760 nm 附近的为红光, 比 760 nm 大(不大于 1 mm)的电磁波称为红外线. 整个可见光的光谱如图 6-1 所示.

图 6-1 可见光谱

6.1.2 光源

1. 光源的发光机理

我们把能够发光的物体称为光源. 按照光源激发方式的不同, 我们把普通光源分为热光源和冷光源两大类. 利用热能激发的光源称为热光源, 如白炽灯、烧红的铁块、太阳等. 利用化学能、电能或光能激发的光源称为冷光源, 如磷的发光就是一种化学发光现象; 日光灯中的稀薄气体在电场作用下发出辉光, 是一种电致发光现象; 某些碱土金属的氧化物在光的照射下能够被激发而发出荧光或磷光, 是一种光致发光现象. 除普通光源外, 还有受激辐射的激光光源.

不同光源的激发方式不同, 其发光机理也不相同. 以热光源为例, 其发光机理是处于热激发态的原子或分子的自发辐射, 即大量的低能级原子或分子因热激发跃迁至高能级而处于激发态, 这些激发态是不稳定的, 原子或分子在这些激发态上的平均寿命只有大约 10^{-10} s, 随后这些粒子就会自发地向低能级跃迁. 在跃迁过程中, 每个原子或分子都会向外发射一列电磁波, 该电磁波列的频率取决于高、低两个能级的能量差. 由于其发光的时间极短, 仅仅只有 $10^{-11} \sim 10^{-8}$ s, 因此每一个电磁辐射持续时间很短, 在空间上则为一有限长度的波列, 如图 6-2 所示. 由于原子或分子向哪个低能级跃迁是随机的, 各原子或分子发光也是彼此独立的, 互不相关, 因此在同一时刻不同原子或分子所发出的电磁波列具有不同的振动方向、不同

的频率和不同的相位. 另外,由于其发光具有间歇性,因此即使是同一粒子,它在不同时刻所发出的电磁波列的频率、振动方向和相位也不尽相同. 我们通常所见到的光波就是大量的电磁波列叠加之后形成的. 由此可见,普通光源所发出的光一般是复合光,具有各种不同的频率成分. 即使是同一光源的不同部分所发出的光波,它们的光矢量振动方向也不会相同,当然也没有确定的相位关系.

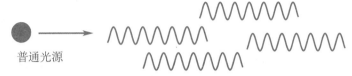

普通光源

图 6 - 2   普通光源各原子所发出的波列彼此独立

2. 相干光与相干光源

干涉(interference) 现象是波动的最本质特征之一. 波动理论指出,两列振动方向相同、频率相同、相位差恒定的波可以发生干涉现象,在两列波相遇的区域,有些点的振动始终加强,而有些点的振动始终减弱,形成稳定的干涉图样. 这样的两列波称为相干波,能够发出相干波的波源称为相干波源.

光波当然也能发生干涉现象,从而在两束光的相遇区域形成稳定分布的明暗相间的干涉条纹. 我们把能发生干涉现象的两列光波称为相干光(coherent light),把能够产生相干光的光源称为相干光源. 根据前面所述普通光源的发光机理,我们知道两个独立的普通光源所发出的光不可能是相干光,即使是同一普通光源的不同部分发出的光也是非相干的,这是由原子或分子发光的随机性和独立性所决定的.

3. 获得相干光的方法

那么,如何才能获得相干光呢? 一种方法是使用激光光源,因为激光具有很好的单色性和相干性. 另一种方法是利用普通光源. 设想把一个普通光源同一点所发出的光分开,分别经过两条不同的路径再会聚到一起,这样每列光波都分成了两个振动方向相同、频率相同、相位差恒定的子波列,因此这两个子波列是相干光,在相遇区域就能发生干涉现象.

根据分开光波列方式的不同,我们把光的干涉分为两大类,一类叫作分波阵面法干涉,另一类叫作分振幅法干涉. 分波阵面法干涉是在光源发出的同一波阵面不同部分上分离出两束光,然后通过两束光的会聚产生干涉,著名的杨氏双缝干涉(Young's double-slit interference) 就属于分波阵面法干涉,如图 6 - 3(a) 所示. 利用分波阵面法干涉的还有菲涅耳双镜实验和劳埃德镜实验等. 分振幅法干涉是利用光在透明介质表面的反射和折射而把光分为两束,如图 6 - 3(b) 所示. 后面要介绍的薄膜干涉、劈尖干涉和牛顿环等都属于分振幅法干涉.

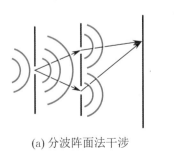

(a) 分波阵面法干涉   (b) 分振幅法干涉

图 6 - 3   分波阵面法干涉和分振幅法干涉

大学物理教程（上）
DAXUEWULIJIAOCHENG

6.1.3 相干光波叠加的光强计算

如图 6-4 所示，两相干光源 S_1 和 S_2 发出的两相干光在 P 点相遇，它们在 P 点引起的光振动分别为

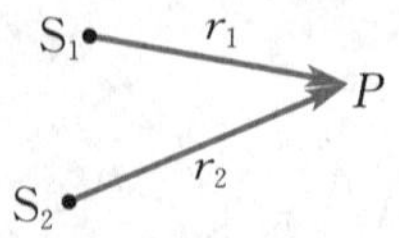

$$E_1 = E_{10}\cos\left(\omega t - \frac{2\pi}{\lambda}r_1 + \varphi_{10}\right),$$

$$E_2 = E_{20}\cos\left(\omega t - \frac{2\pi}{\lambda}r_2 + \varphi_{20}\right).$$

图 6-4 相干光波的叠加 P 点的合振动应该是同方向、同频率的两振动合成，则合成光振动的振幅应该满足

$$E_0^2 = E_{10}^2 + E_{20}^2 + 2E_{10}E_{20}\cos\Delta\varphi, \tag{6-8}$$

其中 $\Delta\varphi$ 为两个分振动在 P 点的相位差，且有

$$\Delta\varphi = \varphi_{20} - \varphi_{10} + \frac{2\pi}{\lambda}(r_1 - r_2). \tag{6-9}$$

由于光强（光波的波强）I 正比于光矢量振幅的平方，即 $I \propto E^2$，故合光强可以表示为

$$I = I_1 + I_2 + 2\sqrt{I_1 I_2}\cos\Delta\varphi. \tag{6-10}$$

按照分波阵面法或分振幅法，我们把同一光源的同一部分所发出的光分为两束，显然这两束光振动方向相同，频率相同，相位差也是恒定的. 因此，由式 (6-10) 可知，相遇点 P 处的合光强不随时间变化. 在两光波相遇区域的不同位置，其合光强的大小由这些位置的相位差决定，我们把式 (6-10) 中的 $2\sqrt{I_1 I_2}\cos\Delta\varphi$ 称为干涉项，并将这种相干光的叠加称为光的相干叠加.

当光产生相干叠加时，其合光强不仅取决于两束光的光强 I_1 和 I_2，还取决于两束光之间的相位差 $\Delta\varphi$. 在相遇区域的不同位置，相位差具有不同的值，因此有些地方的光振动始终加强，有些地方的光振动始终减弱，形成光强在空间的稳定分布，即形成了明暗相间的干涉条纹.

当 $\Delta\varphi = \pm 2k\pi(k=0,1,2,\cdots)$ 时，干涉项取最大值，此时有最大光强 $I_{max} = I_1 + I_2 + 2\sqrt{I_1 I_2}$，称为相长干涉，对应的地方就是明条纹所在的位置；当 $\Delta\varphi = \pm(2k+1)\pi(k=0,1,2,\cdots)$ 时，干涉项取最小值，此时有最小光强 $I_{min} = I_1 + I_2 - 2\sqrt{I_1 I_2}$，称为相消干涉，对应的地方就是暗条纹所在的位置. 特别地，当 $I_1 = I_2$ 时，我们有 $I_{max} = 4I_1$，$I_{min} = 0$.

如果两相干光是来自同一光源的同一部分，则其初相差为零，即 $\varphi_{20} - \varphi_{10} = 0$，故有

$$\Delta\varphi = \frac{2\pi}{\lambda}\Delta r, \tag{6-11}$$

其中 $\Delta r = r_1 - r_2$ 为两束光到达相遇点时所经过的几何路程之差. 因此，当两束光的路程差 $\Delta r = \pm k\lambda(k=0,1,2,\cdots)$ 时，两束光在相遇点发生相长干涉；而当 $\Delta r = \pm(2k+1)\frac{\lambda}{2}(k=0,1,2,\cdots)$ 时，两束光在相遇点发生相消干涉.

课堂思考 相干光叠加的光强分布规律是否符合能量守恒定律？

6.1.4 光程和光程差

在前面的讨论中，两列光波是在同一种介质中传播的，这两列光波的波长相同. 如果两列相干光波在两种不同介质中传播，这两列光波的波长就不相同，则光波的路程差和相位差的关

系式(6－11)需要另外计算.

如图6－5所示,两相干光在 P 点相遇前分别在介质1和介质2中传播.我们知道,光波传播一个波长的距离,其相位改变 2π.当光在传播过程中经过若干不同介质时,由于光在不同介质中的波长是不同的,因此在计算相位差时需要考虑不同介质中的波长,这给计算带来了很大的不便.为了方便讨论光经过不同介质相遇时的干涉现象,我们引入光程(optical path)的概念.

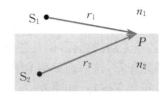

图6－5 相干光在不同介质中的传播

设同初相的两相干光源 S_1 和 S_2 发出两相干光,分别在折射率为 n_1 和 n_2 的两介质中传播,在交界面上的 P 点相遇,经过距离分别为 r_1 和 r_2,则在 P 点两束光的相位差为

$$\Delta\varphi = \frac{2\pi}{\lambda_1}r_1 - \frac{2\pi}{\lambda_2}r_2,$$

其中 λ_1 和 λ_2 分别为光在两种介质中的波长.

由式(6－7)可知, $\lambda_1 = \dfrac{\lambda}{n_1}$, $\lambda_2 = \dfrac{\lambda}{n_2}$,故有

$$\Delta\varphi = \frac{2\pi}{\lambda}(n_1 r_1 - n_2 r_2), \tag{6－12}$$

其中 λ 为光在真空中的波长.式(6－12)表明,当两束光经过不同介质时,其相位差不仅与光的几何路程 r_1 和 r_2 有关,还与所经过介质的折射率 n_1 和 n_2 有关.我们将光在介质中经过的几何路程 r 与该介质的折射率 n 的乘积 nr 叫作光程,即

$$光程 = nr. \tag{6－13}$$

若光束经过几种不同介质,则有

$$总光程 = \sum_i n_i r_i. \tag{6－14}$$

我们用 δ 来表示两束光的光程差,即

$$\delta = n_1 r_1 - n_2 r_2, \tag{6－15}$$

则式(6－12)可改写为

$$\Delta\varphi = \frac{2\pi}{\lambda}\delta. \tag{6－16}$$

式(6－16)即为相位差与光程差的关系,由此我们可以得到两相干光发生相长干涉或相消干涉时光程差所满足的条件为

$$\delta = \begin{cases} \pm k\lambda & (k = 0,1,2,\cdots) \quad 相长干涉(明纹条件), \\ \pm(2k+1)\dfrac{\lambda}{2} & (k = 0,1,2,\cdots) \quad 相消干涉(暗纹条件). \end{cases} \tag{6－17}$$

在用式(6－16)计算相位差时,不论光波在何种介质中传播,其中的 λ 均为该光波在真空中的波长.

由光程的定义,在各向同性介质中,有 $nr = \dfrac{c}{u}r = ct$,可见光程应该等于在相同时间内,光

在真空中所通过的路程，而光在真空中的几何路程也就是光在真空中的光程，这就意味着，不论是在真空中还是在其他介质中，光经过相同的光程所需要的时间是一样的. 因此，我们可以把光程理解为在传播时间相同的前提下，光在真空中传播的路程.

在干涉和衍射装置中，经常要用到各种透镜. 从透镜成像的实验中我们知道，当一束平行光向凸透镜入射时，经过透镜后将会聚于透镜焦平面上的一点 P，形成亮点（见图 6-6），这说明平行光中的各光线在 P 点处相遇时是同相位的. 由于平行光的波面垂直于光线，因此从入射平行光中任一波面算起，直到会聚点 P，各光线所经过的光程都相等. 这就意味着，透镜虽然可以改变光线的传播方向，也改变了各条光线的路径，但是各条平行光线到达 P 点时依然没有光程差. 也就是说，透镜不引起附加的光程差，这一现象称为透镜的等光程性.

我们对透镜的等光程性可以进行如下解释. 如图 6-6 所示，A,B,C 为垂直于入射光束的同一波面上的三个点，其振动相位相同. 对于三条光线 AaP，BbP 和 CcP 而言，在光线 AaP 和 CcP 中，光在空气中所传播的路径较长而在透镜中传播的路径较短；光线 BbP 正好相反，光在空气中传播的路径较短而在透镜中传播的路径较长. 由于玻璃透镜的折射率大于空气的折射率，因此折算成光程，各光线到达 P 点的光程相等，在 P 点引起的光振动仍然是同相的.

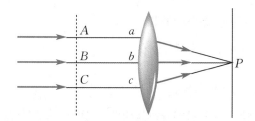

图 6-6　透镜不引起附加光程差

这里需要说明的是，透镜的等光程性并不是说透镜不改变各光线的光程，事实上在光路中放上透镜之后各光线的光程都是增大的，只是各光线的光程增加量是相同的，各光线之间没有产生附加光程差，这才是透镜的等光程性的真实含义.

6.2　分波阵面法干涉

6.2.1　杨氏双缝干涉

物理学家托马斯·杨在 1801 年首次用分波阵面法获得了相干光，并观察到了光的干涉现象，此即著名的杨氏双缝干涉实验.

杨氏双缝干涉实验的装置如图 6-7 所示，S 为缝光源，其缝的长度方向垂直于纸面，发出波长为 λ 的单色光，向彼此平行的狭缝 S_1 和 S_2 入射，这两个狭缝的长度方向也垂直于纸面，且双缝 S_1 和 S_2 到光源 S 的距离相等. 当入射光通过双缝时，在缝后的观察屏上会形成一系列平行于双缝的明暗相间的干涉条纹. 杨氏双缝干涉的理论依据是惠更斯原理，双缝将入射波面分为两部分，这两部分可以看作两个子波源 S_1 和 S_2. 由于这两个子波源都来自同一缝光源的同一波面，因此可以把它们看作相干光源，它们所发出的子波是相干光，从而在两相干光相遇区域形成干涉条纹.

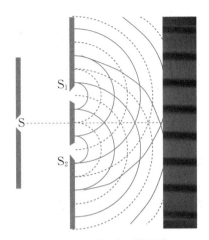

图 6 - 7　杨氏双缝干涉

1. 双缝干涉条纹的位置

如图 6-8 所示,设双缝 S_1 和 S_2 相距 d,双缝到观察屏的距离为 D,并且 $d \ll D$. 一般来说,双缝间距应小于 1 mm,双缝到观察屏的距离应大于 1 m. AO 为双缝的垂直平分线(过缝光源 S),与观察屏的交点为 O. 对于观察屏上 O 点附近的一点 P,它到观察屏中央 O 点的距离为 x, P 点到 S_1 和 S_2 的距离分别为 r_1 和 r_2.

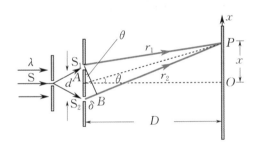

图 6 - 8　杨氏双缝干涉条纹的计算

为了方便计算两光波到达 P 点时的光程差,我们在 P 点到 S_2 的连线上取 $PB = r_1$,由于 $d \ll D$,且在一般实验条件下有 $x \ll D$,因此由图中的几何关系可得 S_1,S_2 发出的两光波到达 P 点的光程差为

$$\delta = r_2 - r_1 \approx d\sin\theta. \tag{6-18}$$

当 $x \ll D$ 时,θ 值很小,所以有 $\sin\theta \approx \tan\theta = \dfrac{x}{D}$,代入式(6-18)可得

$$\delta = \frac{dx}{D}. \tag{6-19}$$

由式(6-17)可知,当 $\delta = \dfrac{dx}{D} = \pm k\lambda \, (k = 0, 1, 2, \cdots)$ 时,即在

$$x = \pm \frac{D}{d}k\lambda \quad (k = 0, 1, 2, \cdots) \tag{6-20}$$

处,两光波发生相长干涉,呈现明纹;而在

$$x = \pm \frac{D}{d}(2k-1)\frac{\lambda}{2} \quad (k = 1, 2, \cdots) \tag{6-21}$$

处,两光波发生相消干涉,呈现暗纹.

式(6-20)和(6-21)中的 k 称为干涉条纹的级次,$k=0$ 对应的明条纹称为零级明纹或中央明纹,$k=1,2,\cdots$ 对应的明条纹分别称为第1级明纹、第2级明纹 $\cdots\cdots k=1,2,\cdots$ 对应的暗条纹分别称为第1级暗纹、第2级暗纹 $\cdots\cdots$

2. 双缝干涉条纹的特点

我们对双缝干涉条纹的特点进行如下讨论:

(1) 双缝干涉条纹分布.

双缝干涉条纹对称地分布于中央明纹两侧且平行于狭缝方向,明暗条纹交替排列.

(2) 双缝干涉条纹间隔.

由式(6-20)可计算出任意两相邻明纹中心之间的距离(明纹间隔)为

$$\Delta x = x_{k+1} - x_k = \frac{D}{d}\lambda. \tag{6-22}$$

同理可得相邻暗纹间隔也为式(6-22).这表明,双缝干涉的条纹间隔与双缝到观察屏的距离成正比,与入射光的波长成正比,与双缝之间的距离成反比,与条纹的级次 k 无关.相邻明纹和相邻暗纹的间隔都相等,各条纹在观察屏上等间隔地排列.

(3) 双缝干涉的光强分布.

如果狭缝 S_1,S_2 等宽,则两缝的出射光强相等,由式(6-10)可得明纹中心处的光强为 $4I_0$.(I_0 为每个狭缝的光单独到达观察屏上时的光强),暗纹中心处的光强为零,并且明纹处的光强与级次无关,各级明纹中心处的光强均为 $4I_0$.

双缝干涉的光强分布是符合能量守恒定律的.从双缝出来的光波,若不产生干涉,则落在观察屏各处的光强均匀分布,都是 $2I_0$.当产生干涉时,相当于光的能量重新分布,总能量还是守恒的.

若双缝不等宽,则暗纹处的光强不再为零.但只要保持双缝中心的距离不变,就不会影响到明暗条纹的位置分布.

(4) 介质对干涉条纹的影响.

若将整个装置放置于折射率为 n 的介质中,则式(6-18)应改为

$$\delta = n(r_2 - r_1) \approx nd\sin\theta,$$

相应条纹间隔为

$$\Delta x = x_{k+1} - x_k = \frac{D}{nd}\lambda.$$

可见,在介质中条纹间隔变小,条纹变密.

(5) 白光入射.

若用白光作为光源,则各种波长入射光干涉的零级明纹在 $x=0$ 处重叠,形成中央白色条纹.在中央明纹两侧,由式(6-20)可知,各种波长同级次的明纹的位置不同,波长小的紫色条纹最靠近观察屏中央,而波长大的红色条纹离观察屏中央最远,形成有规则的彩色条纹,而且级次越大,这种差异越明显,导致不同级次的各色条纹发生重叠,条纹逐渐模糊,最后消失.

例6-1 在杨氏双缝干涉实验中,双缝间距为 0.3 mm,双缝到观察屏的距离为 1.5 m.现用某一未知频率的单色光源做干涉实验,测得第10级明纹到观察屏中心的距离为

$3\,\mathrm{cm}$,求入射光的波长.

解 根据式(6-20)有

$$x_{10}=\frac{10D\lambda}{d},$$

可解得入射光的波长为

$$\lambda=\frac{dx_{10}}{10D}=\frac{3\times10^{-4}\times3\times10^{-2}}{10\times1.5}\,\mathrm{m}=6\times10^{-7}\,\mathrm{m}=600\,\mathrm{nm}.$$

例 6-2 如图6-9所示,在杨氏双缝干涉实验装置中,在缝S_2上覆盖厚度为h的介质片,设入射光的波长为λ,则零级明纹相比原来(未覆盖介质片时)的零级明纹如何移动?若该零级明纹移至原来的第k级明纹处,介质片的折射率n应为多少?

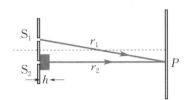

图6-9 例6-2图

解 从S_1和S_2发出的相干光到达观察屏上P点所对应的光程差为

$$\delta=(r_2-h+nh)-r_1=(r_2-r_1)+(n-1)h.$$

对于零级明纹,有$\delta=0$,因此有

$$r_2-r_1=-(n-1)h<0.$$

这说明零级明纹相比原来向下移动.

对于原来零级明纹下方的第k级明纹,有

$$r_2-r_1=-k\lambda,$$

当覆盖介质片后,零级明纹移到原来零级明纹下方的第k级明纹处,因此应当满足

$$r_2-r_1=-(n-1)h=-k\lambda,$$

可解得

$$n=1+\frac{k\lambda}{h}.$$

**思考题**

1.若入射光由垂直入射改为斜入射,则杨氏双缝干涉条纹有何变化?

2.白光垂直入射时,在观察屏上最多能看到几条完整不重叠光谱?

6.2.2 其他分波阵面干涉装置

在杨氏双缝干涉实验中,双缝的宽度要求足够小,这样就使得通过双缝的光很弱,同时衍射现象比较显著,干涉条纹不够清晰,因此后来菲涅耳等人又通过大量实验设计出了其他几种分波阵面干涉装置.下面介绍常见的两种分波阵面干涉装置.

1. 菲涅耳双镜

如图 6-10 所示，M_1 和 M_2 是两个紧挨在一起的平面反射镜，两镜面之间有一个很小的夹角，狭缝光源 S 平行于 M_1 和 M_2 的交线，光阑 E 的作用是防止 S 发出的光直接射到观察屏上。光源 S 发出的光的波阵面被 M_1 和 M_2 分为两部分，经反射后形成两相干光，于是在观察屏上两相干光相遇区域内就可以看到等间距的干涉条纹。

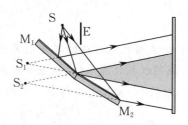

图 6-10　菲涅耳双镜实验

到达观察屏的是通过 M_1 和 M_2 两镜面反射的两束相干光，它们可以看作分别从光源 S 在 M_1 和 M_2 中的虚像 S_1 和 S_2 直接发出的。也就是说，虚像 S_1 和 S_2 相当于杨氏双缝干涉实验装置中的两个缝光源，因此只要计算出两虚像之间的距离以及虚像到观察屏的距离，就可以利用杨氏双缝干涉的公式来计算菲涅耳双镜干涉条纹的位置以及条纹间距。

2. 劳埃德镜

劳埃德镜实验的装置更简单。如图 6-11 所示，一个平面镜 M 水平放置，狭缝光源 S 到镜面的垂直距离很小，这使得光源 S 所发出的一部分光以接近 90° 的入射角向平面镜入射并被平面镜反射后到达观察屏，而光源 S 所发出的另一部分光不经过 M 直接到达观察屏。由于这两部分光来自同一波阵面的不同部分，因此它们是相干光，故在观察屏上就可以看到明暗相间的干涉条纹。又由于经过平面镜 M 反射的光可以认为是由光源 S 在平面镜中的虚像 S′ 直接发出的，因此可以把 S 和 S′ 当作两相干光源。

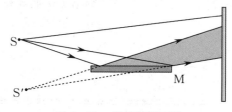

图 6-11　劳埃德镜实验

在劳埃德镜实验中，如果把观察屏向平面镜 M 靠近，直到观察屏与平面镜的边缘接触，这时在接触点观察到的是暗纹而不是明纹，这说明两相干光在接触点的相位是相反的。由于直射光和反射光到达接触点所经过的光程是相等的，而直射光的相位不会有变化，因此可以认为是反射光在反射点产生了数值为 π 的相位跃变（电磁理论的严格证明也是如此），这相当于反射光的光程减少或增加了半个波长，我们把这种现象称为半波损失。

因此，上述 S 和 S′ 是两个反相的相干光源，而杨氏双缝干涉实验中的双缝可以看作两个同相的相干光源，所以杨氏双缝干涉实验中的明纹对应劳埃德镜实验中的暗纹，而杨氏双缝干涉实验中的暗纹对应劳埃德镜实验中的明纹。

电磁理论可以证明，当光波从光疏介质（折射率较小的介质）向光密介质（折射率较大的介质)入射时,反射光需考虑半波损失,而折射光没有半波损失. 另外,如果光波是从光密介质向光疏介质入射,则无论是折射光还是反射光都不会产生半波损失. 有关半波损失的问题我们在后面的讨论中还会经常遇到.

6.3 薄膜干涉

薄膜干涉(thin-film interference)是一种分振幅法干涉. 人们在日常生活中经常会见到薄膜干涉现象,如阳光下五彩缤纷的肥皂泡,雨后马路边水面上油膜的彩色条纹,经过高温处理后金属表面所呈现的美丽的蓝色,这些都是薄膜干涉现象. 下面我们将用光程和光程差的概念来对该现象进行讨论.

6.3.1 薄膜干涉的原理

如图 6-12 所示,在折射率为 n_1 的各向同性介质中,有一折射率为 n_2 的厚度均匀的透明薄膜,其厚度为 d,在薄膜附近有一单色扩展光源 S 发出光线 a,以入射角 i 入射到薄膜上表面 A 点. 光线 a 中一部分经 A 点反射形成光线 a_1,另一部分折向薄膜下表面的 C 点,经 C 点反射到上表面 B 点,然后经折射形成光线 a_2. 显然,光线 a_1 和 a_2 平行,经过透镜 L 将会聚在观察屏上 P 点. 由于光线 a_1 和 a_2 都来自入射光 a,只是经历了不同的路径,因此有恒定的光程差,是相干光,在 P 点可以观察到干涉条纹,我们将这种干涉称为反射光的干涉. 同时,在 C 点还有一部分光经下表面折射形成光线 a_3,而薄膜内向 B 点反射的一部分光经薄膜上表面反射到达 E 点,再经薄膜下表面折射形成光线 a_4. a_3 和 a_4 也彼此平行,并且也是相干光,故经过透镜会聚后也可以产生干涉现象,我们将这种干涉称为透射光的干涉.

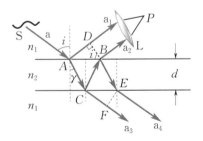

图 6-12 薄膜干涉光路图

现在我们先来计算光线 a_1 和 a_2 的光程差. 过 B 点作 a_1 的垂线,垂足为 D. 光线 a_1 和 a_2 在 B,D 之后为平行光,没有光程差,通过透镜到 P 点也没有光程差(透镜不产生附加光程差). 因此,光程差只可能产生在 A 点和 B,D 之间,显然有光程差

$$\delta' = n_2(AC + CB) - n_1 AD,$$

而 $AC = CB = \dfrac{d}{\cos \gamma}$,$AD = AB \sin i = 2d \tan \gamma \sin i$. 综上可得

$$\delta' = \frac{2d}{\cos \gamma}(n_2 - n_1 \sin \gamma \sin i).$$

根据折射定律,$n_1 \sin i = n_2 \sin \gamma$,有

$$\delta' = \frac{2d}{\cos \gamma} n_2 (1 - \sin^2 \gamma) = 2n_2 d \cos \gamma. \tag{6-23}$$

此外，还必须考虑在各反射点反射光是否存在半波损失，我们分两种情况简单讨论：

(1) 若 $n_1 < n_2$，则仅在 A 点的反射光 a_1 中存在半波损失，而光线 a_2 中不存在半波损失.

(2) 若 $n_1 > n_2$，则仅在 C 点的反射光中存在半波损失，即光线 a_2 中存在半波损失，而这时光线 a_1 中没有半波损失.

综合以上两点可以看出，不论两种介质的折射率大小如何，反射光线 a_1 和 a_2 中有且只有一束光线存在半波损失，因此在两光线的光程差中需要加上半个波长，即光线 a_1 和 a_2 的总光程差为

$$\delta = 2n_2 d\cos\gamma + \frac{\lambda}{2}. \qquad (6-24)$$

对上式应用折射定律可得

$$\delta = 2d\sqrt{n_2^2 - n_1^2\sin^2 i} + \frac{\lambda}{2}, \qquad (6-25)$$

于是薄膜干涉明、暗纹干涉条件为

$$\delta = 2d\sqrt{n_2^2 - n_1^2\sin^2 i} + \frac{\lambda}{2} = \begin{cases} k\lambda & (k=1,2,\cdots) & \text{相长干涉,} \\ (2k+1)\dfrac{\lambda}{2} & (k=0,1,2,\cdots) & \text{相消干涉.} \end{cases} \qquad (6-26)$$

特别地，当光线 a 垂直界面入射时，$i=0$，此时有

$$\delta = 2n_2 d + \frac{\lambda}{2} = \begin{cases} k\lambda & (k=1,2,\cdots) & \text{相长干涉,} \\ (2k+1)\dfrac{\lambda}{2} & (k=0,1,2,\cdots) & \text{相消干涉.} \end{cases} \qquad (6-27)$$

对于透射光 a_3 和 a_4，同理可以求得其光程差为

$$\delta_{透} = 2d\sqrt{n_2^2 - n_1^2\sin^2 i}. \qquad (6-28)$$

注意这时在透射光中不存在 $\frac{\lambda}{2}$ 的附加光程差，因此对于同一束入射光 a，当反射光的干涉为相长干涉时，透射光的干涉为相消干涉，这是符合能量守恒定律的.

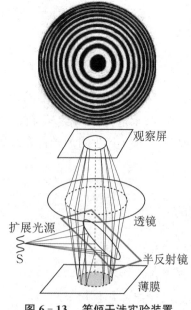

图 6-13　等倾干涉实验装置

在薄膜干涉中，如果上下两层是不同介质，当自上而下介质折射率递增（$n_1 < n_2 < n_3$）或递减（$n_1 > n_2 > n_3$）时，反射光的光程差中没有半波损失项，而透射光中需要加半波损失项；当中间层介质的折射率最大（$n_1 < n_2$，$n_2 > n_3$）或最小（$n_1 > n_2$，$n_2 < n_3$）时，反射光的光程差中存在半波损失项，而透射光中没有半波损失项. 关于这一结论读者可以自行验证.

式(6-26)还表明，扩展光源 S 上任一点发出的入射角 i 相同的光线，经薄膜上下两个表面反射后产生的两束相干光的光程差是相等的，形成同一级干涉条纹，即同一级干涉条纹对应的光线入射角相同，因此这种干涉称为等倾干涉，此时可以看到一组圆环状的等倾干涉条纹.

由于等倾干涉条纹定域在无限远处，因此实验中通常用透镜将反射光或透射光聚焦在观察屏上进行观察. 观察等倾干涉条纹的实验装置如图 6-13 所示，S 为扩展光源

(可增大干涉图样的明纹亮度),光线经与薄膜成 $45°$ 夹角的半反射镜,反射至薄膜上表面,从薄膜上下两个表面反射的平行相干光,通过半反射镜,由透镜会聚于观察屏.具有相同倾角的反射光,在观察屏上形成同一个圆形条纹,不同倾角的反射光就形成半径不同的同心圆形条纹.因此,等倾干涉图样是一组明暗相间、内疏外密的同心圆环.由式(6-26)可知,当薄膜厚度 d 一定时,入射角 i 越小,光程差 δ 越大,这说明越靠近干涉圆环中央(环半径越小)的条纹,对应入射光的入射角越小,其条纹的级次 k 越高.

例 6-3 空气中一肥皂膜水平放置,其厚度为 $0.4\ \mu m$,折射率为 1.33,如果用白光垂直照射,问肥皂膜的正面和反面各呈现什么颜色?

解 当白光垂直照射时,经肥皂膜上下表面反射的光的光程差为 $\delta_{\text{反}} = 2n_2 d + \dfrac{\lambda}{2}$,肥皂膜正面所呈现的颜色应为发生相长干涉的反射光的颜色,所以令

$$2n_2 d + \frac{\lambda}{2} = k\lambda \quad (k=1,2,\cdots),$$

解得

$$\lambda = \frac{4n_2 d}{2k-1} \quad (k=1,2,\cdots).$$

考虑到可见光的波长在 $400 \sim 760\ nm$ 之间,故令

$$400\ nm < \frac{4n_2 d}{2k-1} < 760\ nm,$$

解得 $1.9 < k < 3.16$,即 $k=2$ 或 3.对应发生相长干涉的光的波长分别为

$$\lambda_1 = \frac{4n_2 d}{3} \approx 709.3\ nm, \quad \lambda_2 = \frac{4n_2 d}{5} = 425.6\ nm,$$

其中波长为 λ_1 的光是可见光范围之内的红光,波长为 λ_2 的光是可见光范围之内的紫光,因此肥皂膜的正面呈现紫红色.

肥皂膜反面所呈现的应为发生相长干涉的透射光的颜色,令

$$\delta_{\text{透}} = 2n_2 d = k\lambda \quad (k=1,2,\cdots),$$

解得

$$\lambda = \frac{2n_2 d}{k} \quad (k=1,2,\cdots).$$

再令

$$400\ nm < \frac{2n_2 d}{k} < 760\ nm,$$

解得 $1.4 < k < 2.66$,即 $k=2$.对应发生相长干涉的光的波长为

$$\lambda_3 = \frac{2n_2 d}{2} = 532\ nm.$$

波长为 $532\ nm$ 的光是可见光范围之内的绿光,因此肥皂膜的反面呈现绿色.

6.3.2　薄膜干涉的应用

利用薄膜干涉可以测定薄膜的厚度、折射率以及入射光的波长等. 除此之外,还可以用来提高光学仪器的透射率或反射率. 我们把增加透射率的薄膜称为增透膜,把增加反射率的薄膜称为增反膜.

1. 增透膜

我们知道,入射光通过单个透镜表面时要产生反射,这会导致透射光的能量变少. 光正入射时,反射光强约占入射光强的 4%,因此损失的能量只占入射光能量的极少部分,但一般的光学仪器往往需要许多的透镜和透光元件. 例如,一架普通的单镜头反光式照相机有 6 个透镜,12 个反射面,此时最终透射光的能量约占入射光能量的 60%,而一架潜望镜的反光面更是多达 30 ~ 40 个,这种情况下光能的损失高达 70% ~ 80%,加上漫反射所产生的杂散光的干扰,图像变得既暗又模糊不清,会严重影响仪器的成像质量.

为了减少反射光,我们可以在透镜表面镀一层折射率小于光学玻璃折射率的透明薄膜,使入射光在薄膜的上下两个表面的反射光发生相消干涉,这样就可以减少反射光的能量,使透射光的能量增多,这就是增透膜的工作原理.

通常我们采用真空镀膜的方法,在透镜(光学玻璃的折射率为 1.50)的表面镀一层氟化镁(折射率为 1.38)透明薄膜,并设计合适的薄膜厚度,使入射光在氟化镁薄膜上下两个表面的反射光发生相消干涉,如图 6-14 所示. 由于人眼和感光胶片对白光中波长为 550 nm 的黄绿光是最敏感的,因此我们以该波长为例来计算薄膜的厚度.

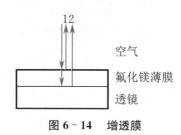

图 6-14　增透膜

当光线垂直入射时,两反射光的光程差为

$$\delta_{\text{反}} = 2n_2 d,$$

其中 n_2 和 d 分别为氟化镁薄膜的折射率和厚度. 由于光线 1,2 中都存在半波损失,因此上式中没有 $\frac{\lambda}{2}$ 的附加光程差.

根据相消干涉的条件,有

$$2n_2 d = (2k+1)\frac{\lambda}{2}, \quad k = 0,1,2,\cdots,$$

故氟化镁薄膜的厚度为

$$d = \frac{(2k+1)\lambda}{4n_2} = \frac{(2k+1)\times 550\times 10^{-9}}{4\times 1.38}\, \text{m} \approx (2k+1)\times 10^{-7}\, \text{m}.$$

取 $k=0$,得氟化镁薄膜的最小厚度为 100 nm. 这种厚度的薄膜只能减弱黄绿光的反射,而白光中的紫光和红光,因为不满足相消干涉的条件,所以仍然有较高的反射,因此镀有增透膜的照相机镜头在日光下通常呈蓝紫色或红色.

在薄膜光学中,通常把 $n_2 d$ 称为薄膜的光学厚度,因此增透膜的最小光学厚度应为 $\dfrac{\lambda}{4}$,而其他光学厚度则为最小光学厚度的奇数倍.理论计算表明,光学厚度越小,对邻近波长的光的反射率也会越小,为了同时减少薄膜对其他色光的反射,应采用比较薄的增透膜.

2. 增反膜

在有些实际应用中,我们需要光学元件的表面有很高的反射率.例如,氦氖激光器光学谐振腔中的反射镜,要求对波长为 $\lambda = 632.8\ \text{nm}$ 的激光的反射率在 99% 以上,为此我们可以采用镀增反膜的方法.通常我们是在光学元件表面上镀一层折射率比光学元件折射率大的透明介质薄膜,如在玻璃表面镀一层硫化锌(折射率为 2.35)透明薄膜,使波长为 632.8 nm 的激光在硫化锌薄膜上下两个表面的反射光发生相长干涉,则薄膜的厚度应当满足

$$2n_2 d + \frac{\lambda}{2} = k\lambda \quad (k = 1, 2, \cdots),$$

即

$$n_2 d = \frac{(2k-1)\lambda}{4} \quad (k = 1, 2, \cdots).$$

由此可得,增反膜的最小光学厚度也为 $\dfrac{\lambda}{4}$,而其他光学厚度为最小光学厚度的奇数倍.

为了进一步提高反射率,我们还可以采用多层镀膜的方法,即在玻璃基板上交替镀上增透膜和增反膜,如氟化镁薄膜和硫化锌薄膜,每层膜的光学厚度都为 $\dfrac{\lambda}{4}$,一般要镀 13 层或者 15 层,这样可以使反射率达到 99% 以上.航天员的头盔面罩就镀有对红外线具有高反射率的多层膜,以屏蔽太空中极强的红外线,防止其对航天员造成伤害.

6.4 劈尖干涉 牛顿环

上一节讨论的薄膜是厚度均匀的.下面我们来讨论光线入射在厚度不均匀的薄膜上所产生的干涉现象,此类干涉又称为**等厚干涉**,它也是分振幅干涉中的一种,这里主要讨论劈尖干涉和牛顿环这两种典型的等厚干涉情形.

6.4.1 劈尖干涉

如图 6-15(a)所示,两块平板玻璃左端紧密接触,右端夹一薄片使上玻璃板稍稍抬起,两玻璃板之间形成一个劈尖形状的空气薄层,称为空气劈尖.两玻璃板之间的夹角 θ 称为劈尖角,劈尖角通常很小,为 $10^{-5} \sim 10^{-4}\ \text{rad}$.

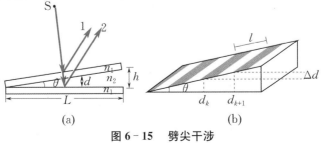

(a)   (b)

图 6-15 劈尖干涉

当平行单色光从上玻璃板入射时,在上玻璃板的下表面形成反射光线 1. 入射光的另一部分通过上玻璃板,在下玻璃板的上表面形成反射光线 2. 显然,两反射光是相干光,它们在上玻璃板上方相遇时可以产生干涉,因此可以用显微镜观察到明暗相间的干涉条纹,如图 6-15(b) 所示.

当平行单色光垂直入射时,在劈尖厚度为 d 处相干光 1,2 的光程差为

$$\delta = 2n_2 d + \frac{\lambda}{2}.$$

对于空气劈尖,有 $n_2 = 1$,因此可以得到明纹条件为

$$2d + \frac{\lambda}{2} = k\lambda \quad (k = 1, 2, \cdots), \tag{6-29}$$

暗纹条件为

$$2d + \frac{\lambda}{2} = (2k+1)\frac{\lambda}{2} \quad (k = 0, 1, 2, \cdots). \tag{6-30}$$

式(6-30)中 $k = 0$ 对应于两玻璃板相交处的棱边,此处虽然 $d = 0$,但是由于光线 2 在该处存在半波损失,两反射光发生相消干涉,因此棱边处为暗纹.

由式(6-29)和(6-30)可以看出,同级条纹所对应的劈尖厚度均相等. 也就是说,劈尖中所有厚度相等的点对应同一级干涉条纹,因此我们把劈尖干涉称为等厚干涉,劈尖干涉条纹称为等厚干涉条纹.

由式(6-29)可得两相邻明纹所对应的劈尖厚度差为

$$\Delta d = d_{k+1} - d_k = \frac{\lambda}{2}. \tag{6-31}$$

也就是说,相邻明纹所对应的劈尖厚度差为光在空气中波长的一半. 同理,相邻暗纹所对应的劈尖厚度差也为光在空气中波长的一半,因此劈尖干涉条纹沿棱边彼此平行,等间隔、明暗相间地排列着,如图 6-15(b) 所示.

由此还可以得到空气劈尖干涉中相邻明纹间距为

$$l = \frac{\Delta d}{\sin \theta} = \frac{\lambda}{2\sin \theta}. \tag{6-32}$$

考虑到 θ 很小,$\sin \theta \approx \theta$,故有

$$l = \frac{\lambda}{2\theta}. \tag{6-33}$$

可见,l 与 θ 成反比,劈尖角 θ 越大,条纹间距 l 越小,干涉条纹越稠密,甚至无法分辨,因此为了观察到比较清晰的干涉条纹,劈尖角必须很小才行. 例如,对于波长为 $\lambda = 550 \text{ nm}$ 的可见光发生的劈尖干涉,如果条纹间距为 1 mm,则要求劈尖角为 $\theta = \frac{\lambda}{2l} = 2.75 \times 10^{-4} \text{ rad}$.

如果上面讨论的劈尖中不是空气,而是折射率为 n 的其他透明介质,则式(6-31)和(6-33)分别为

$$\Delta d = d_{k+1} - d_k = \frac{\lambda}{2n}, \tag{6-34}$$

$$l = \frac{\lambda}{2n\theta}. \tag{6-35}$$

注意式(6-34)和(6-35)中的波长为真空中的波长而不是介质中的波长.

劈尖干涉在精密测量中有重要应用,它常用于测量细、薄物体的直径或厚度,物体长度的细小变化,以及检测工件表面的平整度等.此外,我们还可以根据劈尖干涉条纹的位置和形状的变化来精确测定一些与长度及其变化相关的物理量.

例 6-4 测量固体线膨胀系数的干涉膨胀仪如图 6-16 所示,AB 和 $A'B'$ 为平板玻璃,C 为线膨胀系数极小的空心石英圆柱体,W 为待测样品,其上表面与 AB 形成空气劈尖.温度为 t_0 时待测样品的高度为 l_0.以波长为 λ 的平行单色光垂直照射 AB,形成劈尖干涉.使 W 的温度缓慢上升,干涉条纹会向右边移动.在 W 的温度从 t_0 上升到 t 的过程中,观察到有 N 条明纹从某一刻度处经过,求待测样品的线膨胀系数.

解 由于石英的线膨胀系数极小,故石英圆柱体的膨胀可以忽略不计.每当有一条明纹向右经过该刻度时,说明该处两束反射光的光程差就减少一个波长,相应地,待测样品就"长高"半个波长,因此当有 N 条明纹通过该刻度时,W 的伸长量为

$$\Delta l = N \cdot \frac{\lambda}{2} = \frac{N\lambda}{2}.$$

根据线膨胀系数 β 的定义,有

$$\beta = \frac{\Delta l}{l_0(t - t_0)} = \frac{N\lambda}{2l_0(t - t_0)}.$$

图 6-16 干涉膨胀仪

6.4.2 牛顿环

将一曲率半径很大的平凸透镜 A 放在一平板玻璃 B 上,如图 6-17(a) 所示,则在透镜与平板玻璃之间形成了一个上表面为球面,下表面为平面的空气薄层.点光源 S 经透镜形成的平行光入射到与平板玻璃成 $45°$ 夹角的半反射镜上,经反射后向平凸透镜上表面垂直入射,入射光在空气薄层的上下两个表面产生反射,两束反射光能够产生干涉,因此在半反射镜的上方可以通过显微镜观察到以接触点 O 为中心的明暗相间的圆环形干涉条纹,称为**牛顿环**.如果所使用的入射光为白光,则可以观察到彩色的牛顿环,如图 6-18 所示.

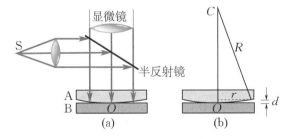

图 6-17 牛顿环实验装置

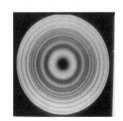

图 6-18 白光牛顿环照片

牛顿环也属于等厚干涉条纹.下面我们来计算牛顿环明环和暗环的半径.如图 6-17(b)所示,设半径为 r 的牛顿环处空气薄层的厚度为 d,则反射光的相干条件为

$$\delta = 2d + \frac{\lambda}{2} = \begin{cases} k\lambda & (k = 1, 2, \cdots) & \text{明环}, \\ (2k+1)\dfrac{\lambda}{2} & (k = 0, 1, 2, \cdots) & \text{暗环}. \end{cases} \tag{6-36}$$

由图 6-17(b) 可得

$$(R-d)^2 + r^2 = R^2,$$

即

$$r^2 = 2Rd - d^2.$$

因为 $R \gg d$，所以有

$$d = \frac{r^2}{2R}.$$

将上式代入式(6-36)，可得明、暗环的半径分别为

$$r = \begin{cases} \sqrt{\left(k-\dfrac{1}{2}\right)R\lambda} & (k=1,2,\cdots) \quad \text{明环,} \\ \sqrt{kR\lambda} & (k=0,1,2,\cdots) \quad \text{暗环.} \end{cases} \tag{6-37}$$

相邻两个暗环的半径差为

$$\Delta r = r_{k+1} - r_k = \sqrt{(k+1)R\lambda} - \sqrt{kR\lambda} = \frac{\sqrt{R\lambda}}{\sqrt{k+1}+\sqrt{k}}.$$

可见，随着暗环半径增大，级次 k 越来越大，而相邻暗环的半径差 Δr 越来越小，这说明条纹变得越来越密. 当暗环半径足够大时，条纹就变得无法分辨了.

这里需要说明的是，在平凸透镜和平板玻璃接触的 O 点处，$d=0$，而光程差为 $\delta = \dfrac{\lambda}{2}$，因此 O 点，即牛顿环的中心为一个暗斑，在实验中我们可以观察到这一现象（见图6-18），这再一次证明了当光波从光疏介质向光密介质入射时，反射光中存在半波损失.

当然，在图6-17(a) 中我们也可以把显微镜放置在平板玻璃B的下面，观察透射光所形成的牛顿环干涉图样，它与反射光所形成的牛顿环干涉图样是"互补"的，即上方明环处对应下方为暗环，上方暗环处对应下方为明环.

在实验室中，牛顿环常用来测定光波的波长或平凸透镜的曲率半径；在工业上，牛顿环则常用来检测透镜的加工质量.

例 6-5 用钠光灯作光源观察牛顿环时，测得某一级明环的半径为 r_k，从该处开始往外数第 5 级明环半径为 r_{k+5}，已知钠黄光波长为 λ，求所用平凸透镜的曲率半径 R.

解 由式(6-37) 可得

$$r_k^2 = \left(k-\frac{1}{2}\right)R\lambda, \quad r_{k+5}^2 = \left(k+5-\frac{1}{2}\right)R\lambda,$$

两式相减，得

$$r_{k+5}^2 - r_k^2 = 5R\lambda,$$

即平凸透镜的曲率半径为

$$R = \frac{r_{k+5}^2 - r_k^2}{5\lambda}.$$

6.5 迈克耳孙干涉仪

物理学家迈克耳孙和莫雷为了研究"以太风"问题,设计了一种精密的干涉装置,该装置可以通过分振幅法产生双光束干涉,这种装置就是后来著名的**迈克耳孙干涉仪**(Michelson interferometer).

我们已经知道,不论是等倾干涉还是等厚干涉,当两相干光的光程差有一微小变化,哪怕这种变化只有波长的几分之一,在视场中都会观察到干涉条纹的明显移动.迈克耳孙干涉仪就是利用这一原理制成的.

迈克耳孙干涉仪的光路如图 6-19 所示,图中 M_1 和 M_2 为两块平面反射镜,其中 M_2 是固定的,M_1 可以凭借一个精密螺杆在水平方向上前后移动.G_1 和 G_2 为两块厚度和折射率都相同的平面玻璃板,它们与 M_1 和 M_2 均成 45° 夹角且彼此平行地放置.背面镀有一层半反射膜的 G_1,称为分光板;表面没有镀膜的 G_2,称为补偿板.

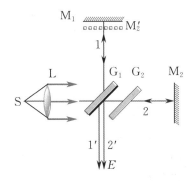

图 6-19 迈克耳孙干涉仪光路图

由透镜 L 出射的平行单色光在 G_1 的半反射膜上被分为光强几乎相等的两束,一束为反射光 1,另一束为透射光 2.反射光 1 垂直地射向 M_1,经 M_1 反射后沿原路返回,再透过半反射膜形成光线 1′;透射光 2 垂直地射向 M_2,经 M_2 反射后沿原路返回,再经半反射膜反射后形成光线 2′.显然,光线 1′ 和光线 2′ 是相干光,因此在 E 处可以观察到干涉条纹.G_2 是为了使光线 2 和光线 1 一样,都是三次穿过玻璃板,这样就可以避免由于两光线在玻璃板中的光程不等而引起额外的光程差.

根据反射镜的成像原理,M_2 在 G_1 反射镜面中的像为 M_2',图中的光线 2′ 可以看作由 M_2' 直接发出,因此相当于在 M_1 和 M_2' 之间构成了一个空气薄膜,光线 1′ 和光线 2′ 的干涉就可以看作空气薄膜上下两个表面反射光的干涉,这里又分为两种情况:

(1) 若 M_1 和 M_2 严格垂直,则 M_1 和 M_2' 严格平行,M_1 和 M_2' 之间形成一个厚度均匀的空气膜.此时,双光束的干涉相当于薄膜干涉,在 E 处将看到同心圆环状的等倾干涉条纹.

(2) 若 M_1 和 M_2 不垂直,则 M_1 和 M_2' 不平行,M_1 和 M_2' 之间形成一个空气劈尖.此时,双光束的干涉相当于劈尖干涉,在 E 处将看到平行直线状的等厚干涉条纹.

当我们移动 M_1 时,相当于改变了 M_1 和 M_2' 之间的厚度,厚度每改变 $\frac{\lambda}{2}$,便有一个条纹从视场 E 中移过,也就表明 M_1 移动的距离是 $\frac{\lambda}{2}$.在 M_1 移动的过程中,数出视场中条纹移过的数

目 N，就能计算出 M_1 移动的距离为

$$\Delta l = N \cdot \frac{\lambda}{2}. \tag{6-38}$$

迈克耳孙干涉仪中两束相干光在空间上是完全分开的，我们可以通过移动 M_1，或是在光路中加入其他介质的方法，很方便地改变两束光的光程差，这就使迈克耳孙干涉仪在科学技术和生产实践中具有很广泛的用途，如精密地测量长度、测定介质的折射率和光的波长、检查光学元件的质量等。迈克耳孙用镉红光作为光源，用他自己发明的干涉仪测量了巴黎计量局的标准米原尺的长度。他的这项工作为后来用光波波长作为长度单位的标准（现在已有新的定义方式）奠定了基础。

*6.6 时间相干性和空间相干性

6.6.1 时间相干性

在迈克耳孙干涉仪实验中，我们发现当 M_1 和 M_2' 之间的距离超过一定的限度后，就观察不到干涉现象了。这是为什么呢？

我们知道，原子发光的时间极短，即单个原子发射的是有限长度的波列。设在迈克耳孙干涉仪中，光源先后发出两个波列 a 和 b，每个波列又被分光板 G_1 分为两个波列，分别为 a_1，a_2 和 b_1，b_2。当两光线 1，2 的光程差不太大时，如图 6-20(a) 所示，则同一波列分离出来的两个波列 a_1 和 a_2 以及 b_1 和 b_2 在 E 处可以相遇并产生干涉。如果两光线的光程差相差太大，如图 6-20(b) 所示，则 a_1 和 a_2 以及 b_1 和 b_2 在 E 处不能相遇，相遇的是 b_1 和 a_2，由于它们来自不同波列，因此是非相干的，这时就观察不到干涉现象。这说明，要产生干涉，两束光的光程差不能超过波列的长度 L_c，我们把这一极限长度 L_c 称为该光源的相干长度。显然，两光束能够产生干涉的最大光程差 δ_m 应当等于波列长度 L_c，即 $\delta_m = L_c$，因此我们通常也把相干长度用 δ_m 表示。与相干长度对应的还有相干时间 τ，它等于光波通过相干长度这段光程所需要的时间，即

$$\tau = \frac{L_c}{c}. \tag{6-39}$$

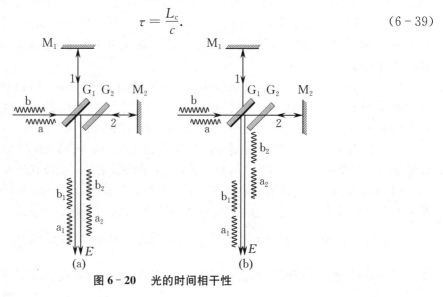

图 6-20 光的时间相干性

相干时间意味着两相干波列先后到达某处能产生干涉的时间差的上限,我们将这类相干性称为时间相干性. 光源的时间相干性可以用相干长度或相干时间来描述,相干长度或相干时间越大,则光源的时间相干性越好,该光源产生的干涉图样就越清晰. 普通的单色光源,如低压汞灯、钠光灯等,其相干长度一般为几毫米到几十厘米,而激光光源的相干长度可以达到几百米甚至几千米.

时间相干性与光源的单色性有着紧密的联系. 实际单色光源通常所发出的并不是只有单一波长的理想单色光,而是有一定波长范围和频率范围的准单色光. 如图 6-21 所示,这是一个普通光源所发出的准单色光的谱线强度随波长变化的曲线,通常把光强下降到 $I_0/2$ 所对应的波长范围称为该谱线的宽度,用 $\Delta\lambda$ 表示,在谱线宽度内最小波长为 $\lambda-\Delta\lambda/2$,最大波长为 $\lambda+\Delta\lambda/2$. 显然,谱线宽度越小,谱线越尖锐,光源的单色性就越好. 普通单色光源的谱线宽度的数量级为 $10^{-12} \sim 10^{-9}$ m,而激光的谱线宽度大约只有 10^{-18} m.

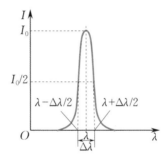

图 6-21 谱线及其宽度

用准单色光入射干涉装置之后,每一种波长成分都会产生自己的一套干涉条纹,除了零级干涉条纹外,不同波长成分的其他同级次的明、暗纹在位置上略有差异. 图 6-22 显示的是波长在 $\lambda-\Delta\lambda/2$ 到 $\lambda+\Delta\lambda/2$ 之间的所有光波干涉光强的分布曲线,我们实际所看到的干涉条纹应该是各波长成分的干涉条纹的非相干叠加. 由图 6-22 可见,干涉条纹叠加之后,在 $x=0$ 附近的明、暗条纹的光强差别较大,条纹宽度较小,条纹比较清晰,随着 x 的增加,明、暗条纹的光强差别逐渐减小而条纹宽度逐渐增加. 也就是说,随着光程差的增大,条纹变得越来越不清晰且宽度越来越大. 当光程差达到一定限度时,明、暗条纹消失,这就是难以看到清晰的高级次干涉条纹的原因. 对于谱线宽度为 $\Delta\lambda$ 的准单色光,干涉条纹消失的位置应当是波长为 $\lambda+\Delta\lambda/2$ 的光的第 k 级明纹与波长为 $\lambda-\Delta\lambda/2$ 的光的第 $k+1$ 级明纹相重叠的位置,如图 6-22 中的 A 点所示.

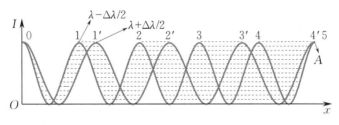

图 6-22 干涉条纹的叠加

由于两种波长成分在 A 点处具有相同的光程差,此即为能观察到干涉条纹所满足的最大光程差 δ_m,显然有

$$\delta_{\mathrm{m}} = k\left(\lambda + \frac{\Delta\lambda}{2}\right) = (k+1)\left(\lambda - \frac{\Delta\lambda}{2}\right),$$

解得

$$k\Delta\lambda = \lambda - \frac{\Delta\lambda}{2}.$$

因 $\Delta\lambda \ll \lambda$，故有

$$k = \frac{\lambda}{\Delta\lambda}. \tag{6-40}$$

由此可得最大光程差

$$\delta_{\mathrm{m}} = k\left(\lambda + \frac{\Delta\lambda}{2}\right) = \frac{\lambda}{\Delta\lambda}\left(\lambda + \frac{\Delta\lambda}{2}\right) = \frac{\lambda^2}{\Delta\lambda} + \frac{\lambda}{2} \approx \frac{\lambda^2}{\Delta\lambda}. \tag{6-41}$$

式(6-41)表明，光的单色性越好，即 $\Delta\lambda$ 越小，则最大光程差越大，能够观察到干涉条纹的级次就越高，条纹越清晰，这就是光源的单色性对干涉条纹的影响.

对准单色光进行傅里叶积分变换，在频域中我们可以证明其谱线的频率宽度 $\Delta\nu$ 与波列的持续时间 τ 之间的关系为 $\Delta\nu = 1/\tau$，其中 τ 为该光波的相干时间. 由式(6-39)可知相干长度为

$$L_{\mathrm{c}} = c\tau = \frac{c}{\Delta\nu},$$

再由波长和频率的关系 $\nu = c/\lambda$，两边求增量的大小，有 $\Delta\nu = c\Delta\lambda/\lambda^2$，代入上式，可得

$$L_{\mathrm{c}} = \frac{\lambda^2}{\Delta\lambda}. \tag{6-42}$$

式(6-42)表明，相干长度与准单色光的谱线宽度成反比，谱线宽度越小，光源的单色性越好，则所发出的波列就越长，光源的时间相干性就越好.

将式(6-42)与(6-41)比较可知，相干长度应等于能产生干涉条纹的最大光程差. 也就是说，波列的长度 L_{c} 至少要等于最大光程差 δ_{m}，才能观察到 $\lambda/\Delta\lambda$ 级次以下的干涉条纹.

6.6.2　空间相干性

实际的光源都不是理想的线光源，都具有一定的宽度，这对条纹的清晰度也有很大的影响. 例如，在杨氏双缝干涉实验中，如图6-23所示，将缝光源S的宽度 a 逐渐增大，我们会发现观察屏上的干涉条纹会逐渐变模糊，直至最后完全消失. 为什么会有这种现象呢？下面我们就以双缝干涉为例，对这一问题进行简要的分析.

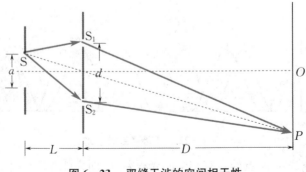

图 6-23　双缝干涉的空间相干性

在图 6-23 中,缝光源 S 可以看作由许多非相干的线光源(方向为缝的长度方向)所组成,这些线光源相互平行,沿缝的长度方向依次排列,每一个线光源所发出的光通过双缝都能形成一组干涉条纹.由于各线光源的位置不同,因此在观察屏上形成的同级次条纹的位置也不相同.我们在观察屏上实际所看到的是各线光源产生的干涉条纹的非相干叠加,其结果使得明、暗条纹的光强差别变小,条纹变得模糊不清.例如,从光源中心点处发出的光线,经过双缝在观察屏中央 O 点处产生中央明纹,而在光源中心点上方的线光源所产生的中央明纹应该在观察屏上 O 点的下方.若最上面的线光源所产生的中央明纹刚好在中间线光源所产生的第 1 级暗纹 P 处,并且不同的线光源所产生的干涉条纹的间隔相同,则这就意味着最上面的线光源所产生的一组干涉条纹整体相对于中间线光源所产生的干涉条纹向下移动了半个明纹间隔,此时最上面的线光源的明纹占据了中间线光源的暗纹所在的位置.同理,最下面的线光源所产生的干涉条纹也将整体地向上移动半个明纹间隔,其明纹也刚好位于中间线光源的暗纹处,因此观察屏上的光强经过叠加之后将趋于均匀分布,也就不再出现干涉现象.我们可以把此时缝光源的宽度看作能够产生干涉条纹的光源的极限宽度.由图 6-23 中的几何关系,显然有

$$\frac{OP}{D} = \frac{a/2}{L},$$

其中 OP 为双缝干涉第 1 级暗纹到 O 点的距离.由式(6-21)有 $OP = \frac{D\lambda}{2d}$,故有

$$a = \frac{L\lambda}{d}. \tag{6-43}$$

式(6-43)表明,要观察到干涉条纹,光源的宽度必须小于 $L\lambda/d$.我们将式(6-43)所限定的宽度称为光源的极限宽度,光源宽度必须小于极限宽度才能够产生干涉现象,这就是光源的空间相干性.我们可大致估算出此极限宽度的数量级为 $a \sim \frac{10^0 \times 10^{-7}}{10^{-3}}$ m $= 10^{-4}$ m.在杨氏双缝干涉实验中要求 S 为一很窄的狭缝光源,就是为了提高干涉条纹的清晰度.

6.7 光的衍射现象 惠更斯-菲涅耳原理

6.7.1 光的衍射现象及其分类

光波在传播过程中不仅可以产生干涉,还能产生衍射.我们把光经过障碍物时,能绕过障碍物传播的现象,称为光的衍射(diffraction).

通常,只有障碍物的尺寸与波长接近时,才会发生明显的衍射现象.由于光波的波长要比普通障碍物的尺寸小得多,因此人们在日常生活中所见的光波一般是沿直线传播,看不到明显的衍射现象.在实验室观察光的衍射现象的装置如图 6-24 所示,让一束平行单色光通过狭缝 A,在缝后的观察屏上形成光斑.当缝宽比波长大得多时,观察屏上光斑的大小、形状和狭缝完全一致,如图 6-24(a)所示,这表明光沿直线传播,遵循几何光学的规律.若缩小缝宽直到其与波长接近,则观察屏上的光斑范围反而变大,并且出现明暗相间的衍射条纹,如图 6-24(b)所示,这说明光能绕过狭缝的边缘向其他方向传播,这就是光的衍射现象.

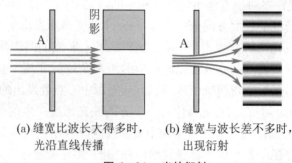

(a) 缝宽比波长大得多时，
光沿直线传播

(b) 缝宽与波长差不多时，
出现衍射

图 6‑24　光的衍射

观察光的衍射现象的实验装置主要包括三个部分：光源、衍射屏（衍射物）和观察屏。按照这三者之间的位置的不同，可以把光的衍射分为两大类：一类是光源和观察屏，或者两者之一到衍射屏的距离为有限远，这类衍射称为菲涅耳衍射（Fresnel diffraction），如图 6‑25(a) 所示；另一类是光源和观察屏到衍射屏的距离都为无穷远，如图 6‑25(b) 所示，这相当于入射光和衍射光都为平行光，这类衍射称为夫琅禾费衍射（Fraunhofer diffraction）。在实验室中，我们可以通过在衍射屏前后放置两个聚焦透镜来实现夫琅禾费衍射，如图 6‑25(c) 所示。

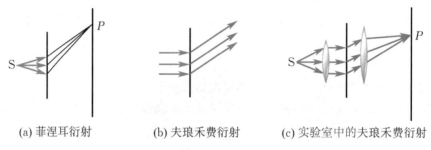

(a) 菲涅耳衍射

(b) 夫琅禾费衍射

(c) 实验室中的夫琅禾费衍射

图 6‑25　菲涅耳衍射与夫琅禾费衍射

6.7.2　惠更斯‑菲涅耳原理

在第 5 章关于机械波的讨论中，我们介绍了惠更斯原理，该原理同样也适用于光波。惠更斯原理指出：光在传播过程中任一波阵面上的各点都可以看作子波源，这些子波源发出子波，在下一时刻所有子波的包络面就是该时刻光波新的波阵面。

运用惠更斯原理通过作图的方法可以确定下一时刻波阵面的形状以及波的传播方向，但是惠更斯原理不能确定下一时刻波阵面上各点的振幅大小，因此也就无法解释衍射后形成明暗条纹分布的现象。

菲涅耳在研究了光的干涉问题后，用光的干涉理论对惠更斯原理进行了补充，他指出：波阵面上的各子波源所发出的子波之间能够产生干涉叠加，而空间任一点 P 处的光振动是该波阵面上所有子波源发出子波在该点的相干叠加，这就是惠更斯‑菲涅耳原理（Huygens‑Fresnel principle）。

运用惠更斯‑菲涅耳原理原则上可以定量地计算并解释光通过各种衍射物时所产生的衍射现象，但是对于一般的衍射问题，特别是菲涅耳衍射，求衍射光强的积分计算十分复杂，大多情况下得不到解析解。而对于夫琅禾费衍射，当衍射物为简单几何形状，且具有某种对称性（如狭缝等）时，我们可以用半波带法或振幅矢量叠加法来处理，这样就避免了复杂的数学计算，同时也使得物理图像更加清晰直观.下面我们就狭缝的夫琅禾费衍射展开讨论.

6.8 单缝夫琅禾费衍射

6.8.1 单缝夫琅禾费衍射实验装置

如图 6-26 所示,线光源 S 位于透镜 L_1 的主焦面上,因此从 L_1 出来的是一束平行光,这束平行光垂直地照射在带有单狭缝的衍射屏 K 上,一部分光穿过单缝,再经过透镜 L_2 会聚,在 L_2 的焦面上就可以观察到明暗相间的平行直衍射条纹.

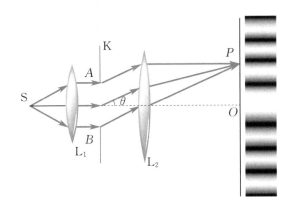

图 6-26 单缝夫琅禾费衍射实验装置

由于是平行光垂直入射,因此单缝 AB 处于入射波的波阵面上,该波阵面上各子波源向各个方向发射的子波称为衍射光,衍射光与衍射屏法线的夹角 θ 称为衍射角.衍射角都为 θ 的各子波线相互平行,经过透镜 L_2 后将在观察屏上 P 点会聚,产生相干叠加,P 点的光强就取决于该组平行光中各光线到达 P 点的光程差.

6.8.2 菲涅耳半波带法

下面我们用菲涅耳半波带法来分析观察屏上的明纹和暗纹位置.

如图 6-27(a) 所示,设单缝的宽度为 a,一束平行光向单缝 AB 垂直入射,对于衍射角为 θ 的一组衍射光,各条光线到达观察屏上 P 点的光程是不相同的.过 A 点作该组光线的垂线,与最下边的一条光线相交于 C 点,显然上下边缘两条光线之间的光程差为 $BC = a\sin\theta$,这也是该组衍射光各光线之间的最大光程差,记为

$$\delta = BC = a\sin\theta. \tag{6-44}$$

菲涅耳提出,可以将最大光程差 BC 分成长为 $\lambda/2$ 的若干等份,从 C 点开始,过每一个等分点作与衍射光垂直的平面,则这一系列彼此平行等间隔的平面就将单缝所在处的 AB 波面分割为若干宽度相等的窄带,称为半波带,如图 6-27(b) 所示.相邻半波带对应位置(如两相邻半波带的最上端)上的两个子波源所发出的衍射光,到达 AC 波面的光程差均为半波长 $\lambda/2$,而在 AC 之后各衍射光之间没有光程差.此外,由于各半波带面积相等,因此各半波带所发出的衍射光强也相同,即两个相邻的半波带在观察屏上 P 点所引起的光振动产生相消干涉.

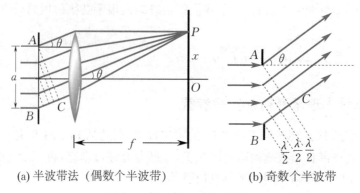

(a) 半波带法（偶数个半波带）　　　(b) 奇数个半波带

图 6-27　菲涅耳半波带法

观察屏上 P 点处总的衍射光强取决于 AB 波面上划分的半波带的数目. 我们分以下几种情况讨论：

（1）对于某一衍射角 θ，若最大光程差 BC 恰好等于半波长的 $2k+1$ 倍，则 AB 波面同时也被分为 $2k+1$ 个半波带（奇数个半波带），如图 6-27（b）所示. 前 $2k$ 个半波带的衍射光两两产生相消干涉，最后还剩一个半波带发出的衍射光未被抵消，这个半波带所发出的衍射光将直接到达观察屏，形成明纹，因此观察屏上 P 点处出现明纹的条件为

$$a\sin\theta = \pm(2k+1)\frac{\lambda}{2} \quad (k=1,2,\cdots). \tag{6-45}$$

（2）对于某一衍射角 θ，若最大光程差 BC 恰好等于半波长的 $2k$ 倍，则 AB 波面同时也被分为 $2k$ 个半波带（偶数个半波带），如图 6-27（a）所示. 所有半波带两两产生相消干涉，P 点处形成暗纹，因此观察屏上 P 点处出现暗纹的条件为

$$a\sin\theta = \pm 2k\frac{\lambda}{2} = \pm k\lambda \quad (k=1,2,\cdots). \tag{6-46}$$

（3）当 $\theta=0$ 时，所有衍射角为零的衍射光到达观察屏中央的 O 点，各衍射光线之间无光程差，产生相长干涉，因此该处为明纹，称为中央明纹，O 点即为中央明纹的中心.

（4）对于某一衍射角 θ，若 AB 波面不能被分为整数等份，则观察屏上 P 点处的光强介于明、暗条纹之间.

以上即为菲涅耳半波带法处理单缝夫琅禾费衍射的一般思路.

式（6-45）表明，第 k 级明纹对应半波带的个数为 $2k+1$，显然明纹级次越高，对应半波带个数就越多，每一个半波带的面积就越小，到达观察屏的光强就越小. 因此，单缝衍射条纹的亮度是逐级递减的，中央明纹最亮，随着条纹级次的增大，条纹中心的光强迅速减弱，这也是单缝衍射条纹和双缝干涉条纹的重要区别之一（杨氏双缝干涉中各级明纹光强是相等的）.

6.8.3　单缝夫琅禾费衍射的条纹分布

1. 条纹坐标

下面我们来计算观察屏上明、暗条纹的坐标. 如图 6-27（a）所示，P 点的坐标为

$$x = f\tan\theta,$$

其中 f 为透镜的焦距. 通常衍射角 θ 很小，有近似表达式 $\tan\theta \approx \sin\theta \approx \theta$. 由式（6-45）和（6-46）可得明纹中心坐标为

$$x = \pm (2k+1)\frac{f\lambda}{2a} \quad (k=1,2,\cdots),\tag{6-47}$$

暗纹中心坐标为

$$x = \pm k\frac{f\lambda}{a} \quad (k=1,2,\cdots).\tag{6-48}$$

式(6-47)和(6-48)中 $k=1,2,\cdots$ 对应衍射的第1级明(暗)纹、第2级明(暗)纹……

2. 条纹宽度

$x=0$ 处为中央明纹的中心. 我们把与中央明纹相邻的两个第1级暗纹中心之间的距离定义为中央明纹的宽度. 在式(6-48)中,取 $k=1$,则得中央明纹宽度为

$$\Delta l_0 = \frac{2\lambda f}{a}.\tag{6-49}$$

中央明纹宽度也可以用角度表示,即两个第1级暗纹对透镜中心的张角

$$2\theta_1 = \frac{2\lambda}{a},\tag{6-50}$$

其中 $2\theta_1$ 称为中央明纹的角宽度,θ_1 称为中央明纹的半角宽度.

其他明纹的宽度也可定义为与之相邻的两个暗纹中心之间的距离. 根据第 $k+1$ 级和第 k 级暗纹中心坐标,可得第 k 级明纹的宽度为

$$\Delta l_k = x_{k+1} - x_k = \frac{\lambda f}{a}.\tag{6-51}$$

式(6-51)表明,其他各级明纹为等间隔分布,而中央明纹的宽度是其他明纹宽度的两倍,如图6-26所示.

3. 白光入射时的衍射条纹

当白光垂直入射时,由式(6-45)可知,对于同级次衍射条纹,波长越大,衍射角越大. 因此,当用白光入射时,除了在中央明纹区形成白色条纹之外,在两侧将出现一系列由紫到红的彩色条纹,称为衍射光谱. 随着衍射条纹级次的增大,这些彩色条纹之间会产生重叠. 因此,白光单缝衍射仅能看清较低级次的衍射条纹,更高级次衍射条纹由于光谱重叠而无法看清.

4. 缝宽对衍射条纹的影响

由式(6-45)和(6-46)可知,对于波长一定的单色光,当缝宽 a 变小时,相应各级次衍射条纹的衍射角增大,衍射现象变得显著;当缝宽 a 增大时,各级次衍射条纹的衍射角和条纹间距变小,衍射条纹逐渐向中央明纹聚集,以至不能分辨,衍射现象变得不明显. 当 $a\gg\lambda$ 时,各级次衍射条纹在中央明纹附近重叠,形成一个单一的亮带,即单缝经透镜成的像,此时可认为光沿直线传播,遵循几何光学的规律. 由此可见,几何光学是波动光学在 $a\gg\lambda$ 时的极限情形.

例6-6 白光垂直入射一单缝,求衍射光谱中不发生重叠的明纹最高级次.

解 白光中的最小波长为 $\lambda_1=400\text{ nm}$,最大波长为 $\lambda_2=760\text{ nm}$.设两者在波长为 λ_2 的光的第 k 级明纹(对应波长为 λ_1 的光的第 $k+1$ 级明纹)处发生重叠,由明纹条件式(6-45),对波长分别为 λ_1 和 λ_2 的单色光,分别有

$$a\sin\theta = \pm[2(k+1)+1]\frac{\lambda_1}{2}, \quad a\sin\theta = \pm(2k+1)\frac{\lambda_2}{2}.$$

两式联立可得

$$[2(k+1)+1]\lambda_1 = (2k+1)\lambda_2.$$

代入数据，可解得 $k = 0.61$. 这表明，只有中央明纹光谱没有发生重叠，从第 1 级开始就有部分重叠了.

？ 思考题

1. 当入射光由垂直入射变为斜入射时，单缝衍射条纹有何变化？
2. 图 6 - 26 中将单缝略微上移，单缝衍射条纹有何变化？
3. 图 6 - 26 中将透镜 L_2 略微上移，单缝衍射条纹有何变化？

■ 6.9 光栅衍射

6.9.1 衍射光栅

由大量等宽度、等间隔的平行狭缝所组成的光学元件称为衍射光栅(diffraction grating). 在一块平玻璃板上刻上一系列的等宽度、等间隔的平行凹槽，如图 6 - 28(a) 所示，凹槽处因为漫反射而不透光，未刻处相当于透光的缝，这样就构成了一个透射光栅. 光栅中每条凹槽的宽度为 b，透光缝的宽度为 a，我们把这两部分宽度之和 $a+b$ 称为该光栅的光栅常量(grating constant)，记为 d，即 $d = a+b$. 另外，还有一种光栅是在很平整的不透光材料(如金属)表面刻出一系列等间隔的平行刻槽，入射光将在这些刻槽处发生反射，这种光栅称为反射光栅，如图 6 - 28(b) 所示.

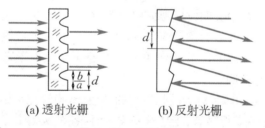

(a) 透射光栅   (b) 反射光栅

图 6 - 28   衍射光栅

光栅常量很小，通常在微米量级，因此每厘米光栅上刻有几千条甚至上万条刻痕. 例如，每厘米长度上刻有 5 000 条刻痕的光栅，其光栅常量为

$$d = \frac{10^{-2}}{5\,000} \text{ m} = 2 \times 10^{-6} \text{ m},$$

由此可见，衍射光栅是一种非常精密的光学元件. 原刻光栅是非常稀少且昂贵的，我们在实验室所使用的光栅大都是原刻光栅的复制品.

6.9.2 光栅衍射条纹

如图 6 - 29 所示，平行单色光垂直照射在透射光栅上，一部分光透过光栅经透镜会聚在位于透镜焦面上的观察屏上，此时在观察屏上我们可以看到一系列相互平行、又细又亮的光栅衍射条纹，这与单缝衍射图样(见图 6 - 26)有很大的区别. 为什么光栅衍射和单缝衍射图样有这么大的差异呢？这是因为在光栅衍射中，每一条狭缝都产生衍射光，如果有 N 条狭缝，则一共有 N 个单缝衍射图样，由于缝宽相同，因此它们的形状相同，又根据透镜傍轴成像原理可知，这 N 个单缝衍射图样的位置也完全一样. 如果这 N 束衍射光是不相干的，那么在观察屏上呈现的仍然是单缝衍射图样，只是各处的光强都增加了. 但是，由惠更斯-菲涅耳原理可知，这 N 束衍射光是相干光，观察屏上 P 点处的光强应该是这 N 束衍射光干涉叠加的结果. 由于各缝衍射角都为 θ 的衍射光到达观察屏上 P 点经过的光程是不同的，因此在单缝衍射极大的区域内有些地方各衍射光产生相长干涉，有些地方产生相消干涉，从而分裂出若干等宽度、等间隔、明暗相间的干涉条纹，形成与单缝衍射图样完全不同的光强分布图样. 由此可见，在讨论光栅衍射时，既要考虑单缝的衍射作用，也要考虑各缝间的多光束干涉作用.

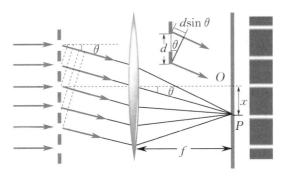

图 6-29   光栅衍射光路图

1. 光栅方程

我们先来讨论多光束干涉的影响. 如图 6-29 所示，衍射角均为 θ 的一组衍射光经过透镜会聚到观察屏上的 P 点，任意相邻两缝衍射光到达 P 点时的光程差为 $d\sin\theta$，若此光程差等于波长的整数倍，则任意两缝出来的衍射光之间的光程差也应该是波长的整数倍，这说明各衍射光在 P 点引起的光振动是同相位的，P 点处的光振动产生相长干涉，形成明纹. 因此，光栅衍射的明纹应该满足条件

$$d\sin\theta = \pm k\lambda \quad (k=0,1,2,\cdots). \tag{6-52}$$

式(6-52) 称为光栅方程，它是研究光栅衍射的基本公式之一.

满足光栅方程的明纹称为光栅衍射的主极大，k 称为主极大的级次. 满足 $k=0$ 的条纹称为中央明纹，满足 $k=1,2,\cdots$ 的条纹相应称为第1级主极大、第2级主极大…… 式(6-52) 中正负号表示主极大对称地分布于中央明纹两边. 另外，由 $\sin\theta \leqslant 1$ 可知，主极大的最高级次为小于 d/λ 的整数.

若光栅有 N 条狭缝，则衍射角满足式(6-52) 的 N 束衍射光到达 P 点时是同相位的，P 点处的合振动等于来自一条缝光振动的 N 倍，光强等于来自一条缝光强的 N^2 倍. 可见，光栅的缝数越多，条纹越明亮.

当入射光以 β 角斜入射时，如图 6-30 所示，到达相邻两缝的入射光有光程差 $d\sin\beta$，再考虑到衍射光的光程差 $d\sin\theta$，此时的光栅方程为

$$d(\sin\theta + \sin\beta) = \pm k\lambda \quad (k=0,1,2,\cdots). \tag{6-53}$$

式(6-53) 中的角度 θ,β 的符号有如下规定：当夹角在光栅平面法线的上方时，取正号；当夹角在光栅平面法线的下方时，取负号.

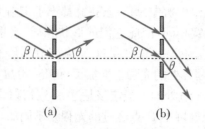

图 6-30　光栅斜入射情形

*2.暗纹和次极大

在光栅衍射的两个相邻主极大之间,当衍射角不满足光栅方程时,这 N 束衍射光的相位就不再相同,于是在它们干涉叠加后合振动为零的地方就形成暗纹.下面我们用振幅矢量叠加法来计算这些暗纹的位置.

设每条缝所发出衍射角为 θ 的衍射光振幅矢量分别为 $\mathbf{A}_1,\mathbf{A}_2,\cdots,\mathbf{A}_N$,则 P 点处合振动的振幅矢量 $\mathbf{A}$ 应该是这 N 个振幅矢量的和.由矢量合成的多边形法则,将各振幅矢量首尾依次相连,则合振幅矢量 $\mathbf{A}$ 为从 $\mathbf{A}_1$ 的头指向 $\mathbf{A}_N$ 的尾的有向线段,如图 6-31 所示.因各缝的宽度相同,故各振幅矢量的模相等,又由于相邻两衍射光的光程差为 $d\sin\theta$,因此对应的相位差为

$$\Delta\varphi = \frac{2\pi}{\lambda}d\sin\theta. \tag{6-54}$$

显然,$\Delta\varphi$ 就是各振幅矢量之间的夹角.

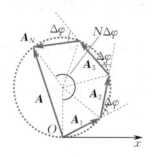

图 6-31　N 个振幅矢量的叠加

若 $\mathbf{A}=\mathbf{0}$,则 P 点处的光强为零,形成暗纹,此时这 N 个矢量构成一个或多个封闭的正多边形,由此可得形成暗纹的条件为

$$N\Delta\varphi = \pm m \cdot 2\pi \quad (m \text{ 为不等于 } N \text{ 的整数倍的正整数}).$$

结合式(6-54)可将暗纹条件改写为

$$d\sin\theta = \pm\frac{m}{N}\lambda, \tag{6-55}$$

其中

$$m = 1,2,\cdots,(N-1),(N+1),(N+2),\cdots,(2N-1),(2N+1),(2N+2),\cdots.$$

由式(6-52)可知,当 m 为 N 的整数倍时,对应条纹中的主极大.显然,在两个相邻主极大之间都有 $N-1$ 个暗纹.

在相邻两个暗纹之间还存在光强不为零的地方,这相当于图 6-31 中 N 个振幅矢量没有形成闭合正多边形的情况,合振幅矢量不为零.我们把两个暗纹之间合振幅极大的地方称为光

栅衍射的次极大. 显然,两个相邻主极大之间应该有 $N-2$ 个次极大. 次极大的光强很小,通常用肉眼无法分辨,相邻两个主极大之间在视觉上形成一片暗的背景.

3. 单缝衍射的影响

下面我们再来讨论单缝衍射对光栅光谱的影响. 事实上,衍射角不同的单缝衍射光,其光强是不同的,光栅衍射的主极大是不同强度的衍射光的干涉叠加. 当衍射角较小时,单缝衍射光强较大,由此产生的多光束干涉主极大光强也较大,随着衍射角的增大,若单缝衍射光强变小,则由此产生的多光束干涉主极大光强也会变小. 这就是说,光栅衍射相当于多个衍射光的干涉,而多光束干涉的明纹必须经过单缝衍射光强的调制后,才形成光栅衍射实际的主极大.

图 6-32 所示为一个缝数 $N=4$,光栅常量 $d=4a$ 的光栅衍射光强分布. 图 6-32(a) 为每一个单缝衍射的光强分布,图 6-32(b) 为 4 光束干涉的光强分布,图 6-32(c) 为经过单缝衍射光强调制后的 4 光束干涉的光强分布,也就是我们实际所见到的光栅衍射光强分布. 可以看出,在单缝衍射中央明纹范围内有光栅衍射的 7 个主极大,两个相邻主极大之间有 3 个暗纹和 2 个次极大.

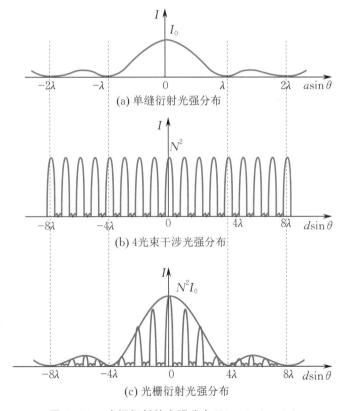

(a) 单缝衍射光强分布

(b) 4光束干涉光强分布

(c) 光栅衍射光强分布

图 6-32   光栅衍射的光强分布 $(N=4, d=4a)$

值得注意的是,图 6-32(c) 中光栅衍射的第 4 级主极大不存在,这是为什么呢? 下面我们来分析一下.

第 4 级主极大应当满足光栅方程 $d\sin\theta=4\lambda$,由于 $d=4a$,因此有 $a\sin\theta=\lambda$. 这正好为单缝衍射第 1 级暗纹所满足的条件,故在该衍射角方向上衍射光强等于零,所以最终这 4 条衍射光束的相长干涉所形成的主极大实际上是不存在的.

一般地，若在多光束干涉极大的方向上同时满足单缝衍射极小，则该方向的主极大就会缺失，这一现象称为缺级. 显然，缺级时必须同时满足

$$\begin{cases} d\sin\theta = k\lambda & \text{(缝间干涉极大)}, \\ a\sin\theta = k'\lambda & \text{(单缝衍射极小)}. \end{cases}$$

其中所缺失的主极大级次 k 和单缝衍射暗纹级次 k' 之间有

$$k = \frac{d}{a}k' \quad (k' = \pm 1, \pm 2, \cdots). \tag{6-56}$$

例如，当 $d = 4a$ 时，$k = 4k' = \pm 4, \pm 8, \cdots$，这说明级次为 4 的倍数的这些主极大都缺失了.

6.9.3　光栅光谱

由光栅方程可知，对于给定光栅常量的衍射光栅，除中央明纹外，不同波长的同级衍射主极大的位置是不同的，波长越小，衍射角就越小，条纹就越靠近中央. 若入射光是具有连续谱的复合光，则同一级条纹将形成按波长排列的彩色光带，紫光靠近中央，红光在最远端，称为光栅光谱. 在较高的级次处，相邻的衍射光谱线会发生重叠，级次越高，重叠越严重. 各种元素和它们的化合物都有自己特定的光谱线，测定光谱中各谱线的波长和相对强度，就可以确定该物质的成分及其含量，我们把这种分析物质成分的方法叫作光谱分析，它在科学研究和工程技术中都有广泛的应用.

例 6-7　波长为 600 nm 的单色光垂直入射到光栅上，测得第 3 级主极大的衍射角为 $30°$，且第 1 个缺级出现在第 4 级主极大上. 求：(1) 光栅常量 d；(2) 透光缝宽度 a；(3) 观察屏上出现的谱线数目.

解　(1) 由光栅方程 $d\sin\theta = k\lambda$（$\theta = 30°$，$k = 3$，$\lambda = 600$ nm），可解得 $d = 3.6 \times 10^{-6}$ m.

(2) 根据式(6-56)可得

$$a = \frac{dk'}{k}.$$

考虑到 $k = 4$，且 $a < d$，结合题意可得

$$a = 0.9 \times 10^{-6} \text{ m} \quad (k' = 1)$$

或

$$a = 2.7 \times 10^{-6} \text{ m} \quad (k' = 3).$$

(3) 由 $k = d\sin\theta/\lambda \leqslant d/\lambda$ 得 $k \leqslant 6$. 由于 ± 4 级缺级，而 ± 6 级出现在衍射角为 $90°$ 处，实际上是看不到的，因此在观察屏上出现的谱线为零级、± 1 级、± 2 级、± 3 级、± 5 级，共 9 条.

6.10　圆孔衍射　光学仪器的分辨本领

6.10.1　圆孔夫琅禾费衍射

在单缝夫琅禾费衍射实验装置中，用一个直径很小的圆孔代替单缝，在观察屏上也可见到衍射图样. 如图 6-33 所示，用平行单色光垂直照射直径为 D 的小圆孔 K，在透镜 L 的焦面处的

观察屏 E 上可以观察到一组明暗相间的圆形条纹,即圆孔夫琅禾费衍射图样.图样中央为一个明亮的圆斑,这就是圆孔衍射的中央明纹,称为艾里斑(Airy disk).艾里斑的外围是一组同心的暗环和明环,明环的光强由内向外逐渐减弱.

圆孔夫琅禾费衍射的光强分布如图 6-34 所示,理论计算表明,大约 84% 的入射光能量集中在艾里斑上,而周围明环大约集中了入射光能量的 16%,且第 1 级暗环(艾里斑的边缘)对应的衍射角 θ 满足

$$D\sin\theta = 1.22\lambda. \tag{6-57}$$

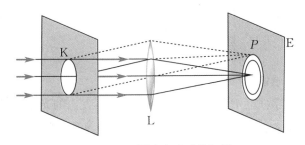

图 6-33　圆孔夫琅禾费衍射

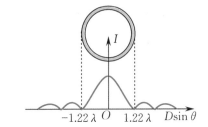

图 6-34　圆孔衍射光强分布

式(6-57)与单缝夫琅禾费衍射第 1 级暗纹公式比较,仅仅多了一个形状因子 1.22.我们将 θ 称为艾里斑的半角宽度,2θ 为艾里斑的角宽度,由图 6-35 可知,2θ 也相当于透镜光心对第 1 级暗环直径所张的角.当 θ 很小时,可以计算出艾里斑的半径为

$$R = f\tan\theta \approx f\sin\theta = 1.22\frac{f\lambda}{D}. \tag{6-58}$$

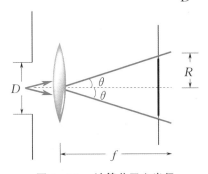

图 6-35　计算艾里斑半径

式(6-58)表明,波长 λ 越大或圆孔直径 D 越小,衍射现象就越显著;当 $\lambda/D \ll 1$ 时,衍射现象可以忽略,光沿直线传播,遵循几何光学规律.

6.10.2　光学仪器的分辨本领

在几何光学中,光沿直线传播,点光源通过透镜所成的像依然是一个点,因此理想的光学仪器成像时,只要有足够大的放大率,就可以把物体的任何细微部分放大到清晰可见的程度.但是实际诸如显微镜、望远镜等光学仪器中的透镜,相当于透光的小孔,当光线经过透镜时不可避免地会发生圆孔衍射,因此一个点光源通过透镜所成的像就不再是一个点,而是一个有一定大小的衍射光斑.这样就产生了一个问题,当两个物点距离很近时,例如两颗距离很近的恒星 S_1,S_2(见图 6-36),当用望远镜观察时,两束星光通过望远镜透镜成像形成了两个衍射光斑,如果光斑重叠的部分太多了,我们的眼睛就无法分辨所成的像是一个光斑还是两个光斑,

也就无法分辨观测对象是一颗恒星还是两颗距离很近的双恒星. 那么, 衍射光斑重叠到什么程度称为无法分辨, 又重叠到什么程度称为刚好能分辨呢? 这需要一个客观的标准, 这个标准就是瑞利判据.

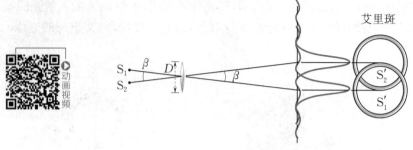

图 6-36　透镜最小分辨角

如图 6-36 所示, 设两恒星 S_1 和 S_2 对透镜光心所张的角为 β, S_1 和 S_2 所发出的光经透镜成像形成两个艾里斑. 显然, 两个艾里斑中心 S_1' 和 S_2' 对透镜光心所张的角也为 β, 这里可以分为三种情况:

(1) 若 $\beta = \theta$, 即 β 等于艾里斑的半角宽度, 则 S_1' 和 S_2' 之间的距离刚好等于艾里斑的半径, 这说明一个艾里斑的中心刚好落在另一个艾里斑的边缘上, 此时两个艾里斑的光强叠加后刚好形成两个最亮点, 因此刚好能够分辨两个光斑, 如图 6-37(a) 所示.

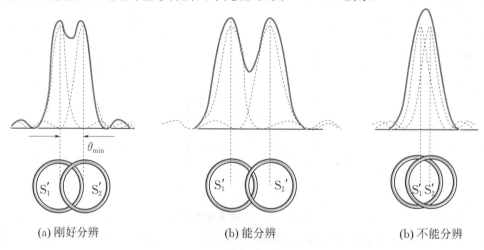

(a) 刚好分辨　　　　　　　　(b) 能分辨　　　　　　　　(b) 不能分辨

图 6-37　瑞利判据

(2) 若 $\beta > \theta$, 即 β 大于艾里斑的半角宽度, 则 S_1' 和 S_2' 之间的距离大于艾里斑的半径, 一个艾里斑的中心落在另一个艾里斑的外面, 此时两个艾里斑光强叠加后形成两个最亮点, 因此能够分辨两个光斑, 如图 6-37(b) 所示.

(3) 若 $\beta < \theta$, 即 β 小于艾里斑的半角宽度, 则 S_1' 和 S_2' 之间的距离小于艾里斑的半径, 一个艾里斑的中心落在另一个艾里斑的里面, 此时两艾里斑光强叠加后只有一个最亮点, 因此不能够分辨两个光斑, 如图 6-37(c) 所示.

综上所述, 当两个物点对透镜光心所张的角度刚好等于艾里斑的半角宽度时, 这两个物点就恰好能被分辨出来, 我们将这种判断能否分辨两个物点的标准叫作瑞利判据, 将满足瑞利判据的两物点对透镜光心所张的角称为**最小分辨角**, 记为 $\theta_{\min}$. 最小分辨角一般很小, 例如人眼的

最小分辨角数量级为 10^{-4} rad. 由式(6-57)可得

$$\theta_{\min} = \arcsin \frac{1.22\lambda}{D} \approx 1.22\frac{\lambda}{D}. \tag{6-59}$$

最小分辨角的倒数称为光学仪器的**分辨本领**,即

$$\frac{1}{\theta_{\min}} = \frac{0.82D}{\lambda}. \tag{6-60}$$

可见,提高光学仪器的分辨本领有两条途径:一是增大透镜的直径 D,一般天文望远镜的口径做得很大,一方面是为了增大入射光能量,另一方面就是为了提高分辨本领;二是减小入射光波长,显微镜用紫光工作就比用红光工作分辨本领高,而电子的波长仅仅不到 0.1 nm,因此电子显微镜的分辨本领可以做到极高.

例 6-8 在通常亮度情况下,人眼瞳孔的直径约为 3 mm,而在可见光中,人眼对波长为 550 nm 的绿光最敏感.(1)求人眼在此波长下的最小分辨角;(2)若物体放在人眼的明视距离 25 cm 处,则两物点距离至少多大才能被人眼分辨?

解 (1)由式(6-59)可得

$$\theta_{\min} = 1.22\frac{\lambda}{D} = 1.22 \times \frac{5.5 \times 10^{-7}}{3 \times 10^{-3}} \text{ rad} \approx 2.2 \times 10^{-4} \text{ rad}.$$

(2)设 $l = 25$ cm,两物点最小距离为 x,则有 $\theta_{\min} \approx \dfrac{x}{l}$,故

$$x \approx l\theta_{\min} = 2.5 \times 10^{-1} \times 2.2 \times 10^{-4} \text{ m} = 5.5 \times 10^{-5} \text{ m}.$$

课后思考 有人说:"在月球上用肉眼看地球,唯一能够看到的人类建筑物就是中国的长城."这种说法正确吗?

6.11 X 射线衍射

X 射线是伦琴在1895年首次发现的,故又称为伦琴射线. X 射线本质上是一种波长较短的电磁波,其波长范围大约在 $0.01 \sim 10$ nm 之间. 图 6-38 为一个 X 射线管的结构示意图,抽成真空的玻璃容器内有两个电极,一个是发射电子的热阴极,一个是阳极(对阴极),两电极间加数万伏的高压,热阴极发射的电子在强电场作用下加速向阳极运动,当高速电子撞击阳极时,阳极就会发出 X 射线.

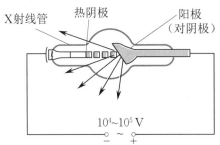

图 6-38 X 射线管结构示意图

由于 X 射线的波长很短,因此用普通的衍射光栅是无法使 X 射线产生衍射图样的.例如,设 X 射线波长为 $\lambda = 0.1$ nm,衍射光栅的光栅常量为 $d = 10^{-5}$ m,则可得第一级主极大的衍射角为 $\theta_1 = \lambda/d = 1.0 \times 10^{-5}$ rad,这么小的角度实际在衍射图样上根本无法观察到.

为了得到 X 射线的衍射光谱,所使用的光栅的光栅常量应该在 $10^{-10} \sim 10^{-9}$ m 数量级,这已接近原子直径的数量级了,显然这样的光栅用机械加工的方法来制造是行不通的.1912 年,德国物理学家劳厄想到,晶体中的粒子(原子、离子或分子)是等间隔有规则排列的,其间隔与原子尺寸在同一数量级,它也许会构成一种适合于 X 射线衍射的天然三维衍射光栅.劳厄的实验装置如图 6-39 所示,由 X 射线管发出的 X 射线经过铅屏上的小孔准直后,垂直入射到薄片晶体上,在镜头后面的感光底片上就会出现许多按一定规律分布的斑点,这就是 X 射线的衍射图样.这些斑点称为劳厄斑,如图 6-40 所示.

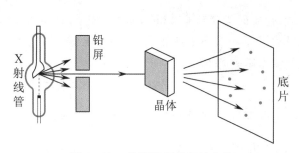

图 6-39　劳厄 X 射线衍射实验

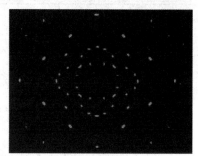

图 6-40　劳厄斑

X 射线的衍射图样可以这样来解释:当 X 射线照射晶体时,在晶体中每一个粒子上产生散射,每一个粒子相当于一个散射中心,而来自晶体中许多有规则排列散射中心的 X 射线会相互干涉,从而使得有些方向的 X 射线加强,形成劳厄斑.对这些劳厄斑的位置和光强进行研究,就可以推断出晶体的结构.对劳厄斑的定量研究,涉及空间光栅的衍射理论,暂不详述.

英国的布拉格父子提出了另一个研究 X 射线衍射的方法,他们把晶体的空间点阵当作反射光栅来处理.如图 6-41 所示,晶体由一系列平行原子平面层组成,这些平面称为晶面,两个相邻的晶面间隔为 d,称为晶格常数,同一晶面上的原子呈等间隔有规则的排列.当一束单色的平行 X 射线以掠射角 φ 入射到晶面上时,在符合反射定律的方向上可以得到光强最大的散射 X 射线,而不同晶面散射中心所发出的反射 X 射线之间会产生干涉,来自相邻两晶面反射 X 射线的光程差为 $\delta = AC + CB = 2d\sin\varphi$($OA$ 和 OB 分别与入射 X 射线和反射 X 射线垂直),可见相邻两个晶面反射的 X 射线产生相长干涉的条件为

$$2d\sin\varphi = k\lambda, \quad k = 1,2,\cdots. \tag{6-61}$$

式(6-61)称为布拉格公式.

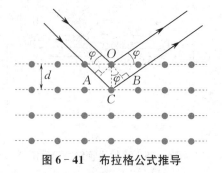

图 6-41　布拉格公式推导

晶体的 X 射线衍射有着广泛的应用. 例如,用已知波长的 X 射线照射某晶体的晶面,则由出现最大衍射强度方向的掠射角 φ 可以求得晶格常数 d,从而进行晶体结构的研究. 另外,用已知晶格常数的晶体做实验,可以根据布拉格公式求得 X 射线的波长,对 X 射线的光谱进行分析,从而进行物质原子结构的研究.

6.12   光波的偏振状态

光的干涉和衍射现象说明了光具有波动性,而光波的偏振现象更进一步说明光波是一种横波. 光波中光矢量 E 的振动方向总是和光的传播方向垂直,光矢量 E 对于传播方向失去对称性的现象称为光的偏振.

根据光的偏振状态的不同,我们可以把光分为自然光(natural light)和偏振光(polarized light)两大类,而偏振光又分为线偏振光、部分偏振光、椭圆偏振光和圆偏振光等,下面分别进行介绍.

6.12.1   自然光

太阳、白炽灯等普通光源所发出的光,是大量原子、分子或离子发光的总和. 不同原子或同一原子在不同时刻所发出的波列振动方向是各不相同的,彼此互不关联,在垂直于光的传播方向的平面内随机分布,如图 6-42(a) 所示. 从大量原子发光的统计平均上看,光波中包含了所有方向的光振动,没有哪一个方向的光振动比其他方向更占优势,因此沿各方向的光矢量的振幅都相同,光矢量关于传播方向对称分布. 我们把具有这种特性的光称为自然光. 显然,普通光源所发出的光都是自然光.

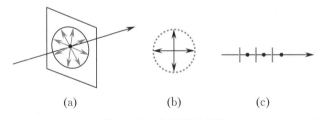

(a)   (b)   (c)

图 6-42   自然光图示法

方便起见,我们通常把自然光中的各个方向的光振动都分解为两个相互垂直的分振动,如图 6-42(b) 所示. 这样,我们就可以把自然光等价地看作两个相互垂直的、振幅相等的、彼此独立的光振动,其中每一个独立光振动的光强都等于自然光光强的一半. 图 6-42(c) 所示是自然光的表示方法,用圆点和短线分别表示垂直纸面和平行纸面的两个独立光振动,圆点和短线均匀分布,数目相同,表示这两个分量在自然光中各占一半.

这里需要注意的是,由于普通光源发光的随机性,上述两个分解后相互垂直的光振动彼此之间没有确定的相位关系,因此它们是非相干的.

6.12.2   偏振光

在垂直于光传播方向的平面内,若光矢量的分布不对称,则此类光波统称为偏振光. 偏振光又分为以下几种情况.

1. 线偏振光

光矢量始终只沿一个固定的方向振动,这种光称为**线偏振光**,也称**完全偏振光**.线偏振光的光矢量振动方向和光的传播方向构成的平面叫作**振动面**,线偏振光沿传播方向各处的光矢量都在同一个振动面上,因此线偏振光也称**平面偏振光**.

图 6-43 为两种线偏振光的示意图,其中图 6-43(a)所示为光矢量振动方向在纸面内的线偏振光(平行振动),图 6-43(b)所示为光矢量振动方向垂直于纸面的线偏振光(垂直振动).

(a)   (b)

图 6-43　线偏振光图示法

2. 部分偏振光

部分偏振光是介于自然光和线偏振光之间的一种偏振光.若在垂直于光传播方向的平面内各方向都有光振动,但是各方向的振幅大小不同,存在一个占优势的振动方向,则这种光称为**部分偏振光**.部分偏振光可以看成自然光和线偏振光的混合.部分偏振光的表示方法如图 6-44 所示,其中图 6-44(a)所示为平行振动占优势的部分偏振光,图 6-44(b)所示为垂直振动占优势的部分偏振光.

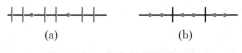

(a)   (b)

图 6-44　部分偏振光图示法

这里需要说明的是,部分偏振光图示法中,圆点和短线的数目只是定性表示平行振动和垂直振动的主次关系,不是定量表示两者振幅的比例关系.

3. 圆偏振光和椭圆偏振光

圆偏振光和椭圆偏振光的特点是光振动的方向随时间变化,光矢量在垂直于光传播方向的平面内以一定的角速度旋转.若旋转过程中光矢量的端点描绘出的是一个圆的轨迹,则称此光波为**圆偏振光**;若旋转过程中光矢量的端点描绘出的是一个椭圆的轨迹,则称此光波为**椭圆偏振光**.我们规定,迎着光线看过去,光矢量顺时针旋转的,称为右旋圆或椭圆偏振光;光矢量逆时针旋转的,称为左旋圆或椭圆偏振光.圆偏振光和椭圆偏振光可以用两列同方向传播、同频率且振动方向彼此垂直的线偏振光叠加产生.

6.13　起偏和检偏　马吕斯定律

6.13.1　起偏和检偏

一般普通光源所发出的都是自然光.获得偏振光的主要方法是将自然光变为偏振光,这个过程称为起偏,能够将自然光变为偏振光的光学器件称为起偏器.

由于人眼只能感知光波的强度和颜色,而不能直接感知光矢量的振动方向,因此通常我们还需要通过仪器来检验光的偏振状态,这个过程称为检偏,能够检验光的偏振状态的光学器件称为检偏器.

最常见的起偏器和检偏器就是偏振片(polaroid sheet).偏振片可通过在透明的玻璃基片

上蒸镀一层碘化硫酸奎宁的针状粉末晶粒制成.偏振片中的这些晶粒对于两个相互垂直的光振动具有选择性的吸收作用,即对某一方向的光振动有强烈的吸收作用,而对与之垂直的光振动则吸收很少.因此,偏振片只容许一个特定方向的光振动通过,该特定方向称为该偏振片的偏振化方向,也称该偏振片的透光轴.

如图 6-45 所示,两个偏振片 P_1,P_2 平行放置,它们的偏振化方向如图中箭头所示.当一束自然光垂直入射 P_1 时,由于只有平行于偏振化方向的光振动才能通过,因此经过 P_1 之后,自然光就变成了线偏振光,P_1 起到了起偏器的作用.由于自然光中各方向的光矢量振幅相同,因此将 P_1 绕光线传播方向转动时,透过 P_1 的光强不发生改变,总是等于入射光强的一半.为了检验光的偏振状态,我们在 P_1 的后面再放一个偏振片 P_2,固定 P_1 不动,绕光线传播方向慢慢转动 P_2,则透过 P_2 的光强会发生变化.当 P_2 的偏振化方向转到和入射线偏振光光矢量振动方向相同时,光全部通过,透射光强最大;当 P_2 的偏振化方向转到和入射线偏振光光矢量振动方向有一定夹角时,由于 P_2 只容许线偏振光中与其偏振化方向相同的光振动分量通过,因此透射光强变小;当 P_2 的偏振化方向转到和入射线偏振光光矢量振动方向垂直时,光完全被挡住,透射光强为零,称为**消光现象**.将 P_2 旋转一周,透射光强两次出现最大,两次出现消光,这一特点可以作为检验线偏振光的依据,因此 P_2 叫作检偏器.

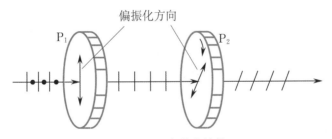

图 6-45　起偏和检偏

若入射到检偏器 P_2 的是部分偏振光,则将 P_2 旋转一周,透射光强两次出现最大,两次出现最小,并且最小光强不等于零,即部分偏振光没有消光现象.

6.13.2　马吕斯定律

由偏振片的特点可知,绕光线传播方向旋转偏振片,若透射光强不变,则入射光为自然光或圆偏振光;若透射光强变化且有消光现象,则入射光为线偏振光;若透射光强变化且没有消光现象,则入射光为部分偏振光或椭圆偏振光.那么,透射光强是如何随着旋转角度变化的呢?

马吕斯在研究线偏振光通过偏振片后的透射光强时发现,如果入射的线偏振光光强为 I_0,则透射光的光强为

$$I = I_0 \cos^2 \alpha, \tag{6-62}$$

其中 α 为线偏振光的振动方向和检偏器的偏振化方向之间的夹角.式(6-62)称为**马吕斯定律(Malus' law)**.

下面我们对马吕斯定律进行证明.如图 6-46 所示,OP 为偏振片的透光轴方向,A_0 为入射线偏振光光矢量的振幅.将光矢量沿透光轴方向和垂直于透光轴方向分解为两个分振动,其振幅分别为

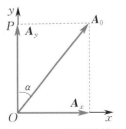

图 6-46　马吕斯定律的证明

$$A_x = A_0 \sin \alpha, \quad A_y = A_0 \cos \alpha,$$

其中只有平行于透光轴方向的分振动可以通过检偏器. 由于光强与振幅的平方成正比, 即

$$\frac{I}{I_0} = \frac{A_y^2}{A_0^2} = \cos^2 \alpha,$$

因此透射光强为 $I = I_0 \cos^2 \alpha$.

式(6-62)表明, 当 $\alpha = 0$ 或 π 时, $I = I_0$, 入射光全部通过检偏器, 透射光强最大; 当 $\alpha = \pi/2$ 或 $3\pi/2$ 时, $I = 0$, 入射光全部被挡住, 透射光强为零. 这说明, 将检偏器旋转一周, 透射光强两次出现最大, 两次出现消光.

这里需要注意的是, 马吕斯定律所指的是线偏振光入射的情形, 如果是自然光入射, 则无论如何旋转检偏器, 透射光强都应为入射光强的一半; 如果入射光是部分偏振光, 通常将其分解为自然光和线偏振光再分别加以讨论.

例 6-9 某部分偏振光由自然光和线偏振光两种成分混合而成, 当它通过检偏器时, 随着检偏器的转动, 我们发现最大透射光强是最小透射光强的 5 倍, 求该部分偏振光中自然光和线偏振光这两种成分的光强之比为多少?

解 设该部分偏振光中自然光成分的光强为 I_1, 线偏振光成分的光强为 I_2. 透射光的最大光强出现在检偏器的透光轴方向平行于线偏振光的振动方向时, 线偏振光全部通过而自然光有一半通过, 因此最大光强为 $I_1/2 + I_2$; 当透光轴方向旋转到和线偏振光的振动方向垂直时, 线偏振光消光而自然光依然有一半通过, 故最小透射光强为 $I_1/2$. 依题意有

$$\frac{I_1/2 + I_2}{I_1/2} = 5,$$

解得 $I_1 : I_2 = 1 : 2$.

例 6-10 如图 6-47 所示, 在两块偏振化方向相互垂直的偏振片 P_1 和 P_3 之间插入另一块偏振片 P_2, P_2 和 P_1 的偏振化方向的夹角为 α, 光强为 I_0 的自然光垂直入射 P_1, 求通过 P_3 的透射光强.

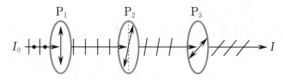

图 6-47 例 6-10 图

解 如图 6-47 所示, P_2 和 P_1 的偏振化方向的夹角为 α, 则 P_2 和 P_3 的偏振化方向的夹角为 $\pi/2 - \alpha$. 自然光通过 P_1 后变成线偏振光, 光强为 $I_1 = I_0/2$, 线偏振光通过 P_2 时, 由马吕斯定律, 得通过 P_2 的线偏振光光强为

$$I_2 = \frac{1}{2} I_0 \cos^2 \alpha.$$

该线偏振光通过 P_3 时, 其透射光强为

$$I_3 = I_2 \cos^2 (\pi/2 - \alpha) = \frac{1}{2} I_0 \sin^2 \alpha \cos^2 \alpha = \frac{1}{8} I_0 \sin^2 2\alpha.$$

6.13.3 偏振光的应用

光的偏振在科学技术及工业生产中有着广泛的应用. 例如,在机械工业中,利用偏振光的干涉可以分析机件内部应力分布情况,这就是光测弹性力学的课题. 在化工厂里,我们可以利用偏振光测量溶液的浓度. 偏振干涉仪、偏光显微镜在生物学、医学、地质学等领域有着重要的应用. 在航海、航空方面,相关的应用有偏光天文罗盘. 下面我们介绍几种日常生活中应用偏振光的实例.

1. 汽车车灯

汽车夜间在公路上行驶与对面的车辆相遇时,为了避免双方车灯炫目,司机都会关闭大灯,只开小灯,放慢车速,以免发生车祸. 如果所有汽车驾驶室的前窗玻璃和大灯的玻璃罩都装有偏振片,而且规定它们的偏振化方向都沿同一方向并与水平面成 45° 角,那么司机从前窗只能看到自己的车灯的光,而看不到对面车大灯发出的光. 这样,汽车在夜间行驶时,开大灯也可以避免车灯炫目,保证行车安全.

另外,在阳光充足的白天驾驶汽车时,从路面或周围建筑物等的玻璃上反射过来的耀眼的阳光,常会使眼睛睁不开. 由于这些强烈的来自四周的反射光往往水平方向振动的偏振成分居多,因此驾驶员只需带一副偏振化方向为竖直方向的偏振太阳镜便可挡住部分反射光.

2. 观看立体电影

我们知道人体对空间纵深立体的感觉是通过人的左右眼对同一物体的视角差来实现的. 在拍摄立体电影时,使用两个摄影机,两个摄影机的镜头相当于人的两只眼睛,它们同时分别拍下同一物体的两个画像,放映时把两个画像同时映在银幕上. 如果设法使观众的一只眼睛只能看到其中一个画像(两只眼睛看到不同的画像),就可以使观众获得立体感. 为此,在放映时,每个放映机镜头上放一个偏振片,两个偏振片的偏振化方向相互垂直,观众戴上用偏振片做成的眼镜,左眼偏振片的偏振化方向与左边放映机上偏振片的偏振化方向相同,右眼偏振片的偏振化方向与右边放映机上偏振片的偏振化方向相同. 这样,银幕上的两个画像分别通过两只眼睛进行观看,在人的脑海中就会形成立体化的影像了.

3. 生物的生理机能与偏振光

人的眼睛对光的偏振状态是不能分辨的,但某些昆虫的眼睛对偏振却很敏感. 例如,蜜蜂有五只眼,包括三只单眼和两只复眼,每只复眼包含 6 300 个小眼,这些小眼能根据太阳的偏振光确定太阳的方位,然后以太阳为定向标来判断方向,因此蜜蜂可以准确无误地把它的同类引到它所找到的花丛处. 又如,在沙漠中,如果不带罗盘,人是会迷路的,但是沙漠中有一种蚂蚁,它能利用天空中的紫外偏振光导航,因此不会迷路.

6.14 反射光和折射光的偏振

马吕斯通过实验发现,当自然光在两种各向同性的介质交界面上发生反射和折射时,其偏振状态会发生变化. 在一般情况下,反射光和折射光都不再是自然光,而是部分偏振光. 在特定情况下,反射光还有可能成为线偏振光.

如图 6-48(a) 所示,自然光以入射角 i 入射到折射率分别为 n_1,n_2 的两种介质交界面上. 在反射光中,垂直入射面的光振动要多于平行入射面的光振动,在折射光中则相反,平行入射面的光振动要多于垂直入射面的光振动,因此反射光和折射光都是部分偏振光.

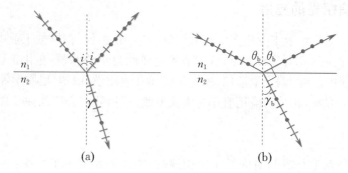

图 6 - 48   反射光和折射光的偏振

我们通过偏振片观察水面,当旋转偏振片时,就可以观察到光强由明到暗的变化,但是最暗处光强一般不为零.利用反射光的这一偏振特性,我们常可以减弱反射光.例如水面、玻璃表面等处的反射光由于是垂直振动占多数,我们只需要放置透光轴方向与该方向相垂直的偏振片,就可以消除大部分的反射光.

实验表明,反射光的偏振化程度与入射角有关.当入射角等于某个特定值 θ_b 时,反射光成为振动方向垂直于入射面的线偏振光,如图 6 - 48(b) 所示,入射角 θ_b 满足

$$\theta_b = \arctan \frac{n_2}{n_1} = \arctan n_{21}, \tag{6-63}$$

其中 $n_{21} = n_2/n_1$ 称为介质 2 对介质 1 的相对折射率. 这个规律是布儒斯特通过实验发现的,故称为**布儒斯特定律**. 满足布儒斯特定律的入射角 θ_b 称为起偏角,又叫作**布儒斯特角**(Brewster angle). 布儒斯特定律也可以由麦克斯韦电磁场理论严格地加以证明.

当自然光以布儒斯特角 θ_b 入射两种介质的交界面时,其反射光和折射光是相互垂直的(见图 6 - 48(b)),这一点很容易证明. 由折射定律

$$n_1 \sin \theta_b = n_2 \sin \gamma_b$$

和布儒斯特定律

$$n_1 \sin \theta_b = n_2 \cos \theta_b,$$

可得

$$\theta_b + \gamma_b = \pi/2.$$

又由于入射角等于反射角,故反射角和折射角之和为 90°,因此反射光和折射光垂直.

值得注意的是,当自然光以起偏角 θ_b 入射时,所有平行振动都被折射,反射光是垂直于入射面的线偏振光,但是反射光并不包含入射光中垂直振动的全部能量,而只是其中的一小部分,大部分的垂直振动将被折射. 因此,反射光虽然是线偏振光,但是光强较弱,而折射光虽然是部分偏振光,但是光强较强. 例如,自然光从空气向玻璃($n_{21} = 1.50$)入射时,起偏角约为 56°,此时反射光强只占整个入射光强的 7.5%,而折射光强约占整个入射光强的 92.5%.

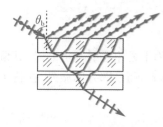

图 6 - 49   玻璃片堆

为了增加反射光的强度和提高折射光的偏振化程度,常常把多层玻璃片叠放在一起,构成一个玻璃片堆,如图6-49所示. 当自然光以布儒斯特角入射玻璃片堆时,光在每一层玻璃面上反射和折射,这样就可以使反射光的光强得到加强,同时折射光

中的垂直振动也因多次反射而减小.当玻璃片的数目足够多时,透射光接近于只含有平行振动的线偏振光,而反射光是只含有垂直振动的线偏振光,这两束光的振动方向相互垂直,这一现象称为偏振滤波.

6.15 光的双折射

6.15.1 双折射现象

1669年的一天,巴托林无意之中将一块方解石晶体放在书上,他发现书上的每一个字都产生了双像,如图6-50所示.此后,惠更斯对此现象进行了分析,他认为光束经过方解石晶体后折射成了两束光,这一现象称为双折射(birefringence)现象.

进一步的研究发现,当一束光通过诸如水晶、方解石等光学各向异性晶体介质时,都会产生双折射现象,能够产生双折射现象的晶体称为双折射晶体.双折射现象具有如下特性:

(1)一束折射光线遵守折射定律,其折射光线总在入射平面内,称为寻常光(ordinary light),又称o光,如图6-51所示.

图6-50 光的双折射现象

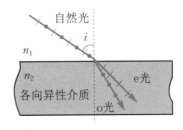

图6-51 o光和e光

(2)另外一束折射光线不遵守折射定律,其折射光线不一定在入射面内,称为非寻常光(extraordinary light),又称e光,如图6-51所示.

(3)当光在晶体内沿某个特殊方向传播时不发生双折射现象,该方向称为双折射晶体的光轴.例如方解石晶体的光轴方向为AB方向,如图6-52所示.只有一个光轴的晶体称为单轴晶体,如方解石、石英和红宝石等;有两个光轴的晶体称为双轴晶体,如云母、硫黄晶体和蓝宝石等.

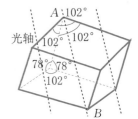

图6-52 方解石晶体的光轴

(4)晶体表面的法线与晶体光轴构成的平面称为晶体的主截面,晶体中光线的传播方向与晶体光轴构成的平面称为该光线的主平面.实验表明,当自然光入射时,双折射中的o光和e光都是线偏振光,但光矢量的振动方向不同,o光的振动方向垂直于其自身的主平面,而e光的振动方向平行于其自身的主平面.由于e光不一定在入射平面内,故o光和e光的主平面不一定重合,因此o光和e光的光矢量振动方向不一定相互垂直.只有当入射光的入射面和晶体的主截面重合时,o光与e光的主平面才重合,此时o光与e光的振动方向相互垂直,o光为垂直振动,而e光为平行振动,如图6-51所示.

这里需要说明的是,o光和e光的称谓只在晶体内才有意义,出了晶体就无所谓o光和e光.o光和e光与晶体光轴的取向有关,在晶体内振动方向垂直其主平面的是o光,平行其主平面的是 e 光,因此在某块晶体内的 o 光进入另一块晶体后可能变为 e 光.

*6.15.2　惠更斯原理对双折射现象的解释

在双折射晶体中,o 光的传播速度与方向无关,晶体对 o 光的折射率 $n_o = \dfrac{c}{v_o}$ 是一个常数,与方向无关. e 光在晶体中的传播速度却与方向有关,故晶体对 e 光的折射率不再是一个常数,而是与方向有关. 我们将真空中的光速与垂直于光轴方向 e 光的传播速度之比称为 e 光的主折射率,即 $n_e = \dfrac{c}{v_e}$.

根据惠更斯原理,自然光射向晶体时,波阵面上的每一点都可看作子波源. o 光在晶体内形成的子波波阵面是球面,e 光在晶体内形成的子波波阵面是以光轴为轴的旋转椭球面. 由于在光轴方向上 o 光和 e 光的速率相等,因此两波阵面在光轴方向上相切,如图 6-53 所示. e 光的速率与 o 光的速率在与光轴垂直的方向上相差最大,根据 v_o 和 v_e 的大小关系,我们将双折射晶体分为正晶体和负晶体两种. 若 $v_e < v_o$,则旋转椭球面的长轴沿光轴方向,该晶体称为正晶体,如石英等;若 $v_e > v_o$,则旋转椭球面的短轴沿光轴方向,该晶体称为**负晶体**,如方解石等.

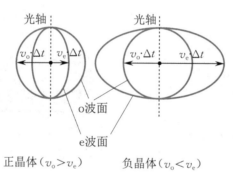

图 6-53　正晶体与负晶体

下面我们以方解石晶体为例,应用惠更斯原理,通过作图法确定以下几种情况下 o 光和 e 光在晶体内的传播特点.

(1)光轴与晶面成一定夹角,自然光垂直入射,如图 6-54(a)所示. 此时,入射光波到达的晶面上各点可以看作子波源,子波源向晶体内发射的 o 光子波是球面波,而发射的 e 光子波是旋转椭球面波,两者在与光轴相交处相切,而在其他方向不重合. 根据惠更斯原理可知,由这些 o 光和 e 光子波的包络面形成的新的波阵面也不重合,它们的波线方向也不相同,故产生双折射现象.

(2)光轴垂直于晶体表面,自然光垂直入射,如图 6-54(b)所示. 此时,自然光沿光轴方向入射,在此方向上,o 光和 e 光的速度相同,它们的波阵面在此方向重合,故此时晶体不产生双折射现象.

(3)光轴平行于晶体表面,自然光垂直入射,如图 6-54(c)所示. 此时,o 光和 e 光的波阵面不重合,但是波线重合,这说明 o 光和 e 光在方向上虽没分开,但速度上是分开的,因此 o 光和 e 光仍然具有一定的相位差.

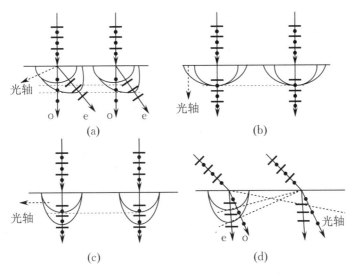

图 6-54　用惠更斯原理解释双折射现象

（4）光轴与晶面成一定夹角，自然光斜入射，如图 6-54(d) 所示. 此时，o 光子波是球面波，而 e 光子波是旋转椭球面波，两者在与光轴相交处相切，o 光和 e 光子波的波阵面不再与晶面平行，它们彼此之间也不平行，这说明 o 光和 e 光的传播方向不同，故此时晶体会产生双折射现象.

*6.15.3　尼科耳棱镜

由于天然方解石晶体厚度有限，不可能将 o 光和 e 光分得很开，而尼科耳棱镜是用方解石晶体经过加工制成的偏振棱镜，由于它的特殊构造，可将 o 光和 e 光分离开来.

如图 6-55 所示，尼科耳棱镜是把方解石晶体沿着图中 AC 方向并且与主截面（平行四边形 $ABCD$ 所在平面）相垂直的平面切割成两部分，再用加拿大树胶黏合起来组成的.

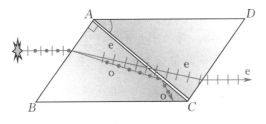

图 6-55　尼科耳棱镜

尼科耳棱镜的工作原理如下：已知方解石中 $n_o = 1.58, n_e = 1.486$，而加拿大树胶的折射率 $n = 1.55$，介于两者之间. 当入射光到达分界面 AC 时，对 o 光而言，由于树胶的折射率小于 o 光的折射率，可以使 o 光产生全反射，并被涂黑了的 BC 侧面所吸收. 对 e 光而言，情况恰好相反，故 e 光可透过树胶层射出. 这样，自然光就转换为光振动在主截面上的线偏振光了.

尼科耳棱镜是利用光的全反射原理与晶体的双折射现象制成的一种精密偏振仪器，它既可用作起偏器，又可用作检偏器.

*6.15.4　四分之一波片和半波片

光轴与表面平行,厚度均匀的双折射晶体薄片,称为波片,又称相位延迟器.波片通常用方解石、石英等晶体切割而成.

1.四分之一波片

由图 6-54(c) 可知,当光轴平行于晶体表面,而自然光垂直入射时,o 光和 e 光的波线重合,而波面不重合,因此 o 光和 e 光具有一定的相位差.

对于波长为 λ 的入射光,能使 o 光和 e 光这两束线偏振光出射时产生 $(2k+1)\pi/2$ 的相位差的波片称为四分之一波片,即有

$$\Delta\varphi = \frac{2\pi\delta}{\lambda} = \frac{\pi}{2}(2k+1) \quad (k=0,1,2,\cdots),$$

又由于 $\delta = (n_o - n_e)d$,所以四分之一波片的厚度应满足

$$d_{1/4} = (2k+1)\frac{1}{n_o - n_e} \cdot \frac{\lambda}{4}. \tag{6-64}$$

其最小厚度为 $\dfrac{1}{|n_o - n_e|} \cdot \dfrac{\lambda}{4}$.

2.半波片

能使出射时 o 光和 e 光产生 $(2k+1)\pi$ 的相位差的波片称为半波片,其中 $k=0,1,2,\cdots$.同理可得半波片的最小厚度为 $\dfrac{1}{|n_o - n_e|} \cdot \dfrac{\lambda}{2}$.

*6.15.5　人为双折射现象

前面介绍的是光在天然晶体中产生的双折射现象.采用人工方法,也可以使某些物质产生双折射,称为人为双折射现象.下面介绍几种重要的人为双折射现象.

1.光弹效应——应力双折射

某些各向同性的透明材料,如玻璃、塑料等,当施加外力使其内部产生某种应力分布时,这种材料就会出现光学各向异性,有光入射,就能产生双折射现象,这种现象称为光弹效应.由于应力不同的地方 o 光和 e 光的相位差不同,因此由此产生的干涉条纹就可以反映材料内的应力分布.光测弹性仪就是利用光弹效应测量应力分布的一种装置,如图 6-56 所示,其在工程技术中具有广泛的应用.

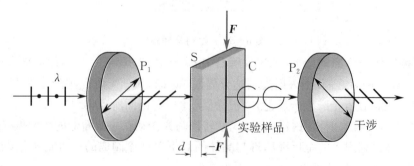

图 6-56　光测弹性仪原理图

2.克尔效应

某些各向同性的透明材料在外加电场的作用下,会显示出光学各向异性,从而能产生双折

射现象,这种现象称为克尔效应.

如图 6-57 所示,在两偏振化方向相互垂直的偏振片 P_1 和 P_2 之间,放置一个充满硝基苯液体的小盒,称为克尔盒,盒内有一对平行板电极,板间距为 d.

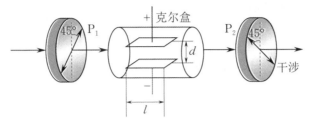

图 6-57   克尔效应

当电极不加电压时,硝基苯液体为各向同性,单色自然光通过两个偏振片后,出射光强为零. 当电极加上电压时,在电场作用下硝基苯液体变为各向异性,产生双折射,此时硝基苯液体相当于单轴晶体,其光轴平行于电场方向. 由于此时从硝基苯溶液中出射的 o 光和 e 光具有一定的相位差,因此在 P_2 的后面可以观察到一定的干涉条纹.

实验表明,由克尔效应引起的 o 光和 e 光相位差为

$$\Delta \varphi_k = \frac{2\pi}{\lambda} | n_e - n_o | l = 2\pi l \frac{kU^2}{\lambda d^2}, \tag{6-65}$$

其中 U 为极板间电压,d 为极板间距离,l 为极板的长度,k 为材料的克尔常量.

*6.16   旋光现象

线偏振光通过某些物质后,其振动面将以光的传播方向为轴转过一定的角度,这种现象叫作**旋光现象**,能产生旋光现象的物质叫作**旋光物质**. 石英晶体、糖溶液、酒石酸溶液等都是旋光物质.

图 6-58 所示为一种观察线偏振光的振动面产生旋转的装置,称为旋光仪,其中 P_1 为起偏器,P_2 为检偏器,L 为盛有旋光液体(液体旋光物质)的管子,两端用透明玻璃盖密封. 当管内没有盛旋光液体时,调节 P_1,P_2 两偏振片的偏振化方向,使其相互垂直,用单色自然光垂直照射 P_1 端时,透过 P_2 端的出射光强为零,视场全暗. 然后在管中充满旋光液体,由于旋光液体使得光的振动面发生了转动,此时通过 P_2 端的出射光强不再为零,视场由原来的全暗变得明亮起来. 保持 P_1 不动,旋转 P_2 可以使得视场再次变为全暗,此时 P_2 所转过的角度 $\Delta \psi$ 就是线偏振光的振动面所转过的角度,由此可以测量振动面的旋转角 $\Delta \psi$.

图 6-58   旋光仪

实验表明,对于旋光液体,振动面的旋转角满足

$$\Delta \psi = \alpha l \rho, \tag{6-66}$$

其中 l 为旋光液体的透光长度，ρ 为旋光液体的浓度，α 为与旋光液体有关的常量.

在制糖工业中，可以用上述旋光仪测定糖溶液的浓度，称为糖量计. 旋光仪在化工及制药工业中也有着广泛的应用.

对于固体旋光物质，振动面的旋转角 $\Delta\psi$ 由下式决定：

$$\Delta\psi = \alpha l, \tag{6-67}$$

其中 l 为旋光物质的透光长度，α 为与旋光物质及入射光的波长有关的常量.

迎着光的传播方向看去，旋光物质导致的线偏振光振动面的旋转又分为右旋和左旋两种，对应的物质分别称为右旋物质和左旋物质，如果糖溶液为左旋物质，而葡萄糖溶液为右旋物质.

用人工方法也可以产生旋光现象. 例如，外加一定强度的磁场，可以使某些原来不具有旋光性的物质产生旋光现象，这种旋光现象称为磁致旋光.

本章小结　　　阅读材料6

■■■■■ 习　题　6 ■■■■■

6-1 杨氏双缝干涉实验中，两缝中心距离为 0.60 mm，紧靠双缝的凸透镜焦距为 2.5 m，焦面处有一观察屏.

(1) 用单色光垂直照射双缝，测得观察屏上条纹间距为 2.3 mm，求入射光波长；

(2) 当用波长为 480 nm 和 600 nm 的两种光照射时，它们的第 3 级明纹相距多远？

6-2 在双缝干涉实验中，波长为 $\lambda = 550$ nm 的平行单色光垂直入射到间距为 $d = 2 \times 10^{-4}$ m 的双缝上，观察屏到双缝的距离为 $D = 2$ m.

(1) 求中央明纹两侧的第 10 级明纹中心的间距；

(2) 用一厚度为 $e = 6.6 \times 10^{-6}$ m，折射率为 $n = 1.58$ 的玻璃片覆盖一缝后，中央明纹将移到原来的第几级明纹处？

6-3 在杨氏双缝干涉实验中，若用折射率为 1.5 和 1.7 的两个厚度相同的透明薄膜分别覆盖双缝，则观察到第 7 级明纹移动到了原来的中央明纹处. 已知入射光波长为 500 nm，求薄膜的厚度.

6-4 白色平行光垂直入射到间距为 $d =$ 0.25 mm 的双缝上，距离双缝 50 cm 处放置观察屏，分别求第 1 级和第 5 级明纹彩色带的宽度（设白光的波长范围是 $400 \sim 760$ nm. 这里说的"彩色带的宽度"指两个极端波长的同级明纹中心之间的距离）.

6-5 如图 6-59 所示，一射电望远镜的天线架设在湖岸上，距离湖面高度为 h，对岸地平线上方有一恒星正在升起，恒星所发出光波的波长为 λ. 试求当天线测得第一次干涉极大时，恒星所在的最小位置角 θ（提示：做劳埃德镜干涉分析）.

图 6-59　习题 6-5 图

6-6 用白光垂直照射置于空气中且厚度为 0.50 μm 的玻璃片，玻璃片的折射率为 1.50，在可见光范围(400～760 nm)内,哪些波长的反射光有最大限度的增强?

6-7 白光垂直照射到空气中厚度为 380 nm 的肥皂膜上,肥皂膜的折射率为 1.33,则该膜正面呈现什么颜色? 反面呈现什么颜色?

6-8 平板玻璃上有一厚度均匀的肥皂膜,在阳光垂直照射下,反射光在波长 700 nm 处有一相长干涉,在 600 nm 处有一相消干涉,而在它们之间没有出现其他的相长或相消干涉. 已知肥皂膜的折射率为 1.33,玻璃的折射率为 1.5,求肥皂膜的厚度.

6-9 在照相机镜头表面镀一层折射率为 1.38 的增透膜,使阳光中波长为 550 nm 的绿光透射增强. 已知镜头玻璃折射率为 1.52,求增透膜的最小厚度.

6-10 在很薄的劈尖形玻璃板上,垂直入射波长为 589.3 nm 的钠光,测得相邻暗纹中心之间的距离为 5.0 mm,玻璃折射率为 1.52,求此劈尖形玻璃板的劈尖角.

6-11 折射率为 1.60 的两块标准平面玻璃板之间形成一个劈尖(劈尖角 θ 很小),用波长为 600 nm 的单色光垂直入射,产生等厚干涉条纹. 假如在劈尖内充满折射率为 1.40 的液体,此时相邻明纹间距比劈尖内是空气时的明纹间距缩小 0.5 mm,则劈尖角 θ 为多少弧度?

6-12 如图 6-60 所示,在折射率为 1.50 的平板玻璃上刻有截面为等腰三角形的浅槽,其中装有折射率为 1.33 的肥皂液,当用波长为 600 nm 的黄光垂直照射时,从反射光中观察到液面上共有 15 条暗纹.

(1) 液面上所见条纹是什么形状?

(2) 试求液体最深处的深度.

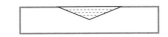

图 6-60 习题 6-12 图

6-13 检查一平板玻璃两表面的平行度时,用波长为 632.8 nm 的氦氖激光垂直照射,观察到 20 条干涉明纹,且两端都是明纹中心,玻璃的折射率为 1.50,求平板玻璃两端的厚度差.

6-14 当牛顿环装置中平凸透镜和平板玻璃之间充满某种液体时,第 10 个明环直径由原来的 1.40×10^{-2} m 变为 1.27×10^{-2} m,试求该液体的折射率.

6-15 如图 6-61 所示,牛顿环装置的平凸透镜顶点与平板玻璃间有一高度为 e_0 的间隙,现用波长为 λ 的单色光垂直照射,已知平凸透镜的曲率半径为 R,试求反射光形成的牛顿环各暗环半径.

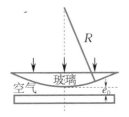

图 6-61 习题 6-15 图

6-16 如图 6-62 所示,利用牛顿环的干涉条纹可以测定平凹透镜的曲率半径,方法是将已知曲率半径为 R_1 的平凸透镜的凸球面放置在待测的凹球面上,在两球面间形成空气薄层. 用波长为 λ 的平行单色光垂直照射,观察反射光形成的干涉条纹,设在中心 O 点处两透镜刚好接触,测得第 k 个暗环的半径为 r_k,试求平凹透镜的曲率半径 R_2.

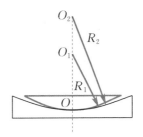

图 6-62 习题 6-16 图

6-17 如图 6-63 所示,在玻璃板上放一油滴,其会逐渐展开成为油膜,在波长为 600 nm 的单色光垂直照射下,从反射光中可以观察到 5 条干涉明纹. 已知油的折射率为 1.20,玻璃的折射率为 1.50.

(1) 求油膜的中心厚度 h;

(2) 求每条明纹中心处油膜的厚度;

(3) 当油膜逐渐展开时,条纹将如何变化?

图 6-63 习题 6-17 图

6-18 将迈克耳孙干涉仪中的反射镜 M_1 移动 0.322 mm 时,观察到有 1 024 个条纹从视场中移过,求所用单色光的波长.

6-19 波长为 589.3 nm 的平行单色光垂直照

射一单缝,单缝后透镜焦距为 100 cm,测得第 1 级暗纹到中央明纹中心距离为 1.0 mm,求单缝的宽度.

6-20 用波长为 632.8 nm 的平行单色光垂直照射单缝,缝宽为 0.15 mm,缝后用凸透镜把衍射光会聚在透镜焦面上,测得第 2 级与第 3 级暗纹中心之间的距离为 1.7 mm,求此透镜的焦距.

6-21 一单缝宽为 0.10 mm,透镜焦距为 50 cm,用波长为 500 nm 的绿光垂直照射该单缝.

(1) 求观察屏上中央明纹的宽度和半角宽度;

(2) 将此装置浸入水中,中央明纹半角宽度又是多少?

6-22 波长为 500 nm 的平行单色光以与衍射屏法线方向成 30° 角斜入射一单缝,测得第 2 级暗纹对应的衍射角为 $30°15'24''$,试求该单缝的宽度.

6-23 在某个单缝衍射实验中,光源发出的平行光含有两种波长成分,其波长分别为 λ_1 和 λ_2,光束垂直于单缝入射,假如波长为 λ_1 的光的第 1 级衍射极小与波长为 λ_2 的光的第 2 级衍射极小相重合,试问:

(1) 这两种波长之间有何关系?

(2) 在这两种波长的光所形成的衍射图样中,是否还有其他极小相重合?

6-24 用红色平行光垂直照射宽度为 0.60 mm 的单缝,缝后透镜焦距为 40.0 cm,观察屏上到中央明纹中心距离为 1.40 mm 的 P 点处为明纹.

(1) 求入射光的波长;

(2) 求 P 点处条纹的级次;

(3) 从 P 点看,该光波在狭缝处的波面可以分为几个半波带?

6-25 一衍射光栅,每厘米长度上有 200 条透光缝,每条透光缝宽为 $2×10^{-3}$ cm,在光栅后放一焦距为 1 m 的凸透镜.现以波长为 600 nm 的平行单色光垂直照射光栅,

(1) 透光缝的单缝衍射中央明纹宽度为多少?

(2) 在该宽度内,有几个光栅衍射主极大?

6-26 每毫米长度上有 500 条缝的光栅,用钠黄光正入射,观察衍射光谱.钠黄光包含两条谱线,其波长分别为 589.6 nm 和 589.0 nm,求在第 2 级明纹中这两条谱线相互分离的角度.

6-27 用波长为 590 nm 的钠黄光垂直入射每毫米长度上有 500 条刻痕的光栅,问最多能够看

到几级主极大?

6-28 一汞灯发出波长为 546 nm 的绿色平行光,以与光栅平面法线成 30° 角斜入射一透射光栅,已知光栅每毫米长度上有 500 条刻痕,求谱线的最高级次.

6-29 平行单色光波长为 500 nm,垂直入射到每毫米长度上有 200 条刻痕的透射光栅上,光栅后面放置一焦距为 60 cm 的透镜.求:

(1) 中央明纹与第 1 级明纹的间隔;

(2) 当入射光与光栅法线成 30° 角斜入射时,中央明纹中心移动的距离.

6-30 波长为 600 nm 的平行单色光垂直入射到一光栅上,测得第 2 级主极大的衍射角为 30°,且第 3 级缺级.求:

(1) 光栅常量;

(2) 透光缝可能的最小宽度 a;

(3) 在选定了上述 $a+b$ 和 a 之后,在衍射角 $-\pi/2 < \varphi < \pi/2$ 范围内可能观察到的全部主极大的级次.

6-31 用每毫米长度上有 300 条刻痕的衍射光栅来检验仅含有属于红和蓝两种单色成分的光谱.已知红谱线波长 λ_R 在 $0.63 \sim 0.68\ \mu m$ 范围内,蓝谱线波长 λ_B 在 $0.43 \sim 0.49\ \mu m$ 范围内.当光垂直入射到光栅上时,发现在衍射角为 24.46° 处,红、蓝两谱线同时出现.

(1) 求这两种单色成分的光谱线的波长;

(2) 在什么角度下红、蓝两谱线还会同时出现?

(3) 在什么角度下只有红谱线出现?

6-32 利用每厘米长度上有 4 000 条刻痕的透射光栅可以产生多少个完整的可见光光谱,其中哪些完整光谱不重叠?

6-33 在氢和氘混合气体的发射光谱中,波长为 656 nm 的红色谱线是双线,其波长差为 0.18 nm.为能在光栅的第 2 级光谱中分辨它们,光栅每厘米长度上的刻痕数至少需要多少?

6-34 汽车两前灯相距 120 cm,设夜间人眼瞳孔直径为 5.0 mm,入射光波长为 500 nm.问汽车离人多远时,眼睛恰可分辨这两盏灯?

6-35 为了使望远镜能分辨角间距为 $3.00×10^{-7}$ rad 的两颗星,其物镜的直径至少应多大(可见光中心波长为 550 nm)?

6-36 一束 X 射线含有 $0.095 \sim 0.13$ nm 范

围内的各种波长,以 $45°$ 的掠射角入射到晶体上.已知晶格常数为 $0.275\ nm$,试问该晶体对哪些波长的 X 射线会产生强反射?

6-37 一束自然光和线偏振光的混合光束垂直照射偏振片.当转动偏振片时,测得透射光强的最大值是最小值的 5 倍,求入射光中线偏振光和自然光的光强之比.

6-38 两偏振片的偏振化方向夹角为 $60°$,在两者之间插入第三个偏振片,其偏振化方向与前两个夹角均为 $30°$.若以光强为 I_0 的自然光垂直入射并透过这三个偏振片,透射光强是多少?

6-39 一束自然光垂直投射到叠放在一起的两个偏振片上,若透射光强度为:

(1) 透射光最大强度的三分之一;

(2) 入射光强度的三分之一,

则两偏振片的偏振化方向之间的夹角是多少?

6-40 两个偏振片叠在一起,其偏振化方向成 $30°$ 角.由强度相同的自然光和线偏振光混合而成的光束垂直入射在偏振片上,已知两种成分的入射光透射后强度相等.

(1) 若不计偏振片对透射分量的反射和吸收,求入射光中线偏振光光矢量振动方向与第一个偏振片偏振化方向之间的夹角;

(2) 在(1)的条件下,求透射光与入射光的强度之比;

(3) 若每个偏振片对透射光的吸收率为 5%,求透射光与入射光的强度之比.

6-41 一束自然光入射到折射率为 1.72 的火石玻璃上,设反射光为线偏振光,则在火石玻璃中,此时光的折射角为多大?

6-42 利用布儒斯特定律可以测定不透明介质的折射率.现测得釉质的布儒斯特角为 $58°$,求其折射率.

6-43 如图 6-64 所示,三种透明介质 I,II,III 的折射率分别为 n_1,n_2,n_3,它们之间的两个交界面相互平行.一束自然光以起偏角 θ_b 由介质 I 射向介质 II.欲使在介质 II 和介质 III 的交界面上的反射光也是线偏振光,则三种介质的折射率 n_1,n_2 和 n_3 之间应满足什么关系?

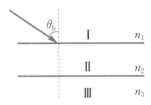

图 6-64 习题 6-43 图

6-44 如图 6-65 所示,将方解石切割成一个正三角形棱镜,其光轴垂直于棱镜的正三角形截面.设非偏振光的入射角为 i,而 e 光在棱镜内的折射光线与棱镜底边平行,求入射角 i,并在图中画出 o 光的光路(已知 $n_e = 1.49,n_o = 1.66$).

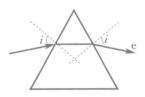

图 6-65 习题 6-44 图

HEAT

第四篇

热 学

　　物质的冷热现象是人们最早观察和认识的自然现象之一，热是物质的一种运动形式，它是大量分子无规则运动（热运动）的宏观表现．热学是研究分子的热运动以及与热现象相联系的各种规律的物理学分支．

　　对热现象及其规律的研究有两种方法：一种为微观方法，或称概率统计方法．该方法的核心是认为构成系统的大量粒子的运动满足某些统计规律，系统的宏观性质是大量微观粒子的集体行为表现．该方法以统计物理为基础，从物质由大量分子、原子组成的前提出发，通过简化的物理模型，找出微观量与宏观量之间的联系，得到的是热现象的微观规律．另一种为宏观方法，或称热力学方法．该方法以大量

的实验事实为基础，从能量的观点出发，着重研究物质状态变化过程中的能量、功、热量及熵等系统宏观参量的转化和转化条件，得到的是热现象的宏观规律．

　　微观方法和宏观方法角度不同，但对热学研究相辅相成，互为补充，缺一不可，构成了热学的两大分支．微观方法可揭示热现象的微观本质，但对粒子运动的描述具有近似性；而宏观方法以实验为基础，揭示热力学系统的一系列宏观特性及其演化规律，应用逻辑推理的方法得到热现象的普遍规律，得到的结论可靠、普遍，但未能揭示热现象的微观本质．

　　本篇我们将用这两种方法分别进行讨论．

第7章

气体动理论

气体动理论是统计物理的分支,它以物质结构的分子学说、经典力学和统计方法为基础,研究气体的物理性质和变化规律.宏观气体由大量的分子或原子组成,分子总是处在无规则的热运动中,既具有明显的无序性,又表现出一定的统计规律性.一方面,将牛顿运动定律直接应用于气体中大量数目的分子(标准大气压下气体分子数密度高于 10^{25} m^{-3})是极其复杂的;另一方面,人们更关心的是气体的宏观性质,即使能求出每个气体分子的运动状态,实际意义也不大.气体动理论将气体的宏观性质归结为大量气体分子的热运动及其相互作用的统计平均结果,采用统计的方法求微观量的统计平均值,而这些平均值对应着表征气体性质的宏观量.

本章内容主要包括:讨论理想气体的压强、温度和内能等宏观量的微观本质,给出宏观量与相应的微观量平均值之间的关系式;介绍能量均分定理、气体分子速率和速度分布律、平均自由程公式,给出平衡态下理想气体分子的热运动、碰撞和能量分配等物理图像,以此表明概率统计理论的重要性.

■ 7.1　热力学系统的状态

在热学中,我们把研究的宏观物体叫作热力学系统(thermodynamic system),简称系统.

日常生活中,诸如"一个烫手的山芋""一块冰冷的铁"等字眼均为对物体冷热状态的描述,这种描述没有考虑物体由什么微粒构成,也不关心每个微粒的运动状态,而只关心物体整体表现出来的性质,这种物体整体表现出来的性质称为热力学系统的宏观性质.它们可以是温度、体积、压强,也可以是电阻、表面张力等.我们通常将由物体宏观性质所确定的状态称为热力学系统的宏观态.

在不受外界影响的条件下,热力学系统的宏观性质不随时间改变的状态称为平衡态(equilibrium state),否则称为非平衡态(nonequilibrium state)."外界影响"主要指系统与外界有能量或物质的交换,即有能量或物质在系统和外界之间流动.平衡态是一个理想化模型,现实中很难找到一个不受外界影响的系统.

处在平衡态下的热力学系统的宏观性质不随时间变化,但从微观上看,系统内每个微粒的状态仍时刻在发生变化.例如,想象在一个封闭的盒子内部存在一个面将盒子分成两部分,两侧气体分子时刻不停地穿越这个界面,只是在平衡态时由两侧穿越这个界面的分子数相同,宏观上表现为盒子中各处的气体分子数密度、压强是稳定的,因此这里所说的平衡态实际上是动态平衡(dynamical equilibrium).

在平衡态下,热力学系统的宏观性质不随时间变化,相应的宏观量都具有确定值.这些宏观量与系统所处的状态有关,称为系统的状态函数(system state function).对于给定的系统,状态函数有若干个,这些可以独立改变并足以确定热力学系统平衡态的一组宏观量称为热力学系统的状态参量(state parameter).

一般可以将描述热力学系统的状态参量划分为五类:(1)几何参量,如气体的体积 V、液体的表面积 A、电阻丝的长度 L 等;(2)力学参量,如气体的压强 p、液体的表面张力 f、固体中的内应力 σ 等;(3)化学参量,如系统中各组分的质量 m 和物质的量 ν 等;(4)电磁参量,如电极化强度 P_e 和磁化强度 M_m;(5)热力学系统特有的状态参量,如温度 T 和熵 S 等.

7.2 热力学第零定律

1. 热力学第零定律

两个热力学系统通过导热材料相互接触时,称为相互热接触,否则称为相互绝热.相互接触的两个热力学系统,如果它们之间没有相互做功,但一个系统状态的变化仍会引起另一个系统状态的变化,则它们一定是有热接触的.例如,普通金属杯中的热水与周围环境(可以将周围环境看作另一个热力学系统)是相互热接触的,但保温杯中的热水与周围环境可近似认为是相互绝热的.

实验发现,相互热接触的两个物体,将它们和外界孤立起来,经过足够长时间后,它们的宏观性质最终不随时间变化,此时我们称两物体达到热平衡.

设有 A,B 和 C 三个物体,若 A 与 B 达到热平衡的同时,A 和 C 也已经达到热平衡,那么 B 和 C 是否也达到热平衡呢?

实验发现,此时 B 和 C 一定也达到热平衡,这一规律称为热平衡定律(law of thermal equilibrium),也称为热力学第零定律.

2. 温度

热力学第零定律告诉我们,热平衡具有可传递性,这种可传递性说明处在热平衡的两个物体一定具有某种共同属性,描述这种共同属性的物理量叫作温度.

为什么热平衡具有可传递性就说明两个物体一定存在某种共同属性?设有两池水,若用管子连通后各自的体积不变,则称这两个池子的水处于"水平".这样定义的"水平"与热平衡一样,一定具有可传递性.考虑三个水池 A,B 和 C,若 A 和 B 处于"水平",A 和 C 也处于"水平",则 B 和 C 一定处于"水平"."水平"的本质是水位相同,即处于"水平"的池子一定具有相同的水位,水位就是它们的共同属性.

处于热平衡的多个物体一定具有相同的温度,因此我们可以选择适当的物体作为测温物体,只要测温物体和待测物体处于热平衡,则测温物体就与待测物体具有相同的温度.

3. 温标

温度的数值表示法称为温标.这里的数值表示法是指温度定量定义的法则.由热平衡定律可知,只要对某一个特殊物体的温度进行了规定,也就规定了所有物体的温度,这个特殊物体称为温度计.

任何一个宏观量只要随着温度显著、单调地变化,都可以用来度量温度,该宏观量对应的宏观性质称为温度计的测温属性.温度与宏观量的具体函数关系称为测温关系,在测温关系中一般还会有待定常量需要确定.在实践中,我们通常通过规定物质稳定状态(如熔点、三相点等)的温度确定这些常量,称为定标点的确定.

建立温标需要三个基本要素:选定测温物质和测温属性、规定测温关系、选择温度的定标点.三个要素的选择不同,则形成的温标不同.例如,我们将实际气体(如氢气、氦气、氮气等)选为测温物质,并充入温度计的气泡室中,保持气体的体积不变,以气体的压强 p 作为测温属性,这样就形成了定容气体温标.该温标的测温关系为正比关系,即

$$T = \alpha p.$$

以冰、水和水蒸气平衡共存的温度(三相点)T_{tr} 为定标点,并取 $T_{tr} = 273.16 \, \text{K}$. 设此时的压强为 p_{tr},则上式中的比例系数

$$\alpha = \frac{T_{tr}}{p_{tr}}.$$

故定容气体温标的测温关系为

$$T = T_{tr} \frac{p}{p_{tr}}. \tag{7-1}$$

同理,也可保持气体压强不变,以气体体积为测温属性,这样的温标就是定压气体温标.

由于不同测温物质的同一测温属性或同一测温物质的不同测温属性随温度变化的规律不同,因此所建立的温标就可能不一致,这就导致用不同温度计对同一物体的温度进行测量,结果会有所不同.为此,我们需要定义一个独立于测温物质和测温属性的温标.

实验发现,当气体非常稀薄时,不管用什么气体,也不管是定容还是定压,用实际气体所建立的温标都会趋于一个共同的极限,这一极限温标称为理想气体温标(ideal gas temperature scale),它独立于测温物质和测温属性,是一种标准的理想温标.

我们还可在热力学第二定律的基础上引入一种不依赖于测温物质的温标,其温度是由热量规定的,称为热力学温标(thermodynamic scale of temperature).用该温标确定的温度,称为热力学温度或绝对温度,单位为开[尔文](K).热力学温标是最基本的温标,任何温度的测量最终都应以热力学温标为准.理论上可以证明,热力学温标与理想气体温标完全一致.

■ 7.3 理想气体物态方程

对于一个简单的气体系统,其状态参量为 (p, V, T),状态参量间满足一定的函数关系,即有

$$F(p, V, T) = 0. \tag{7-2}$$

各状态参量之间的关系方程称为物态方程(state equation).在热力学方法中,系统的物态方程一般由实验确定.实验发现,对于无限稀薄的一定量气体,当气体的体积不变时,其压强与绝对温度成正比,即

$$p \propto T, \tag{7-3}$$

这一规律称为查理定律;当气体的压强不变时,其体积与绝对温度成正比,即

$$V \propto T, \tag{7-4}$$

这一规律称为**盖吕萨克定律**；当气体的温度不变时，其压强和体积的乘积是一个常量，即

$$pV = C,\tag{7-5}$$

这一规律称为**玻意耳定律**. 我们将在任何情况下都能严格遵守上述三个实验定律的气体称为**理想气体**.

根据上面三个实验定律，我们可以推断，当气体压强和体积都变化时，应该有关系

$$pV = DT,\tag{7-6}$$

其中 D 为待定常量. 实验还发现，当气体足够稀薄时，1 mol 任何气体在标准状态下所占有的体积都相同，约为 22.4 L，即气体在标准状态下的摩尔体积为 $V_m = 22.4$ L. 于是结合式（7-6），可得

$$D = \frac{p_0 V_0}{T_0} = \nu \frac{p_0 V_m}{T_0} = \nu R,$$

其中 $p_0 = 1.013\,25 \times 10^5$ Pa，$T_0 = 273.15$ K 分别为气体在标准状态下的压强和温度，ν 为气体物质的量，

$$R = \frac{p_0 V_m}{T_0} = 8.31 \text{ J/(mol} \cdot \text{K)}\tag{7-7}$$

称为**普适气体常量**. 最后可得理想气体物态方程为

$$pV = \nu RT.\tag{7-8}$$

若气体的质量为 m，摩尔质量为 M，则理想气体物态方程可变为

$$pV = \frac{m}{M}RT.\tag{7-9}$$

引入玻尔兹曼常量

$$k = \frac{R}{N_A} = 1.38 \times 10^{-23} \text{ J/K},$$

其中 $N_A = 6.02 \times 10^{23} \text{ mol}^{-1}$ 为阿伏伽德罗常量，则有

$$pV = \nu N_A kT = NkT,$$

即

$$p = \frac{N}{V}kT = nkT,\tag{7-10}$$

这里 N 为气体总分子数，n 为气体分子数密度. 式（7-8），（7-9）和（7-10）为理想气体物态方程的不同形式.

这里需要说明的是，理想气体物态方程实际上是在三个实验定律的基础上总结出来的，只要气体温度不太低（与室温相比），实际气体在无限稀薄时可看作理想气体.

7.4 理想气体微观模型及统计假设

7.4.1 理想气体微观模型

具有宏观质量的实际气体系统，其分子数以阿伏伽德罗常量计，在标准状态下，1 mol 理想气体的体积约为 22.4 L，平均每个分子所占的体积约为 4×10^{-26} m³. 分子的半径 r 约为 10^{-10} m，一个分子的体积约为 4×10^{-30} m³，分子本身的体积与平均每个分子占有的空间体积

之比为 $1:10^4$, 分子半径与分子间距的比大致为 $1:20$. 可见, 常温常压下的气体是比较稀薄的, 除了碰撞瞬间, 分子之间相互作用很小. 作为理想模型, 我们可以认为气体分子具有如下三个特点:

(1) 分子本身的大小与分子间平均距离相比可以忽略不计, 分子可以看作质点.

(2) 除碰撞瞬间外, 分子间的相互作用力可以忽略不计. 在两次碰撞之间, 分子的运动可以看作匀速直线运动.

(3) 分子间的碰撞以及分子与器壁间的碰撞可看作弹性碰撞. 分子与器壁间的碰撞只改变分子运动的方向, 不改变其速率. 分子的动能不因与器壁碰撞而产生任何改变.

这就是理想气体的微观模型. 在该模型中, 没有忽略分子的碰撞, 其原因之一是分子碰撞是较为频繁的, 平均每秒碰撞约 10^9 次. 另一个原因是分子碰撞是气体系统达到平衡态的重要原因, 如果分子不发生碰撞, 气体系统永远不会达到平衡态.

这里还需指出的是, 理想气体分子服从动力学规律, 且在一般情况下, 应认为气体分子是经典粒子, 其运动规律服从牛顿运动定律.

7.4.2　统计假设

虽然气体分子碰撞频繁、运动状态瞬息万变, 但是:

(1) 处在平衡态时, 分子按位置的分布是均匀的, 分子数密度 n 处处相等 (不考虑重力影响), 即认为

$$n = \frac{\mathrm{d}N}{\mathrm{d}V} \tag{7-11}$$

为常量, 其中 $\mathrm{d}V$ 为体积元, 在宏观上要求其足够小, 使得 n 是空间点函数, 在微观上又要求其足够大, 使得分子数密度的取值是稳定的, $\mathrm{d}N$ 为所取体积元中的分子数.

(2) 处在平衡态时, 分子的速度按方向的分布是各向同性的. 也就是说, 分子的平均速度应该为零, 即

$$\overline{v_x} = \frac{\sum\limits_i v_{ix}}{N} = 0, \quad \overline{v_y} = \frac{\sum\limits_i v_{iy}}{N} = 0, \quad \overline{v_z} = \frac{\sum\limits_i v_{iz}}{N} = 0,$$

其中 N 为总分子数, 且分子速度分量平方的平均值也应该相等, 并等于分子速率平方平均值的三分之一, 即

$$\overline{v_x^2} = \overline{v_y^2} = \overline{v_z^2} = \frac{1}{3}\overline{v^2}, \tag{7-12}$$

其中

$$\overline{v_x^2} = \frac{\sum\limits_i v_{ix}^2}{N}, \quad \overline{v_y^2} = \frac{\sum\limits_i v_{iy}^2}{N}, \quad \overline{v_z^2} = \frac{\sum\limits_i v_{iz}^2}{N}. \tag{7-13}$$

7.5　速率分布函数与速度分布函数

处于平衡态的热力学系统具有确定的体积、压强和温度, 虽然其内部分子每时每刻都在做无规则的热运动, 每一个分子的位置、速度、动能和势能都在随时间呈现无规则的变化, 但大量分子的统计平均值却具有确定的规律.

7.5.1 分子速率分布函数

速率分布函数是描述分子按速率分布的统计规律,设系统由 N 个分子构成,速率分布函数给出了处在速率 v 附近单位速率间隔内的分子数.

设速率分布在 $v \sim v + \Delta v$ 间隔内的分子数为 ΔN,则其应该正比于 Δv 和总分子数 N. 我们用比值 $\dfrac{\Delta N}{N \Delta v}$ 表示在速率 v 附近单位速率间隔内的分子数占总分子数的百分比. 一般情况下,该比值不但与 v 有关,而且与所取的速率间隔有关,在速率间隔趋于零时,该比值的极限只与速率 v 有关. 物理上,我们将此极限称为**速率分布函数**(distribution function of speed),用 $f(v)$ 表示,即有

$$f(v) = \lim_{\Delta v \to 0} \frac{\Delta N}{N \Delta v} = \frac{\mathrm{d}N}{N \mathrm{d}v}. \tag{7-14}$$

知道了速率分布函数,分子按速率的分布便被唯一确定.

按速率分布函数的定义,$f(v)\mathrm{d}v = \dfrac{\mathrm{d}N}{N}$ 表示速率分布在 $v \sim v + \Delta v$ 范围内的分子数占总分子数的百分比,而 $Nf(v)\mathrm{d}v = \mathrm{d}N$ 表示分布在该速率范围的分子数,因此积分 $\displaystyle\int_0^{\infty} Nf(v)\mathrm{d}v$ 等于总分子数,即

$$\int_0^{\infty} Nf(v)\mathrm{d}v = N.$$

考虑到 N 为确定值,即得

$$\int_0^{\infty} f(v)\mathrm{d}v = 1. \tag{7-15}$$

式(7-15)称为速率分布函数的**归一化条件**,其几何意义为速率分布函数曲线下的面积等于 1,如图 7-1 所示.

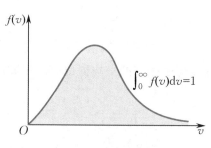

图 7-1　归一化曲线

若已知速率分布函数,则可计算与速率有关的微观量的平均值,例如分子速率的平均值按定义应为

$$\bar{v} = \frac{1}{N} \sum_{i=1}^{N} v_i. \tag{7-16}$$

根据统计规律可以认为 N 个分子的速率连续地分布在 $(0, \infty)$ 之间,速率在 $v \sim v + \Delta v$ 区间内的分子数为 $\mathrm{d}N = Nf(v)\mathrm{d}v$,这些分子具有相同的速率 v,它们的速率之和定义为 $v\mathrm{d}N = Nvf(v)\mathrm{d}v$,所有分子速率之和为 $\displaystyle\int_0^{\infty} v\mathrm{d}N = \int_0^{\infty} Nvf(v)\mathrm{d}v$. 该式除以总分子数,可得分子平均

速率为

$$\bar{v} = \frac{1}{N}\int_0^\infty Nvf(v)\mathrm{d}v = \int_0^\infty vf(v)\mathrm{d}v. \tag{7-17}$$

同理可得分子速率平方的平均值为

$$\overline{v^2} = \int_0^\infty v^2 f(v)\mathrm{d}v. \tag{7-18}$$

任何一个与速率有关的微观量 g 的平均值为

$$\bar{g} = \int_0^\infty gf(v)\mathrm{d}v. \tag{7-19}$$

例如分子的平动动能平均值为

$$\overline{\varepsilon_{\mathrm{k}}} = \frac{1}{2}m\int_0^\infty v^2 f(v)\mathrm{d}v = \frac{1}{2}m\overline{v^2}.$$

例 7-1 设某粒子系统的速率分布函数如图 7-2 所示.

(1) 由 v_0 求常数 C;

(2) 求粒子的平均速率.

解 （1）由归一化条件有 $\frac{1}{2}v_0 C = 1$，得

$$C = \frac{2}{v_0}.$$

（2）由图可得粒子的速率分布函数为

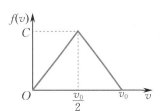

图 7-2 例 7-1 图

$$f(v) = \begin{cases} \dfrac{4v}{v_0^2} & \left(0 \leqslant v < \dfrac{v_0}{2}\right), \\ \dfrac{4}{v_0}\left(1 - \dfrac{v}{v_0}\right) & \left(\dfrac{v_0}{2} \leqslant v \leqslant v_0\right), \\ 0 & (v > v_0), \end{cases}$$

故粒子的平均速率为

$$\bar{v} = \int_0^\infty vf(v)\mathrm{d}v = \int_0^{v_0/2} v\frac{4v}{v_0^2}\mathrm{d}v + \int_{v_0/2}^{v_0} v\frac{4}{v_0}\left(1 - \frac{v}{v_0}\right)\mathrm{d}v = \frac{1}{2}v_0.$$

7.5.2 麦克斯韦速率分布律

麦克斯韦根据平衡态下气体分子的热运动具有各向同性的特点，运用概率统计的方法，导出了处于平衡态的理想气体系统的分子速率分布函数：

$$f(v) = 4\pi\left(\frac{m}{2\pi kT}\right)^{\frac{3}{2}}\mathrm{e}^{-\frac{mv^2}{2kT}}v^2, \tag{7-20}$$

其中 T 为气体的温度，m 为分子的质量，k 为玻尔兹曼常量. 式(7-20)所描述的气体分子按速率分布的规律称为**麦克斯韦速率分布律**，对应的分布称为**麦克斯韦速率分布**（Maxwell speed distribution），而这里的 $f(v)$ 又称为**麦克斯韦速率分布函数**.

麦克斯韦速率分布函数 $f(v)$ 是速率 v 的函数，它表示当气体在一定温度下处于平衡态时，系统中处于速率 v 附近单位速率间隔内的分子数占总分子数的比例. 以 $f(v)$ 为纵坐标，v

为横坐标，可画出麦克斯韦速率分布曲线，如图 7-3 所示．由图可知，在一定温度下，气体系统内的分子有各种不同的速率，处在不同的速率区间的分子数在总分子数中所占比例不同．

利用麦克斯韦速率分布函数可以求得分子运动的三个特征速率．

（1）**最概然速率**．速率分布函数取极大值时对应的速率称为最概然速率，记作 v_{p}．在该速率处，速率分布函数对速率的一阶导数为零，即

$$\left.\frac{\mathrm{d}f(v)}{\mathrm{d}v}\right|_{v_{\mathrm{p}}}=0,$$

由此可解得最概然速率为

$$v_{\mathrm{p}}=\sqrt{\frac{2kT}{m}}=\sqrt{\frac{2RT}{M}}\approx1.41\sqrt{\frac{kT}{m}}. \tag{7-21}$$

其物理意义是分子速率处在 v_{p} 附近的概率最大．

（2）**平均速率**．由

$$\bar{v}=\int_0^\infty vf(v)\mathrm{d}v,$$

可得

$$\bar{v}=\sqrt{\frac{8kT}{\pi m}}=\sqrt{\frac{8RT}{\pi M}}\approx1.60\sqrt{\frac{kT}{m}}. \tag{7-22}$$

（3）**方均根速率**．由

$$\overline{v^2}=\int_0^\infty v^2 f(v)\mathrm{d}v,$$

经计算可得

$$\sqrt{\overline{v^2}}=\sqrt{\frac{3kT}{m}}=\sqrt{\frac{3RT}{M}}\approx1.73\sqrt{\frac{kT}{m}}. \tag{7-23}$$

三个特征速率的数值关系如图 7-3 所示．

麦克斯韦速率分布函数中含有两个参量：温度 T 和质量 m．温度升高，最概然速率增大，速率分布曲线的峰向右移动，如图 7-4 所示．

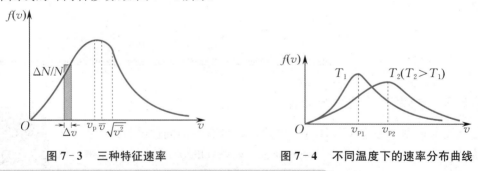

图 7-3　三种特征速率　　　　图 7-4　不同温度下的速率分布曲线

例 7-2　试由麦克斯韦速率分布函数求分子速率与最概然速率之差不超过 1% 的分子数占总分子数的百分比．

解　当速率间隔很小时，分布在速率区间 $v\sim v+\Delta v$ 内的分子数可近似表示为
$$\Delta N=Nf(v)\Delta v,$$
即

$$\frac{\Delta N}{N} = 4\pi \left(\frac{m}{2\pi kT}\right)^{3/2} \mathrm{e}^{-\frac{mv^2}{2kT}} v^2 \Delta v$$

$$= 4\pi \left(\frac{1}{\pi v_p^2}\right)^{3/2} \mathrm{e}^{-\frac{v^2}{v_p^2}} v^2 \Delta v.$$

取 $v = v_p = \sqrt{\dfrac{2kT}{m}}, \Delta v = 0.02 v_p$, 可得

$$\frac{\Delta N}{N} = 4\pi \left(\frac{1}{\pi v_p^2}\right)^{3/2} \mathrm{e}^{-1} v_p^2 \times 0.02 v_p \approx 1.66\%.$$

7.5.3 麦克斯韦速度分布律

速率分布函数描述了气体分子按速度大小的分布, 没有考虑分子运动的方向. 为了更细致地描述分子按运动状态的分布, 应该引入**速度分布函数**. 麦克斯韦得出, 速度分布在速度空间 $\boldsymbol{v} \sim \boldsymbol{v} + \mathrm{d}\boldsymbol{v}$ 内, 即 $v_x \sim v_x + \mathrm{d}v_x, v_y \sim v_y + \mathrm{d}v_y, v_z \sim v_z + \mathrm{d}v_z$ 内的分子数, 占总分子数的比例为

$$f(\boldsymbol{v})\mathrm{d}v_x\mathrm{d}v_y\mathrm{d}v_z = f(v_x, v_y, v_z)\mathrm{d}v_x\mathrm{d}v_y\mathrm{d}v_z = \left(\frac{m}{2\pi kT}\right)^{3/2} \mathrm{e}^{-\frac{m(v_x^2+v_y^2+v_z^2)}{2kT}} \mathrm{d}v_x\mathrm{d}v_y\mathrm{d}v_z. \quad (7\text{-}24)$$

式(7-24)给出的气体分子按速度分布的规律称为**麦克斯韦速度分布律**, 其中

$$f(\boldsymbol{v}) = f(v_x, v_y, v_z) = \left(\frac{m}{2\pi kT}\right)^{3/2} \mathrm{e}^{-\frac{m(v_x^2+v_y^2+v_z^2)}{2kT}}$$

称为**麦克斯韦速度分布函数**, 它表示在速度 $\boldsymbol{v}$ 附近单位速度空间体积内的分子数占总分子数的比例.

7.6 压强与温度的微观解释

7.6.1 压强公式

大量气体分子对器壁的撞击形成了压强, 为计算处于平衡态的理想气体对器壁的压强, 对一盒处于平衡态的理想气体进行分析. 设气体的分子数密度为 n, 每个分子的质量为 m. 分布在速度空间 $\boldsymbol{v} \sim \boldsymbol{v} + \mathrm{d}\boldsymbol{v}$ 内的分子具有相同的速度 $\boldsymbol{v}$, 与器壁发生弹性碰撞后, 一个分子对容器右壁的冲量为 $2mv_x$. 如图 7-5 所示, 在器壁上以 $\mathrm{d}A$ 为底, 以 $v_x \mathrm{d}t$ 为高作斜柱体, 其中每单位体积中有 $nf(\boldsymbol{v})\mathrm{d}v_x\mathrm{d}v_y\mathrm{d}v_z$ 个分子, 斜柱体中处于速度空间 $\boldsymbol{v} \sim \boldsymbol{v} + \mathrm{d}\boldsymbol{v}$ 内的分子数为

$$\mathrm{d}N = [nf(\boldsymbol{v})\mathrm{d}v_x\mathrm{d}v_y\mathrm{d}v_z]v_x\mathrm{d}t\mathrm{d}A.$$

这些分子在 $\mathrm{d}t$ 时间内给器壁上面积元 $\mathrm{d}A$ 的冲量为

$$\mathrm{d}I' = 2mv_x\mathrm{d}N.$$

因此, 满足 $v_x > 0$ 的各种速度的分子在 $\mathrm{d}t$ 时间内给面积元 $\mathrm{d}A$ 的冲量为

$$\mathrm{d}I = \int_0^{+\infty} \mathrm{d}v_x \int_{-\infty}^{+\infty} \mathrm{d}v_y \int_{-\infty}^{+\infty} 2nf(v_x, v_y, v_z)mv_x^2\mathrm{d}t\mathrm{d}A\mathrm{d}v_z.$$

由上式可得分子对器壁的压强为

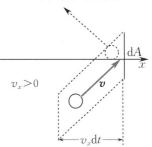

图 7-5 气体分子碰撞模型

$$p = \frac{\mathrm{d}I}{\mathrm{d}t \mathrm{d}A} = 2mn \int_0^{+\infty} \mathrm{d}v_x \int_{-\infty}^{+\infty} \mathrm{d}v_y \int_{-\infty}^{+\infty} v_x^2 f(v_x, v_y, v_z) \mathrm{d}v_z.$$

根据气体分子统计假设可知,处于平衡态的气体系统的分子速度分布函数应该具有如下特点:

(1) 各向同性. 速度分布函数与速度方向无关,速度分布函数是速度分量的偶函数,即有

$$f(v_x, v_y, v_z) = f(-v_x, v_y, v_z).$$

(2) 对等性. 分子的三个速度分量的分布应该是对等的,分子的三个速度分量平方的平均值应该相等,即有式(7-12).

(3) 分子的三个速度分量的分布应该是相互独立的,且具有相同的函数形式,即

$$f(v_x, v_y, v_z) = g(v_x) g(v_y) g(v_z).$$

综上可得

$$p = mn \int_{-\infty}^{+\infty} \mathrm{d}v_x \int_{-\infty}^{+\infty} \mathrm{d}v_y \int_{-\infty}^{+\infty} v_x^2 f(v_x, v_y, v_z) \mathrm{d}v_z = mn \overline{v_x^2} = \frac{1}{3} mn \overline{v^2}, \qquad (7-25)$$

即

$$p = \frac{2}{3} n \overline{\varepsilon_k}, \qquad (7-26)$$

其中 $\overline{\varepsilon_k} = \frac{1}{2} m \overline{v^2}$ 是分子平动动能的统计平均值,称为分子的平均平动动能.

7.6.2 温度的微观意义

利用理想气体物态方程(7-10)和压强公式(7-26),可以得到温度与分子平均平动动能的关系为

$$\overline{\varepsilon_k} = \frac{3}{2} kT. \qquad (7-27)$$

式(7-27)表明,温度是分子平动动能的统计平均值,它反映了分子无规则热运动的剧烈程度. 分子的平均平动动能只与温度有关,与分子质量无关. 两瓶不同种类的气体,若分子平均平动动能相等($\overline{\varepsilon_{k1}} = \overline{\varepsilon_{k2}}$),则这两瓶气体具有相同的温度($T_1 = T_2$);若此时两种气体的分子数密度不同($n_1 \neq n_2$),则它们的压强不同($p_1 \neq p_2$).

利用式(7-27)可以直接得到气体分子的方均根速率

$$\sqrt{\overline{v^2}} = \sqrt{\frac{3kT}{m}}.$$

若 T 取 273.15 K,则可以估计出氢气分子的方均根速率大约为 1 845 m/s,而氧气分子的方均根速率大约为 461 m/s.

设一混合理想气体由若干种气体构成, n_i 为第 i 种理想气体的分子数密度,则混合理想气体的总分子数密度为

$$n = \sum_i n_i.$$

又设混合理想气体的温度为 T,则各组元分子的平均平动动能相等,即

$$\overline{\varepsilon_{k1}} = \overline{\varepsilon_{k2}} = \cdots = \overline{\varepsilon_k}.$$

器壁的压强是各种气体分子共同碰撞的结果,与理想气体压强公式的推导一样,同理可得混合理想气体压强公式为

$$p = \frac{2}{3}\left(\sum_i n_i\right)\overline{\varepsilon_k} = \sum_i n_i kT, \qquad (7-28)$$

即 $p = \sum_i p_i$，其中 p_i 为第 i 种气体单独存在时的压强（也称为分压）. 容器内装有混合气体，如果各种气体之间不发生化学反应，则混合气体的总压强等于同温时每种气体单独存在时所产生的压强之和. 这一规律是由道尔顿在 19 世纪通过实验观察得到的，称为**道尔顿分压定律**（Dalton's law of partial pressure）.

例 7-3 求下列温度下氮气分子的平均平动动能和方均根速率：

(1) $t = 1\ 000\ ℃$；

(2) $t = 0\ ℃$；

(3) $t = -150\ ℃$.

解 (1) $t = 1\ 000\ ℃$ 时，氮气分子的平均平动动能和方均根速率分别为

$$\overline{\varepsilon_{k1}} = \frac{3}{2}kT_1 = 2.64 \times 10^{-20}\ \text{J}, \qquad \sqrt{\overline{v_1^2}} = \sqrt{\frac{3RT_1}{M}} \approx 1\ 065\ \text{m/s}.$$

(2) $t = 0\ ℃$ 时，氮气分子的平均平动动能和方均根速率分别为

$$\overline{\varepsilon_{k2}} = \frac{3}{2}kT_2 = 5.65 \times 10^{-21}\ \text{J}, \qquad \sqrt{\overline{v_2^2}} = \sqrt{\frac{3RT_2}{M}} \approx 493\ \text{m/s}.$$

(3) $t = -150\ ℃$ 时，氮气分子的平均平动动能和方均根速率分别为

$$\overline{\varepsilon_{k3}} = \frac{3}{2}kT_3 = 2.55 \times 10^{-21}\ \text{J}, \qquad \sqrt{\overline{v_3^2}} = \sqrt{\frac{3RT_3}{M}} \approx 331\ \text{m/s}.$$

7.7 能量均分定理

在前面的讨论中，我们将理想气体分子看成质点，只考虑分子的平动动能，但实际分子是有大小的，它除了平动还有其他形式的运动. 例如，多原子分子除了整体平动外，还可以转动，或发生形变（构成分子的原子之间会相对振动）. 由于碰撞，分子的能量将会在平动、转动、振动等形式的运动之间不断地转化. 达到平衡态时，能量在不同运动形式之间是如何分配的呢？为了回答这一问题，我们先引入自由度的概念.

分子的**自由度**（degree of freedom）是指完全确定该分子位置所需的独立坐标个数，用 i 表示. 对于氦气（He）、氖气（Ne）和氩气（Ar）等单原子气体，其分子模型可用一个质点来代替，如图 7-6(a) 所示，故其自由度（平动自由度）$i = 3$.

对于氢气（H_2）、氧气（O_2）和氮气（N_2）等双原子气体，在温度不太高时，其分子几乎不发生形变，可看作刚性的双原子分子，并用两个刚性连接的质点模型来代替，如图 7-6(b) 所示. 这时我们需要用三个坐标来确定质心的位置，两个坐标来确定转轴的方位（转动自由度），故其自由度共 5 个，即 $i = 5$. 若考虑分子的形变，两原子的间距会发生变化，在刚性双原子分子的基础上需再增加一个自由度确定原子间距，称为**振动自由度**.

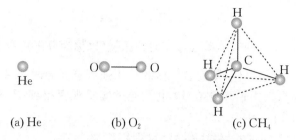

(a) He   (b) O_2 (c) CH_4

图7-6 气体分子结构示意图

对于水蒸气（H_2O）、甲烷（CH_4）等多原子气体,若不考虑分子的形变,则其模型可用多个刚性连接的质点来代替,称为刚性多原子分子,如图7-6(c) 所示. 这时分子的运动在刚性双原子分子的基础上,再增加一个自转运动,故其自由度变为 6 个,即 $i = 6$.

分子平动动能可分为三部分,即

$$\varepsilon_k = \frac{1}{2}mv_x^2 + \frac{1}{2}mv_y^2 + \frac{1}{2}mv_z^2.$$

按照分子速度分布的各向同性假设,有

$$\frac{1}{2}m\overline{v_x^2} = \frac{1}{2}m\overline{v_y^2} = \frac{1}{2}m\overline{v_z^2} = \frac{1}{3}\overline{\varepsilon_k},$$

结合式(7-27) 可得

$$\frac{1}{2}m\overline{v_x^2} = \frac{1}{2}m\overline{v_y^2} = \frac{1}{2}m\overline{v_z^2} = \frac{1}{2}kT,$$

即分子平均平动动能平均地分配在每个平动自由度上,其大小为 $\frac{1}{2}kT$.

我们可将以上结论推广到多原子分子,即在温度为 T 时,处于平衡态的系统中,分子每个自由度都具有相同的平均平动动能且每一振动自由度还有 $\frac{1}{2}kT$ 的平均势能,此时分子总能量的平均值为

$$\bar{\varepsilon} = \frac{i}{2}kT = (t + r + 2s) \cdot \frac{1}{2}kT, \tag{7-29}$$

其中 t 为平动自由度,r 为转动自由度,s 为振动自由度. 这就是能量按自由度均分定理,简称能量均分定理.

例如,对单原子分子,$t = 3, r = s = 0, \bar{\varepsilon} = \frac{3}{2}kT$;对刚性双原子分子,$t = 3, r = 2, s = 0$,$\bar{\varepsilon} = \frac{5}{2}kT$;对非刚性双原子分子,$t = 3, r = 2, s = 1, \bar{\varepsilon} = \frac{7}{2}kT$.

从微观上看,一个热力学系统的内能是所有粒子的动能和势能以及分子间的相互作用势能之和. 对于理想气体,因分子之间无相互作用势能,故系统内能等于所有分子动能与势能之和. 设理想气体系统中共有 N 个分子,则系统内能为

$$E = N\bar{\varepsilon} = N(t + r + 2s) \cdot \frac{1}{2}kT = N \cdot \frac{i}{2}kT. \tag{7-30}$$

1 mol 理想气体的内能为

$$E_{mol} = N_A\bar{\varepsilon} = \frac{t + r + 2s}{2}RT = \frac{i}{2}RT. \tag{7-31}$$

由式(7-31)可知,理想气体的内能只是温度的函数,与体积无关,这是因为忽略了分子间的相互作用势能.分子间的相互作用势能显然与分子间距有关,即系统势能与系统的体积有关.因此,对非理想气体,系统内能除了与温度有关以外,还与体积有关.

7.8 分子平均碰撞频率和平均自由程

前面我们讨论了分子对给定平面的碰撞,得出了气体的压强公式.除了分子对给定平面的碰撞外,分子间的碰撞也是气体动理论研究的重要内容之一.分子间通过相互碰撞来实现动量、动能的交换,而气体由非平衡态达到平衡态的过程也是通过分子碰撞来实现的.例如,容器中各个地方的气体的温度不相同时,分子通过碰撞实现动能的交换,最终使得容器内各处气体的温度相等.

设想气体中有一个分子α在t时刻与A处分子发生碰撞,经过Δt时间后,到达B处,如图7-7所示.在此时间内,分子α在前进过程中与其他分子发生频繁碰撞,每发生一次碰撞,分子的速度大小和方向均发生变化,形成曲折的前进路径.因此,分子从A处到达B处所需时间较长.分子两次相邻碰撞之间自由通过的路程叫作自由程.由图7-7可知,分子自由程有长有短,似乎没有规律可循.但就大量分子的无规则热运动而言,自由程的长短分布仍然是有规律的.

单位时间内分子α与其他分子碰撞的平均次数叫作分子的平均碰撞频率,用$\overline{Z}$表示.分子在连续两次碰撞间所经过的路程的平均值叫作平均自由程,用$\overline{\lambda}$表示.若假设分子α以平均速率$\overline{v}$运动,则有

$$\overline{\lambda} = \frac{\overline{v}}{\overline{Z}}. \tag{7-32}$$

式(7-32)表明,分子间的碰撞越频繁,即$\overline{Z}$越大,平均自由程$\overline{\lambda}$越小.

为了简化问题,先假设只有分子α以平均速率$\overline{v}$运动,其余分子都看作静止不动,并将分子看成直径为d的弹性小球,分子α与其他分子碰撞时,都是弹性碰撞,如图7-8所示.

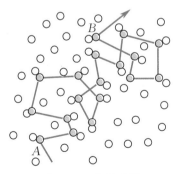

图7-7 分子碰撞

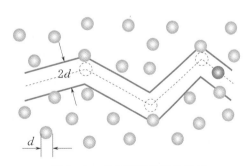

图7-8 分子碰撞次数的计算

在分子α的运动过程中,它的球心轨迹是一系列折线,凡是球心与折线的距离小于或等于d的分子都将和分子α发生碰撞.如果以单位时间内分子α的球心所经过的轨迹为轴,以d为半径作一圆柱体(由于圆柱体的长度为$\overline{v}$,因此圆柱体的体积为$\pi d^2 \overline{v}$),则球心在该圆柱体内的其他分子均将与分子α发生碰撞.设气体分子数密度为n,则圆柱体内的分子数为

$$\overline{Z} = \pi d^2 \overline{v} n. \tag{7-33}$$

显然,这就是分子 α 在单位时间内和其他分子发生碰撞的平均次数,πd^2 也叫作碰撞截面.

在上述推导过程中,曾有过如下假设:仅分子 α 以平均速率 $\overline{v}$ 运动,其他分子都静止,这个假设与实际情况有很大差别.实际上,一切分子都在不停地运动着.另外,各个分子运动的速率也不相同,且遵守麦克斯韦速率分布律.考虑上述因素后,我们需对式(7-33)予以修正.修正后,分子的平均碰撞频率增大到式(7-33)所给数值的 $\sqrt{2}$ 倍,即

$$\overline{Z} = \sqrt{2}\pi d^2 \overline{v} n. \qquad (7-34)$$

式(7-34)表明,平均碰撞频率 $\overline{Z}$ 与分子数密度 n 及分子平均速率 $\overline{v}$ 成正比,也与分子直径 d 的平方成正比.结合式(7-32),可得

$$\overline{\lambda} = \frac{1}{\sqrt{2}\pi d^2 n}. \qquad (7-35)$$

式(7-35)表明,平均自由程与分子的碰撞截面及分子数密度成反比,与分子平均速率无关.

因为 $p = nkT$,所以式(7-35)还可以改写为

$$\overline{\lambda} = \frac{kT}{\sqrt{2}\pi d^2 p}. \qquad (7-36)$$

式(7-36)表明,当气体的温度一定时,气体的压强越大(气体分子越密集),分子的平均自由程越短;反之,若气体的压强越小(气体分子越稀疏),分子的平均自由程越长.

应当指出,在上述公式的推导过程中,我们将气体分子视为直径为 d 的弹性小球,并且把分子间的碰撞看成弹性碰撞,这其实并不准确.首先,气体分子并不是球体;其次,分子的碰撞过程也并非弹性碰撞.气体分子是一个复杂的系统,分子之间的相互作用也很复杂.因此,一般把 d 称为分子的有效直径.

在标准状态下,各种气体的平均碰撞频率 $\overline{Z}$ 的数量级约为 $10^9\ \mathrm{s}^{-1}$,平均自由程 $\overline{\lambda}$ 的数量级为 $10^{-8} \sim 10^{-7}\ \mathrm{m}$.也就是说,一个分子在 $1\ \mathrm{s}$ 内平均要与其他分子发生约数十亿次碰撞.分子间频繁的碰撞导致分子的平均自由程非常短.

例 7-4　试估算下列两种情况下空气分子的平均自由程:

(1) $T_1 = 273\ \mathrm{K}, p_1 = 1.013 \times 10^5\ \mathrm{Pa}$;

(2) $T_2 = 273\ \mathrm{K}, p_2 = 1.333 \times 10^{-3}\ \mathrm{Pa}$.

解　空气分子的主要成分为氮气和氧气分子,其有效直径 d 的大小在 $3.10 \times 10^{-10}\ \mathrm{m}$ 左右,将已知数据代入式(7-36),即可求得空气分子的平均自由程.

(1) 在 $T_1 = 273\ \mathrm{K}, p_1 = 1.013 \times 10^5\ \mathrm{Pa}$ 时,

$$\overline{\lambda_1} = \frac{kT_1}{\sqrt{2}\pi d^2 p_1} = \frac{1.38 \times 10^{-23} \times 273}{\sqrt{2}\pi \times (3.10 \times 10^{-10})^2 \times 1.013 \times 10^5}\ \mathrm{m} \approx 8.71 \times 10^{-8}\ \mathrm{m}.$$

(2) 在 $T_2 = 273\ \mathrm{K}, p_2 = 1.333 \times 10^{-3}\ \mathrm{Pa}$ 时,

$$\overline{\lambda_2} = \frac{kT_2}{\sqrt{2}\pi d^2 p_2} = \frac{1.38 \times 10^{-23} \times 273}{\sqrt{2}\pi \times (3.10 \times 10^{-10})^2 \times 1.333 \times 10^{-3}}\ \mathrm{m} \approx 6.62\ \mathrm{m}.$$

从例 7-4 中可以看出,空气分子在 $273\ \mathrm{K},1.333 \times 10^{-3}\ \mathrm{Pa}$ 时的平均自由程约为 $6.62\ \mathrm{m}$,这个值远大于日常生活中的保温容器(如暖瓶)两壁间的线度.在该容器中,空气分子彼此间很少碰撞,分子只与容器壁发生碰撞.此时我们就可以说该容器两器壁间已处于"真空"状态.

虽然这时容器中仍有大量分子存在,但其分子数密度 n 已很小.可见,真空度越高,气体分子的平均自由程越长.

**思考题**

将香水瓶盖打开,为什么要过一会才能闻到香味?

本章小结　　　　阅读材料 7

■■■■ 习　题　7 ■■■■

7-1 当温度为 7 ℃ 时,机车内胎中空气的压强为 4.0×10^5 Pa,若温度变为 37.0 ℃,问轮胎内空气压强为多少(设内胎容积不变)?

7-2 在湖面下 50.0 m 深处(温度为 4.0 ℃)有一个体积为 1.0×10^{-5} m³ 的空气泡正缓慢上升,若湖面的温度为 17.0 ℃,求气泡到达湖面时的体积(取大气压强为 $p_0 = 1.013 \times 10^5$ Pa).

7-3 高压氧气瓶内气体的压强为 $p = 1.3 \times 10^7$ Pa,氧气瓶的容积为 $V = 30$ L,每天用掉压强为 1.0×10^5 Pa、体积为 400 L 的氧气,为保证瓶内气体压强不小于 1.0×10^6 Pa,该瓶氧气能用几天?

7-4 如图 7-9 所示,一根一端封闭的均匀玻璃管长 96 cm,内有一段长 20 cm 的水银柱封闭着一段空气.当温度为 27 ℃ 时,空气柱长 60 cm.外界大气压强为 76 cmHg,且保持不变.为使水银柱从管中全部溢出,温度至少要达到多少摄氏度?

7-5 如图 7-10 所示,上方正中央堆有铁砂的轻活塞最初搁置在固定卡环上,气体柱的高度为 H_0,压强等于大气压强 p_0.对气体缓慢加热,当气体温度升高了 $\Delta T = 60$ K 时,活塞开始上升.继续加热直到气体柱的高度为 $H_1 = 1.5H_0$,此后保持温度不变逐渐取走铁砂.铁砂全部取走时气体柱的高度变为 $H_2 = 1.8H_0$,求此时气体的温度.

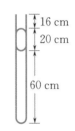

图 7-9　习题 7-4 图

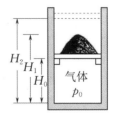

图 7-10　习题 7-5 图

7-6 长金属管下端封闭,上端开口,整体置于压强为 p_0 的大气中.将封闭端加热至 $T_1 = 1000$ K,另一端保持 $T_2 = 200$ K.设温度沿管长均匀变化,现封闭开口端,并使金属管冷却到 100 K,求管内压强.

7-7 氢气分子的质量为 3.3×10^{-24} g,若每秒有 10^{23} 个氢气分子沿着与容器壁的法线成 45° 角的方向以 10^5 cm/s 的速率撞击在面积为 2.0 cm² 的容器壁上(碰撞为弹性碰撞),则容器壁所承受的压强为多少?

7-8 金属导体中的电子在金属内部做无规则热运动(与容器中的气体分子类似),设金属中共有 N 个自由电子,其中电子的最大速率为 v_m,电子速率在 $v \sim v + dv$ 之间的概率为

$$\frac{dN}{N} = \begin{cases} Av^2 dv & (v \leqslant v_m), \\ 0 & (v > v_m), \end{cases}$$

其中 A 为常量,试求电子的平均速率.

7-9 大量粒子($N_0 = 7.2 \times 10^{10}$)的速率分布曲线如图 7-11 所示,试求:

(1)速率小于 30 m/s 的分子数;

(2)速率处在 $99 \sim 101$ m/s 区间内的分子数;

(3)所有粒子的平均速率;

(4)速率大于 60 m/s 的粒子的平均速率.

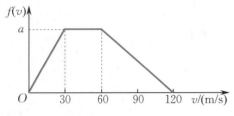

图 7-11　习题 7-9 图

7-10 由麦克斯韦速率分布计算:

(1)温度分别为 $T_1 = 300$ K 和 $T_2 = 600$ K 时氧气分子的最概然速率 v_{p1} 和 v_{p2};

(2)在(1)中两种温度下的最概然速率附近单位速率区间内的分子数占总分子数的百分比;

(3)温度为 300 K 时,氧气分子在 $2v_{p2}$ 附近单位速率区间内的分子数占总分子数的百分比.

7-11 氦气(He)和氢气(H_2)的麦克斯韦速率分布曲线如图 7-12 所示,试由图中数据计算氦气的温度 T_1 和氢气的温度 T_2 之比.

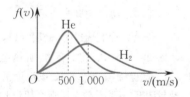

图 7-12　习题 7-11 图

7-12 一容器内盛有密度为 ρ 的单原子理想气体,其压强为 p,此气体分子的方均根速率为多少?单位体积内气体的内能为多少?

7-13 有容积不同的 A,B 两个容器,A 中装有单原子理想气体,B 中装有双原子理想气体,若两种气体的压强相同,求这两种气体单位体积内气体内能的关系.

7-14 在标准状态下,若氧气(视为刚性双原子理想气体)和氦气的体积比 $V_1 : V_2 = 1 : 2$,求它们的内能之比 $E_1 : E_2$.

7-15 A,B,C 三个容器中均装有理想气体,它们的分子数密度之比为 $n_A : n_B : n_C = 4 : 2 : 1$,而分子的平均平动动能之比为 $\bar{\varepsilon}_A : \bar{\varepsilon}_B : \bar{\varepsilon}_C = 1 : 2 : 4$,求它们的压强之比 $p_A : p_B : p_C$.

7-16 摩尔质量为 M 的氧气的状态参量分别为 p, V, T,求其内能及氧气分子的平均速率.

7-17 已知质量为 m,摩尔质量为 M 的刚性双原子理想气体,装在容积为 V 的容器里,压强为 p,求该气体分子在任一自由度上的平均动能.

7-18 用绝热材料制成的一个容器,容积为 $2V_0$,被绝热板隔成 A,B 两部分,A 内储有 1 mol 单原子理想气体,B 内储有 2 mol 刚性双原子理想气体. A,B 两部分压强均为 p_0,体积均为 V_0,试求:

(1)两种气体各自的内能;

(2)抽去绝热板,两种气体混合后处于平衡态时的温度.

7-19 在一定压强下,温度为 20 ℃ 时,氩气和氦气分子的平均自由程分别为 9.9×10^{-8} m 和 27.5×10^{-8} m. 试求:

(1)氩气和氮气分子的有效直径之比;

(2)温度不变而压强变为原来的一半时,氮气的平均自由程和平均碰撞频率.

8 第8章 热力学基础

气体动理论从物质的微观结构出发研究热现象和热运动的规律,而热力学以对热现象的大量观测和实验事实为基础,从能量的角度分析热力学系统状态变化过程中功和热之间转换的关系和条件,研究得出物质宏观量之间的关系、宏观热力学过程进行的方向等结论,是热现象和热运动的宏观理论.

热力学第一定律和热力学第二定律是热力学的理论基础.热力学第一定律实质上是包括热现象在内的能量守恒定律,是从大量的实验事实和日常现象中总结出的普适定律.物体之间存在温差就会发生热量的传递.传热的本质是能量的一种传递,而功则是通过机械方法传递能量,两者都可以改变系统的内能.热力学第一定律用能量守恒的一般描述将两者统一起来:系统吸收的热量一部分用来对外界做功,另一部分用来增加系统的内能.

18世纪,人们发明了蒸汽机,利用其产生的蒸汽推动活塞对外界做功,将热能转化为机械能.蒸汽机发明之后被广泛应用于冶金、机车和船舶等各个行业,引发了第一次工业革命.然而,人们发现在实践中无论怎样精心设计,热机的效率总存在上限,即受到了热力学第二定律的约束.热力学第二定律有多种表述方式,本质上都指出了自然界中热力学过程进行的方向和条件.热力学过程无论是自发过程还是非自发过程,都属于不可逆过程,具有明显的单向性.

本章首先介绍准静态过程及热力学第一定律,并将之应用于理想气体的各等值过程;然后讨论热力学循环过程及其效率问题,通过热机效率的理论问题引出热力学第二定律的开尔文表述和克劳修斯表述;最后介绍热力学第二定律的物理意义.

■ 8.1 准静态过程

如果一个热力学系统状态发生了变化,我们就说该系统经历了一个热力学过程(以下简称过程).一个实际的过程是非常复杂的.假定气缸中的气体开始处在某一平衡态,具有确定的温度、体积和压强,压缩气体,气体状态开始变化,压缩必然会使原来的平衡受到破坏,气体各处的压强可能会不同,甚至无法确定气体的温度,即在压缩过程中气体处在不同的非平衡态.当压缩停止后,经过一定的时间(称为弛豫时间)系统会达到新的平衡态.如果系统的弛豫时间很短或压缩很缓慢,则在压缩过程中系统每一时刻几乎都处于平衡态.

若系统状态变化时所经历的每一个中间状态均是平衡态,则称系统经历了一个准静态过程(quasi-static process).要实现这样的过程,系统状态的变化必须是"无限缓慢"的.相反,若过程进行得较快,在达到新的平衡态之前系统又有了下一步的变化,则称系统经历了一个非静态过程.

事实上,当系统状态发生变化的时间远远大于系统趋于平衡的弛豫时间时,实际过程可以近似地看成准静态过程.由于在准静态过程中系统经历的每一个中间状态均为平衡态,因此每一个状态均有确定的状态参量.如果以系统独立的状态参量为坐标轴建立变化曲线(称为系统的状态曲线),则曲线上的每一个点对应系统的一个平衡态.

在上方带有活塞的容器内有一定量的气体,活塞可沿竖直的容器壁自由滑动,在活塞上放置有一些砂粒.开始时,气体处于平衡态,其状态参量为 p_1,V_1,T_1,然后将砂粒一颗颗缓慢地拿走,最终气体的状态参量变为 p_2,V_2,T_2.由于砂粒被非常缓慢地一颗颗拿走,容器中气体的状态近似处于平衡态.这种十分缓慢平稳的状态变化过程,可近似看作准静态过程,其过程可以作 $p\text{-}V$ 曲线图(当然也可选作 $p\text{-}T$ 或 $T\text{-}V$ 曲线图). $p\text{-}V$ 图上的每一个点具有确定的坐

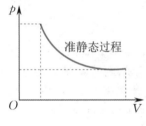

图 8-1　$p\text{-}V$ 变化曲线

标 (p,V),与系统的平衡态一一对应, $p\text{-}V$ 图上的一条曲线称为过程曲线,图 8-1 中所示曲线对应系统的某个准静态过程.但对非静态过程,其所经历的中间状态在 $p\text{-}V$ 图中无对应的点,故无对应的过程曲线.需要说明的是,实际中活塞的运动不可能如此无限缓慢和平稳,因此准静态过程是一理想过程,是实际过程的理想化、抽象化,它在热力学的理论研究和对实际应用的指导中都有重要的意义.在本章中,除非特别指明,所讨论的过程都是准静态过程.

8.2　功、内能和传热

8.2.1　功

设气缸中的气体经历了一个准静态过程,若活塞无摩擦,则外界对系统所做的功可用系统的状态参量来表示.如图 8-2 所示,当气体膨胀或被压缩时,为了维持准静态过程,外界和系统对活塞的压力必须相等,否则活塞会加速运动,此时过程将不会是准静态的.

在准静态过程中,外界的压力可用系统的状态参量表示为 $F=pS$,其中 S 为活塞的截面积,当活塞移动距离 $\mathrm{d}l$ 时,气体体积的变化为 $S\mathrm{d}l$,外界对系统所做的功为

$$\mathrm{d}W=-p\mathrm{d}V,\qquad\qquad(8-1)$$

其中负号的含义是当系统体积被压缩时($\mathrm{d}V<0$),外界对系统做正功;当系统体积膨胀时($\mathrm{d}V>0$),外界对系统做负功,或者说系统对外界做正功.在有限过程中,系统的体积由 V_1 变为 V_2,外界对系统所做的总功为

$$W = -\int_{V_1}^{V_2} p \,\mathrm{d}V, \qquad\qquad (8-2)$$

其绝对值等于 p-V 图中过程曲线以下的面积,如图 8-2 中所示的阴影面积.

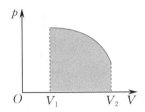

图 8-2　系统体积变化时的功

例 8-1　在等压过程中,气体准静态地由体积 V_1 被压缩到 V_2,求外界对系统所做的功.

解　由功的计算式(8-2)可得

$$W = -\int_{V_1}^{V_2} p \,\mathrm{d}V = -p \int_{V_1}^{V_2} \mathrm{d}V = p(V_1 - V_2).$$

由图 8-2 可知,若过程不同,则 W 不同,即系统所做的功不仅与系统的始、末状态有关,而且和变化过程有关,因此功不是状态量,而是一个过程量.

8.2.2　内能

在某一过程中,若系统不与外界交换热量,则称该过程为绝热过程(adiabatic process).

实验表明,在绝热过程中外界对系统所做的功仅取决于系统的始态和末态,与过程无关.如图 8-3 所示,重物下降带动叶片在水中搅动,因摩擦而使水温升高,由水和叶片构成的热力学系统,其温度的升高是重力做功的结果.如图 8-4 所示,通有电流的电阻同样可使水和电阻构成的热力学系统温度升高.在实验误差允许的范围内,同一个热力学系统温度升高相同数值时所需的电功和机械功完全一样.焦耳通过大量的这类实验发现,用各种不同的绝热过程使物体升高相同的温度,所需要的功是相等的,这里的绝热过程可以是准静态的,也可以是非静态的,可以对系统绝热地做机械功,也可以绝热地做电功.这是一个重要的实验事实,它给内能概念的引入提供了实验依据,这表明,热力学系统一定存在一个内能函数 E,该函数在始、末态之间的增量等于经任意绝热过程中外界对系统所做的功,即

$$E_2 - E_1 = W, \qquad\qquad (8-3)$$

这就是内能的宏观定义.从微观上看,热力学系统的内能是所有分子热运动的动能和分子间相互作用的势能之和,按照能量守恒的思想,在绝热过程中外界对系统所做的功完全转化为系统的内能.

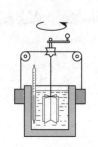

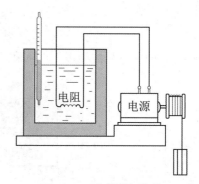

图 8-3 摩擦增加内能　　　　图 8-4 电热增加内能

内能虽然是由功来定义的，但内能本身不是过程量，它是系统状态的单值函数，对应系统的一个状态，只有一个内能值，与如何到达这个状态所经历的具体过程没有关系，当系统的始、末态给定后，内能之差就有了确定值. 例如，对一个简单气体系统，内能一般是温度和体积的函数，即

$$E = E(V, T).$$

但当气体足够稀薄时，气体内能仅是温度的函数，即

$$E = E(T).$$

这一结论最早是由焦耳通过气体的绝热自由膨胀实验得到并证实的. 这与用微观方法得到的理想气体内能计算公式是一致的.

8.2.3　传热

除了做功，传热也可以改变系统状态. 人类对热量的认识经历过曲折的过程，在 17 世纪人们认为物质燃烧时释放出燃素. 到 18 世纪人们还错误地认为热是物质，并形成一种学说——"热质说". 该学说认为热与物质一样是不生不灭的，一个物体的冷和热取决于物体所含热质的多少. 到了 18 世纪后期，人们利用摩擦可以生热的现象否定了热质说，但仍认为热的本质是运动，形成所谓的"热之唯动说". 在 19 世纪中叶，焦耳利用电热量热法和机械量热法进行了大量的实验，最终找出了热和功之间的当量关系. 至此，热是能量转移的一种形式的观点才被人们普遍接受，同时也为热力学第一定律的建立奠定了坚实基础.

传热是能量转移的方式，对系统传递热量，系统的内能会增加，同时系统的状态会发生变化. 在不做功的过程中，系统内能的增量等于系统从外界吸收的热量，即

$$Q = E_2 - E_1. \tag{8-4}$$

如果系统经历了一个不做功的微变过程，则系统吸收的热量为

$$dQ = dE. \tag{8-5}$$

从微观上看，传热相当于内能在不同系统之间的流动. 做功和传热都可改变系统的内能，但两者也有区别. 做功是将一个系统的有规则运动转化为另一个系统的分子的无规则运动的过程，也就是机械能或其他能和内能之间的转化过程. 传热是将分子的无规则运动能量从一个系统转移到另一个系统，其主要方式有对流、传导和辐射三种形式，它们分别通过分子间的运动、分子的碰撞以及热辐射来完成传热. 由此可见，传热对应的能量转移是系统间内能的转移.

当系统与外界有热量的交换时，系统的温度也发生变化，此时可引入热容的概念来描述系统的"吸热能力". 我们把系统温度升高 1 K 所吸收的热量称为热容，并以 C 表示，有

$$C = \lim_{\Delta T \to 0} \frac{\Delta Q}{\Delta T} = \frac{dQ}{dT}. \tag{8-6}$$

由于传热与具体过程有关,因此热容也与过程有关. 系统在等容过程中温度升高 1 K 所吸收的热量称为定容热容,系统在等压过程中温度升高 1 K 所吸收的热量称为定压热容.

热容一般与系统物质的多少成比例,单位质量物质的热容称为比热容,通常用小写字母 c 表示,它与热容的关系为 $c = \frac{C}{m}$(m 为系统的质量),其单位符号为 J/(kg·K). 而 1 mol 物质的热容称为摩尔热容,通常用 C_m 表示,它与热容的关系为 $C_m = \frac{C}{\nu}$(ν 为系统物质的量),其单位符号为 J/(mol·K).

8.3 热力学第一定律

能量守恒定律是 19 世纪自然科学的伟大发现之一,这也是许多人研究的结果. 最早在 1842 年,迈耶在他的一篇论文中提出了能量守恒的思想,他认为任何生物能量都来源于生物氧化过程. 1847 年,亥姆霍兹发表了著名文章《论力的守恒》,他认为大自然是统一的,自然力(能量)是守恒的. 虽然亥姆霍兹的理论可以看作热力学第一定律的雏形,但焦耳完成了热功当量实验,被普遍认为是用科学实验确立能量守恒定律的第一人.

热力学第一定律实际是包含内能在内的能量守恒定律. 如果系统从外界吸收的热量为 Q,外界对系统所做的功为 W,系统始、末态的内能分别为 E_1 和 E_2,则系统内能的增量等于系统从外界吸收的热量和外界对系统所做的功之和,即

$$E_2 - E_1 = \Delta E = Q + W. \tag{8-7}$$

这就是热力学第一定律(first law of thermodynamics).

若系统经历一个微变过程,则有

$$dE = dQ + dW, \tag{8-8}$$

其中 dE 为系统内能的元增量,dQ 为系统从外界吸收的元热量,dW 为外界对系统所做的元功.

在历史上,人们试图制造一种永动机器,这种机器不需要输入能量便可以对外界做功,这种机器称为第一类永动机,然而制造永动机的所有尝试均以失败告终. 人们不得不承认"第一类永动机是不可能实现的",这也是热力学第一定律的另一种表述形式.

8.4 热力学第一定律的应用

本节利用热力学第一定律讨论理想气体在几种典型过程中的内能变化,与外界交换的功,以及与外界的热量交换.

8.4.1 等容过程

若理想气体状态变化时其体积始终不发生变化,则气体经历的是一个等容过程,该过程的特点是 $dV = 0$,因此外界对系统不做功. 由热力学第一定律,气体在微变过程中吸收的热量完全转化为内能增量,即

$$dQ = dE.$$

由于内能只是温度的函数,故有

$$dQ = \frac{dE}{dT}dT.$$

设气体的定容热容为 C_V,显然有

$$C_V = \frac{dE}{dT}, \tag{8-9}$$

或

$$dQ = dE = C_V dT = \nu C_{V,m} dT, \tag{8-10}$$

其中 $C_{V,m}$ 为定容摩尔热容.

如果气体经历了一个有限的等容过程,则其吸收的热量为

$$Q = E_2 - E_1 = \int_{T_1}^{T_2} C_V dT. \tag{8-11}$$

将理想气体的内能公式 $E = \nu \frac{i}{2}RT$ 代入式(8-11),可得

$$C_V = \nu \frac{i}{2}R.$$

上式表明,理想气体定容热容的大小与分子的自由度有关.同时,由上式可得理想气体的定容摩尔热容为

$$C_{V,m} = \frac{i}{2}R, \tag{8-12}$$

此时式(8-11)变为

$$Q = E_2 - E_1 = \nu C_{V,m}(T_2 - T_1). \tag{8-13}$$

8.4.2　等压过程

等压过程的特点是气体在状态变化过程中压强始终保持不变.在等压过程中,外界对系统所做的功为

$$W = -\int_{V_1}^{V_2} p dV = -p(V_2 - V_1) = -\nu R(T_2 - T_1), \tag{8-14}$$

系统从外界吸收的热量为

$$Q = \int_{T_1}^{T_2} C_p dT,$$

其中 C_p 为气体的定压热容.

若已知气体的定压热容 C_p,则由热力学第一定律

$$dQ = dE + p dV,$$

可得气体的定压热容

$$C_p = \frac{dE}{dT} + p\frac{dV}{dT}\bigg|_p = C_V + p\frac{dV}{dT}\bigg|_p,$$

其中 $p\frac{dV}{dT}\bigg|_p$ 表示在压强不变的条件下,气体的体积对温度的导数.利用理想气体物态方程 $pV = \nu RT$ 易得 $p\frac{dV}{dT}\bigg|_p = \nu R$,因此 $C_p = C_V + \nu R$,定压摩尔热容为

$$C_{p,m} = C_{V,m} + R. \tag{8-15}$$

由此可见,理想气体定压热容与定容热容两者是相关的,式(8-15)称为迈耶公式(Mayer formula).

定压摩尔热容与分子的自由度的关系为

$$C_{p,m} = \frac{i+2}{2}R. \tag{8-16}$$

等压过程中,系统从外界吸收的热量为

$$Q = \nu \frac{i+2}{2}R(T_2 - T_1). \tag{8-17}$$

由热力学第一定律可知,等压过程中系统内能的增量为

$$E_2 - E_1 = \nu C_{V,m}(T_2 - T_1), \tag{8-18}$$

其微分形式为 $dE = \nu C_{V,m}dT$. 由此可见,由于理想气体的内能只是温度的单值函数,因此只要气体的始、末态温度确定,内能增量亦能确定,内能增量与过程无关.

定压热容与定容热容的比值称为比热比,用 γ 表示,有

$$\gamma = \frac{C_p}{C_V} = \frac{C_{p,m}}{C_{V,m}}. \tag{8-19}$$

结合式(8-12)和(8-16),可得

$$\gamma = \frac{2+i}{i}. \tag{8-20}$$

在常温下,γ 的实验测量值和理论计算值有较好的一致性,但随着温度的升高,分子的自由度会发生变化. 例如,氢气分子在低温时只有平动自由度,$i=3$;常温时,$i=5$,转动自由度被激发;高温时,$i=7$,振动自由度也被激发. 表8-1所示为不同温度下氢气(H_2)的定容摩尔热容的实验值. 实验结果表明,氢气的定容摩尔热容 $C_{V,m}$ 随着温度的升高而增大,这种 $C_{V,m}$ 随 T 的升高而增大的特点,并不是氢气所独有的,其他气体也有类似的情况.

表8-1　不同温度下氢气的定容摩尔热容的实验值(压强为 1.013×10^5 Pa)

温度 T/K	40	90	197	273	775	1 273	1 773	2 273	2 773
定容摩尔热容 $C_{V,m}$/(J/(mol·K))	12.46	13.59	18.31	20.27	21.04	22.95	25.04	26.71	27.96

8.4.3　等温过程

在等温过程中,气体的温度保持不变,由于理想气体的内能仅是温度的函数,因此在等温过程中气体的内能也不变,即 $E = E_0$. 此时,系统从外界吸收的热量完全转化为对外界所做的功,即

$$dQ = -dW = pdV.$$

对有限等温过程,有

$$Q = -W = \int_{V_1}^{V_2} pdV.$$

结合理想气体物态方程,可得

$$Q = \int_{V_1}^{V_2} \nu RT \frac{dV}{V} = \nu RT \ln \frac{V_2}{V_1}. \tag{8-21}$$

式(8-21) 也可表示为

$$Q = \nu RT \ln \frac{p_1}{p_2}. \tag{8-22}$$

气体在等温过程中有热量的吸放,但系统的温度不变,故可认为等温过程的热容为无限大.

8.4.4　绝热过程

在绝热过程中,气体与外界没有热量交换,即 $dQ = 0$. 在前三个等值过程中,系统状态变化时总有一个状态参量不变,这相当于对系统施加了约束,使得系统只能沿某一条路径变化(该路径在 p-V 图中对应一条曲线),这些约束条件称为过程方程,对应的曲线称为过程曲线.然而,绝热过程并未对状态参量直接进行约束,因此,要找到对状态参量约束的过程方程,我们需要从绝热条件、热力学第一定律和理想气体的性质出发.

设气体经历了一个绝热微变过程,其内能的增量等于外界对气体所做的功,即
$$dE = dW = -p dV.$$
结合理想气体内能公式,可得
$$\nu C_{V,m} dT = -p dV.$$
对理想气体物态方程 $pV = \nu RT$ 两边取微分,有
$$\nu R dT = p dV + V dp,$$
上面两式联立消去 dT 可得
$$(C_{V,m} + R) p dV + V C_{V,m} dp = 0$$
或
$$\frac{dp}{p} + \gamma \frac{dV}{V} = 0,$$
积分后得
$$pV^\gamma = C_1 \quad (C_1 \text{ 为常量}). \tag{8-23a}$$
式(8-23a) 为理想气体在绝热过程中体积和压强的变化关系.

将理想气体物态方程 $pV = \nu RT$ 代入式(8-23a),分别消去 p 或者 V,可得
$$V^{\gamma-1} T = C_2 \quad (C_2 \text{ 为常量}), \tag{8-23b}$$
$$p^{\gamma-1} T^{-\gamma} = C_3 \quad (C_3 \text{ 为常量}). \tag{8-23c}$$
式(8-23a),(8-23b) 和(8-23c) 统称为绝热方程.

对式(8-23a) 求导可得某状态 (p_A, V_A) 下绝热过程曲线(绝热线) 的斜率为
$$\left(\frac{dp}{dV} \right)_s = -\gamma \frac{p_A}{V_A}, \tag{8-24}$$
而等温线在同一状态下的斜率为
$$\left(\frac{dp}{dV} \right)_t = -\frac{p_A}{V_A}. \tag{8-25}$$
由于 $\gamma > 1$,因此 $\left| \left(\dfrac{dp}{dV} \right)_s \right| > \left| \left(\dfrac{dp}{dV} \right)_t \right|$,这说明绝热线比等温线陡,如图 8-5 所示.

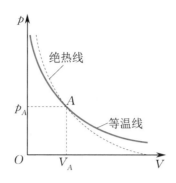

图8-5　绝热线和等温线

设气体的始、末状态分别为(p_1,V_1)和(p_2,V_2)，则有$p_1V_1^\gamma = p_2V_2^\gamma = C$. 在绝热过程中，外界对气体所做的功为

$$W = -\int_{V_1}^{V_2} p\,\mathrm{d}V = -\int_{V_1}^{V_2} C\frac{\mathrm{d}V}{V^\gamma} = -C\frac{V_2^{1-\gamma} - V_1^{1-\gamma}}{1-\gamma}.$$

将常数C用始、末状态参量表示，可得

$$W = -\frac{p_2V_2 - p_1V_1}{1-\gamma} = -\frac{\nu R(T_2 - T_1)}{1-\gamma}. \tag{8-26}$$

在绝热过程中，内能的增量等于外界对系统所做的功，即

$$\Delta E = -\frac{\nu R(T_2 - T_1)}{1-\gamma}. \tag{8-27}$$

由于理想气体内能变化与过程无关，故$\Delta E = \nu C_{V,\mathrm{m}}(T_2 - T_1)$，因此可得

$$C_{V,\mathrm{m}} = \frac{R}{\gamma - 1}. \tag{8-28}$$

例8-2　设有5 mol的氢气，其最初的压强为1.013×10^5 Pa、温度为20 ℃，求下列过程中将氢气压缩为原来体积的1/10需要做的功及变化后的压强：(1) 等温过程；(2) 绝热过程.

解　先作p-V图，如图8-6所示(注意此图为示意图，比例并不正确).

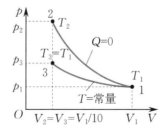

图8-6　例8-2图

(1) 对等温过程，将氢气从状态1等温压缩到状态3，外界所做的功为

$$W_{13} = -\nu RT\ln\frac{V_3}{V_1} = -5\times8.31\times293.15\times\ln\frac{1}{10}\text{ J} \approx 2.80\times10^4\text{ J}.$$

氢气处于状态3时的压强为

$$p_3 = p_1\left(\frac{V_1}{V_3}\right) = 1.013\times10^5\times10\text{ Pa} = 1.013\times10^6\text{ Pa}.$$

（2）氢气是双原子气体，其比热比为 $\gamma = 1.40$.由式（8-23b）可求得氢气处于状态 2 时的温度为

$$T_2 = T_1 \left(\frac{V_1}{V_2} \right)^{\gamma-1} = 293.15 \times 10^{0.40} \text{ K} \approx 736.37 \text{ K}.$$

因此，将氢气由状态 1 绝热压缩到状态 2，外界所做的功为 $W_{12} = \nu C_{V,m}(T_2 - T_1)$.对氢气，有 $C_{V,m} = \frac{i}{2}R = 2.5R$，故

$$W_{12} = 5 \times 2.5 \times 8.31 \times (736.37 - 293.15) \text{ J} \approx 4.60 \times 10^4 \text{ J}.$$

氢气处于状态 2 时的压强为

$$p_2 = p_1 \left(\frac{V_1}{V_2} \right)^{\nu} = 1.013 \times 10^5 \times 10^{1.40} \text{ Pa} \approx 2.54 \times 10^6 \text{ Pa}.$$

例 8-3 将氮气放入一个有活塞的由绝热壁包围的气缸中.开始时，氮气的压强为 50 个标准大气压，温度为 300 K，膨胀后，其压强降至 1 个标准大气压.试求此时氮气的温度.

解 将氮气视为理想气体，其膨胀过程可当作绝热过程.由题意知，$p_1 = 50 \times 1.013 \times 10^5$ Pa，$T_1 = 300$ K，$p_2 = 1.013 \times 10^5$ Pa，且氮气为双原子气体，其比热比为 $\gamma = 1.40$，所以由绝热方程（8-23c）可得

$$T_2 = T_1 \left(\frac{p_2}{p_1} \right)^{\frac{\gamma-1}{\gamma}} = 300 \times \left(\frac{1}{50} \right)^{\frac{1.40-1}{1.40}} \text{ K} \approx 98.1 \text{ K}.$$

这里需要指出的是，例 8-3 中计算出的值只是粗略的估计值，因为在高压和低温时，氮气不能再视为理想气体，而且把氮气的膨胀过程视为绝热过程也是近似的.

■ 8.5 循环过程和热机的效率

循环过程是指热力学系统经历一系列变化后又回到初始状态的过程.蒸汽机、内燃机的工作过程可认为是循环过程.以蒸汽机为例，如图 8-7 所示，水在锅炉中加热变为高温高压蒸汽，推动涡轮机做功，蒸汽再冷却凝结为水，水再被水泵抽到锅炉，完成一个循环，并不断重复.

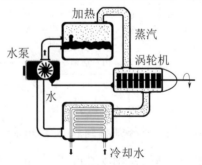

图 8-7 蒸汽机的循环过程

在循环过程中，用来吸收热量并对外界做功的物质称为工作物质，简称工质.对蒸汽机来说，蒸汽或水就是工质.

8.5.1 正循环和逆循环

若一个简单系统经历了准静态的循环过程,则循环过程在 p-V 图中对应一条闭合曲线 (见图 8-8).按照过程进行方向的不同,可将循环分为正循环和逆循环.

蒸汽机、内燃机通过燃烧燃料获得内能并使其转化为机械功.工质从高温热源吸热 Q_1(通过燃料燃烧后获得),向低温热源放热 Q_2(通过冷却水放出),对外界做净功 $W = Q_1 - Q_2$(涡轮机输出的功),如图 8-9 所示.图 8-8 中所示的状态变化曲线,若工质的状态沿循环过程曲线顺时针方向变化,这样的循环过程称为正循环(positive cycle).一次正循环所做的净功 W 在数值上等于 p-V 图中循环曲线所包围的面积.

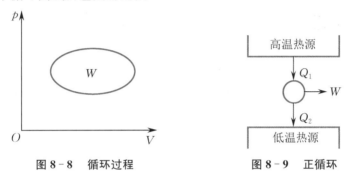

图 8-8 循环过程　　　　　图 8-9 正循环

工质做正循环的机器叫作热机,如蒸汽机、内燃机等.对热机,我们通常要引入热机效率来描述其性能.热机效率定义为工质在一次循环过程中对外界所做的净功 W 与工质从高温热源所吸热量 Q_1 之比,用 η 表示,即

$$\eta = \frac{W}{Q_1} \tag{8-29}$$

或

$$\eta = \frac{Q_1 - Q_2}{Q_1}. \tag{8-30}$$

显然,热机效率不会大于 1.

课堂思考 热机效率可以等于 1 吗?

作为致冷设备的电冰箱和空调,其工质在工作时也经历了循环过程.图 8-10 为以氨为工质的致冷机示意图.工作开始时,外界输入电功驱动压缩机,使一定量的干燥饱和氨气被压缩成高温、高压液体.将液氨通入冷凝器,然后经节流阀进入蒸发器中膨胀汽化,液氨在汽化过程中吸收大量汽化热,降低蒸发器周围温度,之后重复以上过程.

冷凝器与温度为室温的大气相接触,对应高温热源.蒸发器与冷冻室相连,对应低温热源.在循环过程中,致冷机在外界输入功 W 的作用下从低温热源吸热 Q_2,向高温热源放热 Q_1(见图 8-11).图 8-8 中所示的状态变化曲线,若工质的状态沿循环过程曲线逆时针方向变化,这样的循环过程称为逆循环(inverted cycle).

工质做逆循环的机器叫作致冷机,如上面介绍的电冰箱、空调.致冷机的性能好坏可用致冷系数描述,其定义为

$$\omega = \frac{Q_2}{W} = \frac{Q_2}{Q_1 - Q_2}. \tag{8-31}$$

致冷系数可以大于 1,也可以小于 1.

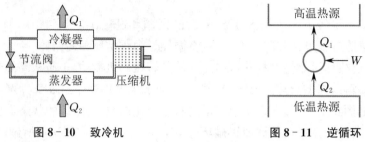

图 8 - 10　致冷机　　　　　　　　　图 8 - 11　逆循环

课堂思考　致冷系数对电冰箱、空调等致冷设备有何实际意义?

8.5.2　卡诺循环

瓦特改进了蒸汽机后,热机的效率大为提高,人们迫切要求进一步提高热机的效率.那么,提高热机效率的主要方向在哪里呢? 热机效率有没有极限呢? 1824 年,法国青年工程师卡诺提出了一种理想的循环过程,这一循环由两条绝热线和两条等温线构成,称为**卡诺循环**(Carnot cycle),如图 8 - 12 所示.卡诺循环为提高热机效率指明了方向.

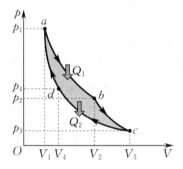

图 8 - 12　卡诺循环的组成

在图 8 - 12 所示的卡诺循环中,工质从状态 a 出发,经等温膨胀过程到达状态 b,从外界吸热 Q_1,同时对外界做功,系统内能不变;然后绝热膨胀至状态 c,并对外界做功,系统内能减少;接着经等温压缩过程到达状态 d,同时向外界放热 Q_2,外界对系统做功,系统内能不变;最后经绝热压缩过程回到状态 a,外界对系统做功,系统内能增加. 循环过程中,能量转化情况如图 8 - 9 所示.

工质由状态 a 到状态 b 从高温热源吸收的热量 Q_1 等于其对外界所做的功,即

$$Q_1 = \nu R T_1 \ln \frac{V_2}{V_1}.$$

工质由状态 c 到状态 d 对低温热源放出的热量 Q_2 等于外界对系统所做的功,即

$$Q_2 = \nu R T_2 \ln \frac{V_3}{V_4}.$$

考虑到 V_2, V_3 以及 V_4, V_1 分别在两条绝热线上,故有

$$\left(\frac{V_3}{V_2}\right)^{\gamma-1} = \frac{T_1}{T_2}, \quad \left(\frac{V_4}{V_1}\right)^{\gamma-1} = \frac{T_1}{T_2}.$$

联立以上两式可得

$$\frac{V_2}{V_1} = \frac{V_3}{V_4}.$$

因此,一次卡诺循环对外界所做的净功为

$$W = Q_1 - Q_2 = \nu R(T_1 - T_2)\ln\frac{V_2}{V_1},$$

故卡诺循环的效率为

$$\eta = 1 - \frac{Q_2}{Q_1} = 1 - \frac{T_2}{T_1}. \tag{8-32}$$

可见,通过提高高温热源的温度和降低低温热源的温度的方式均可提高热机的效率.

对于蒸汽机,若蒸汽锅炉的温度为 230 ℃,冷却器的温度为 30 ℃,则可以估算出热机的效率为 40% 左右,考虑到其他损耗,实际蒸汽机的效率只有 15% 左右.

如果卡诺循环逆向进行,则可得其致冷系数为

$$\omega = \frac{T_2}{T_1 - T_2}. \tag{8-33}$$

可以看出,当高、低温热源温差确定时,低温热源温度越低,致冷系数越小,即做一样的功从不同温度的低温热源吸收的热量是不同的. 一般致冷机的致冷系数在 2～7 之间.

课堂思考　为什么人们使用空调等致冷设备时,设定更小的室内外温差更节能?

例 8-4　有一台电冰箱放置在 20 ℃ 的房间内,冰箱内的温度维持在 5 ℃. 现在每天有 2.0×10^8 J 的热量自房间通过热传导方式传入电冰箱内. 设在 5 ℃ 和 20 ℃ 之间运转的致冷机(电冰箱)的致冷系数是工作在同样高、低温热源之间的卡诺致冷机的致冷系数的 55%. 若要使电冰箱内保持 5 ℃ 的恒温,则理论上电冰箱每天消耗的电功为多少?

解　设 ω 为致冷机的致冷系数,$\omega_卡$ 为卡诺致冷机的致冷系数,而卡诺致冷机的致冷系数 $\omega_卡 = T_2/(T_1 - T_2)$,其中 $T_2 = 5\ ℃ \approx 278\ \text{K}$,$T_1 = 20\ ℃ \approx 293\ \text{K}$,于是有

$$\omega = \omega_卡 \times 55\% \approx \frac{278}{293 - 278} \times 55\% \approx 10.2.$$

致冷机的致冷系数的定义式为

$$\omega = \frac{Q_2}{Q_1 - Q_2},$$

其中 Q_2 为致冷机从低温热源(冰箱内)吸收的热量,Q_1 为致冷机传递给高温热源(外界环境)的热量. 由此可得

$$Q_1 = \frac{\omega + 1}{\omega} Q_2.$$

设 Q' 为自房间传入电冰箱内的热量,其值为 2.0×10^8 J. 在热平衡时,$Q_2 = Q'$,于是有

$$Q_1 = \frac{\omega + 1}{\omega} Q' = \frac{10.2 + 1}{10.2} \times 2.0 \times 10^8\ \text{J} \approx 2.2 \times 10^8\ \text{J}.$$

因此,为保持电冰箱内温度的恒定,电冰箱每天消耗的电功为

$$W = Q_1 - Q_2 = Q_1 - Q' = 2.0 \times 10^7\ \text{J}.$$

8.6　热力学第二定律

热力学第一定律指出,任何热力学过程必须满足能量守恒定律,那么在自然界中凡是满足

能量守恒定律的过程都一定能发生吗? 这一问题可由热力学第二定律回答.

将两个温度不同的物体相接触,热量会自发地从高温物体传到低温物体,最终两个物体温度一样. 反过来,将两个温度相同的物体相接触,热量不会自发地从一个物体传到另一个物体,使两物体间产生温差. 在焦耳实验中,重物下降会使水温升高,但没有办法让水自发降低温度,放出能量再使重物升高. 混合后的气体不能自动地分离. 可见,有些过程可以自发进行,但有些过程尽管不违反热力学第一定律,仍无法自发进行.

以上现象说明,满足能量守恒定律的过程不一定能发生,还应有一个规律来支配热力学过程进行的方向和限度,这就是热力学第二定律,它有多种形式的等价表述.

卡诺发现,任何热机至少要有两个热源才能进行循环,热机在工作时,"热质"从高温物体流到低温物体,放出热量对外界做功,正像水从高处流向低处势能减少对外界做功一样. 在此基础上,克劳修斯和开尔文分别提出了各自的热力学第二定律的表述.

如果热机从单一热源吸热并完全转化为功,则其效率等于 100%,而且这样的过程与热力学第一定律并不矛盾,但开尔文告诉我们,这样的热机不存在,任何热机的效率一定小于 100%. 这种设想从单一热源吸热并全部转化为有用功的热机称为第二类永动机,如图 8-13 所示. 曾有人估计,要是用这样的热机来吸收海水中的热量做功,则只要让海水温度降低 $0.01\,℃$,就能使全世界的机器工作许多年. 然而,人们经过长期的实践认识到,第二类永动机不能实现,并得出如下结论:不可能制造出这样一种循环工作的热机,它只从单一热源吸收热量,而不放出热量给其他物体,或者说不使外界发生任何变化. 这个规律就是热力学第二定律的开尔文表述.

这里需要指明的是,如果一个热力学系统经历的过程不是循环过程,则可以从单一热源吸热并转化为功. 例如,气体等温膨胀从单一热源吸热,同时对外界做功,但此时气体的体积增大了.

克劳修斯根据孤立系统中热量的自发传递方向给出了热力学第二定律的另一种表述:热量不可能从低温物体自发地传到高温物体而不引起其他变化.

克劳修斯表述告诉我们,致冷机的效率一定是有限的. 设有一个致冷机,不需要输入电功就可将热量从低温的冷冻室传给高温的外界环境,即热量可自发地从低温物体传到高温物体,则这样的致冷机的致冷系数为无限大(见图 8-14). 克劳修斯表述告诉我们,这样的理想致冷机是不存在的.

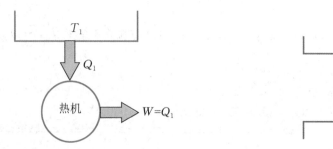

图 8-13　第二类永动机　　　图 8-14　致冷系数无限大的致冷机

最后需要提醒的是,当有外界干预时,热量可以从低温物体传向高温物体. 例如,实际致冷机的致冷过程是外界输入电功使冷冻室温度降低.

开尔文表述和克劳修斯表述在形式上区别较大,但物理内涵是相同的. 理论上可以证明,这两种表述完全等价.

8.7 可逆过程和不可逆过程

8.7.1 可逆过程和不可逆过程

前面,我们介绍了各种准静态的等值过程,且每个等值过程可以有两个演化方向,如等温过程可以是等温膨胀,也可以是等温压缩,它们互为逆过程.若沿某过程系统由始态演化到末态对外界做了功、从外界吸收了热量,则在逆过程中系统由末态回到始态做的功和吸收的热量均要反号,这实际上是说一个正过程留下的影响完全被逆过程消除了.

设在某一过程中,系统从始态 A 变化到末态 B,若存在一个过程能使系统从末态 B 回到始态 A,而且在回到始态 A 时,外界也都各自恢复原状,则称该过程为**可逆过程**;若该系统不能回到始态 A,或者虽然能回到始态 A,但外界不能恢复原状,则称该过程为**不可逆过程**.

一个过程是不可逆的,并不是说该过程一定不能逆向进行,而是说当过程逆向进行时,它在外界留下的痕迹无论通过何种曲折复杂的途径都不能完全消除掉.

热力学第二定律的开尔文表述直接说明功-热转换过程是不可逆过程.

一定量的功 W(如机械功)可以完全转化为热量 Q(如摩擦生热),由于第二类永动机不能实现,因此热量 Q 无法完全转化为功 W,并使功-热转换过程中留下的痕迹完全被消除掉.

热力学第二定律的克劳修斯表述直接说明热传导过程是不可逆过程.热量可以自发地从高温物体传到低温物体,但不存在逆过程使低温和高温物体的状态复原.

事实上,所有的不可逆过程都是相互关联的,由一个过程的不可逆性可以判断另一个过程的不可逆性.例如,气体向真空中绝热自由膨胀的过程可以与功-热转换过程相联系.如图 8-15 所示,将理想气体封闭在绝热容器的左侧中,右侧为真空,始态为 A.现将中间隔板抽去,气体会充满整个容器,最后达到新的平衡态,即末态 B.由于气体与外界既没有功交换又没有热交换,因此称气体经历绝热自由膨胀,且理想气体内能不变,温度亦不变.现在想让气体状态复原,可经等温过程准静态压缩气体逐步从状态 C,D 恢复到始态 A.这时一方面外界对气体做功,另一方面气体向外界放热,此过程给外界留下的痕迹相当于将功转化为热.热力学第二定律断定该痕迹无法消除,故气体向真空中绝热自由膨胀的过程一定是不可逆过程.

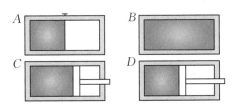

图 8-15 真空绝热自由膨胀示意图

一个热力学过程不可逆性的主要原因是什么?绝热自由膨胀过程中含有非平衡因素,快速做功过程、生命过程都含有非平衡因素,它们也是不可逆过程.可见,非平衡因素存在的过程是不可逆过程.

摩擦生热过程是一个能量耗散过程,焦耳实验中叶片搅拌水使水温升高的过程存在能量耗散,通电电阻发热过程也存在能量耗散,故它们都是不可逆过程.可见,能量耗散是造成过程不可逆的另一个原因.

让两个温度不同的物体直接接触的热传导过程一定含有非平衡因素,是不可逆过程.功–热转化过程含有能量耗散,也是不可逆过程.

8.7.2　热力学第二定律的意义

与热现象有关的实际宏观过程不可避免地存在非平衡因素或能量耗散,从而一切与热现象有关的实际宏观过程都是不可逆的,这是热力学第二定律的核心内容,也是该定律最普遍的表述方式.

热力学第二定律不但指明了实际宏观过程进行的方向,也指明了实际宏观过程进行的限度.例如,绝热自由膨胀过程只能向体积增大的方向进行(不可能自由收缩),过程进行的限度是达到新的平衡态(不会停留在中间的某一非平衡态).两个温度不同的物体热接触后发生热传导,过程进行的方向只能是热量从高温物体流向低温物体(不可能反方向),过程进行的限度是两个物体达到热平衡(不会停留在中间的某一非平衡态).

自然界中是否存在可逆过程? 在理论上讲,一个无能量耗散的准静态过程是可逆过程.例如,若将绝热自由膨胀过程进行控制,使其非自由地、无限缓慢地膨胀,同时将移动部分的接触面做得非常光滑,则可消除非平衡因素和能量耗散,使膨胀过程变为可逆过程.两个温度不同的物体不要直接热接触,而是将低温物体依次和与其温差为 dT 的无穷多个热源接触(见图 8–16),连续地使其温度升高到高温物体具有的温度,或者将高温物体依次和与其温差为 dT 的无穷多个热源接触,连续地使其温度降低到低温物体具有的温度.这样,传热过程中的非平衡因素被排除,传热过程变为可逆过程.

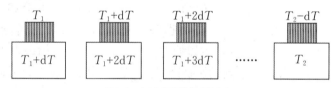

图 8–16　可逆传热过程

以上的例子说明,可逆过程只是理想过程,在实际中只能接近,而不能真正实现.

可逆与不可逆过程的定义对循环过程也同样适用.如果一个热机经历的循环由可逆过程构成,则称该循环为**可逆循环**(reversible cycle),对应的热机为可逆热机.在一个循环过程中只要有一部分过程是不可逆的,则整个循环过程就是**不可逆循环**(irreversible cycle),对应的热机为不可逆热机.

从本质上看,为什么自发过程具有方向性呢? 我们还是以焦耳实验为例来说明.水中叶片的旋转动能是一种宏观定向运动的能量,搅拌水的过程相当于将这些能量逐渐地转移给了水分子,而这个能量按不同的运动方式分布到大量水分子上,使其转化为大量水分子的无规则运动的动能.反之,要想使水分子无规则运动的动能转化为叶片的宏观动能,大量水分子必须协调运动方向,水分子的能量重新集中起来转变成为无规则程度较小的某种定向运动的能量,使得它们能在某一距离内产生一个特殊方向的力,以推动叶片转动.利用概率理论可以估算,后一过程的可能性实在太小了,也就是说在不受外界影响时,水的内能很难转化为叶片的动能或重物的势能.或者说,在不受外界影响时,定向运动的能量可以转化为无规则运动的能量,但相反过程很难实现,这就是热力学第二定律的统计意义.

8.8 卡诺定理

8.8.1 卡诺定理

卡诺在研究热机效率的过程中提出了卡诺定理,即

(1) 在相同的高温热源与低温热源之间工作的一切可逆热机效率相等,与工质无关;

(2) 在相同的高温热源与低温热源之间工作的一切不可逆热机的效率都不可能高于可逆热机的效率.

用一个数学表达式可将卡诺定理表示为

$$\eta \leqslant 1 - \frac{T_2}{T_1}, \tag{8-34}$$

其中等号对应可逆热机,小于号对应不可逆热机.

按照卡诺定理,一个卡诺热机的效率应满足关系

$$\eta = \frac{Q_1 - Q_2}{Q_1} \leqslant \frac{T_1 - T_2}{T_1},$$

其中等号对应可逆循环过程,小于号对应不可逆循环过程,或者

$$\frac{Q_1}{T_1} - \frac{Q_2}{T_2} \leqslant 0.$$

若令 Q_2 代表工质在温度为 T_2 的热源处吸收的热量,则有

$$\frac{Q_1}{T_1} + \frac{Q_2}{T_2} \leqslant 0. \tag{8-35}$$

式(8-35)表明,当一个热力学系统从某始态出发,依次与两个温度分别为 T_1 和 T_2 的热源接触,并吸收热量 Q_1 和 Q_2,然后回到始态,则工质从这两个热源吸收的热量与对应热源温度的比值之和($Q_1/T_1 + Q_2/T_2$)不大于零. 对可逆卡诺循环,此和等于零,对不可逆卡诺循环,此和小于零.

*8.8.2 能量的退化

自然界中存在各种形式的能量,能量的形式不同,能量的"质量"或"品质"也不同. 机械能、电能、化学能等几乎可以被 100% 地利用,然而高温热源的内能只有一部分能用来做功,另一部分则传给了低温热源. 低温热源的内能只能通过引入更低的低温热源才能将其部分用来做功. 设 T_0 是我们可以实现的最低温热源的温度,让热机工作在温度分别为 T_0 和 T 的低、高温热源之间,又设工质从高温热源吸收的热量为 Q_1,则根据卡诺定理可知,该热机的最大输出功为

$$W = Q_1 - Q_2 = Q_1 \left(1 - \frac{T_0}{T} \right).$$

若将高温热源的温度改为 T',并使工质从其吸热 Q_1,则上述热机的最大输出功为

$$W' = Q_1 \left(1 - \frac{T_0}{T'} \right).$$

可见,高温热源的温度越低,热机的最大输出功越小,这说明一定量的内能,如果将其存放在高温热源上,则用它可以对外界做的功多,这时我们说能量的"品质"高;若将其存放在低温热源上,则用它可以对外界做的功少,这时我们说能量的"品质"低.

例如，有三个热源，温度分别为 T_1，T_2 和 T_0（见图 8-17），若让卡诺热机工作在温度分别为 T_1 和 T_0 的高、低温热源之间，设工质从高温热源吸收的热量为 Q，则卡诺热机对外界可以做的最大功为

$$W = Q\left(1 - \frac{T_0}{T_1}\right).$$

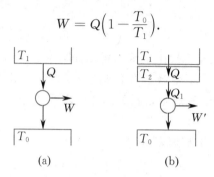

图 8-17　能量的退化

若我们先将热量传给温度为 T_2 的热源，然后再让卡诺热机工作在温度分别为 T_2 和 T_0 的高、低温热源之间，设工质从高温热源吸收的热量为 Q，则卡诺热机对外界可以做的最大功为

$$W' = Q\left(1 - \frac{T_0}{T_2}\right).$$

这样一来，卡诺热机对外界少做的功为

$$\Delta W = W - W' = QT_0\left(\frac{1}{T_2} - \frac{1}{T_1}\right). \tag{8-36}$$

式（8-36）表明，当一定的能量从高温热源传到低温热源时，用它可以对外界做的功减少了，这一现象称为能量的退化，其原因就是热量 Q 从温度为 T_1 的热源传到温度为 T_2 的热源的过程是一个不可逆过程。理论上可以证明，只要存在不可逆过程，能量就会退化，能量的"品质"就会下降。热力学第一定律告诉我们要节约能量，而热力学第二定律告诉我们，在开发利用能源时应尽量避免能量"品质"的降低。

本章小结　　　阅读材料 8

■ ■ ■ ■ 习　题　8 ■ ■ ■ ■

8-1　一容器装有质量为 0.1 kg，压强为 1 atm，温度为 47 ℃ 的氧气，因为漏气，经若干时间后，压强降到原来的 5/8，温度降到 27 ℃，问：

（1）容器的容积多大？

（2）漏出了多少氧气？

8-2　如图 8-18 所示，真空中有一绝热圆筒状气缸。最初活塞 A 由支架托住，其下气缸的容积为 10 L，由隔板 B 均分为两部分，上部抽成真空，下部

有1 mol的氧气,温度为27 ℃.抽开B,气体充满A的下部空间.平衡后,气体对A的压力刚好与A的重力平衡.再用电阻丝R给气体加热,使气体等压膨胀到20 L. 求抽开B后整个膨胀过程中气体对外界所做的功和吸收的热量.

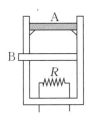

图8-18 习题8-2图

8-3 一定量的理想气体由图8-19中的A点经B点到达C点(点A,B,C共线),求此过程中:

(1) 气体对外界所做的功;

(2) 气体内能的增量;

(3) 气体吸收的热量(1 atm $=1.013\times10^5$ Pa).

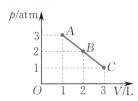

图8-19 习题8-3图

8-4 某气缸内装有氦气和氢气的混合气体共5.2 g,今测得该混合气体的定容摩尔热容为$2.2R$(R为普适气体常量),问:

(1) 混合气体中氦气和氢气的质量各为多少克?

(2) 若使该混合气体等压膨胀,系统对外界所做的功为500 J,则该过程中系统吸收的热量为多少?

8-5 1 mol氦气的温度T和体积V的变化规律为$T=\beta V^2$,其中β为常量.试判断该气体体积由V_1减至V_2的过程是吸热还是放热,数值各为多少?

8-6 一定量的理想气体,其体积和压强依照$V=a\sqrt{p}$的规律变化,其中a为已知常量.试求该气体体积从V_1膨胀到V_2时,气体对外界所做的功及气体始、末态的温度T_1与T_2之比.

8-7 2 mol单原子理想气体开始时处于压强为$p_1=10$ atm,温度为$T_1=400$ K的平衡态,经过一个绝热过程,压强变为$p_2=2$ atm,求在此过程中气体对外界所做的功.

8-8 如图8-20所示,一定量的理想气体从图中A点出发,经图中所示的过程到达B点,求此过程中气体吸收的热量.

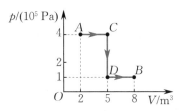

图8-20 习题8-8图

8-9 有一质量为8×10^{-3} kg的氧气,其体积为0.41×10^{-3} m³,温度为27 ℃.

(1) 若氧气经绝热膨胀过程后体积变为4.1×10^{-3} m³,则气体对外界做多少功?

(2) 若氧气经等温膨胀过程后体积也变为4.1×10^{-3} m³,则气体对外界做多少功?

8-10 在竖直放置的密闭绝热容器中有一质量为m的活塞,活塞上方为真空,下方封闭了一定质量的单原子理想气体.接通容器中功率为N的加热器对气体加热,活塞开始缓慢地向上运动.问经过多少时间,活塞上升的高度为H(不计活塞的吸热和摩擦)?

8-11 双原子理想气体从状态1(p_1,V_1,T_1)出发,经图8-21中所示的直线过程到达状态2(p_2,V_2,T_2),求该过程中系统对外界所做的功和从外界吸收的热量.

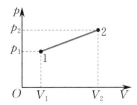

图8-21 习题8-11图

8-12 在p-V图中,一定量的理想气体的等温线与绝热线在某点处的斜率之比为0.714,求其定容摩尔热容.

8-13 如图8-22所示,1 mol单原子理想气体由状态1沿图中直线过程到达状态2,求此过程中:

(1) 气体对外界所做的功、气体内能的增量以及气体与外界交换的热量;

(2) 气体的最高温度及相应的状态参量.

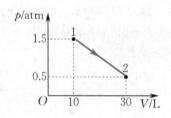

图 8－22　习题 8－13 图

8－14　一卡诺热机，当高温热源的温度为 127 ℃，低温热源的温度为 27 ℃ 时，每次循环对外界做净功 8 000 J. 今维持低温热源的温度不变，提高高温热源的温度，使其每次循环对外界做净功 10 000 J. 若两个卡诺循环都工作在相同的两条绝热线之间，求：

（1）第二个卡诺循环的热机效率；

（2）第二个卡诺循环的高温热源的温度.

8－15　一定量的单原子理想气体，进行如图 8－23 所示的循环，循环效率为 η_1；若改用双原子理想气体，进行相同的循环，循环效率为 η_2. 试比较 η_1 和 η_2 的大小.

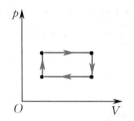

图 8－23　习题 8－15 图

8－16　一定量单原子理想气体进行如图 8－24 所示的循环（bc 延长线过原点），试计算各分过程中系统吸收或放出的热量，并由此确定该循环的效率（图中横轴 E 代表系统的内能）.

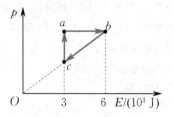

图 8－24　习题 8－16 图

8－17　如图 8－25 所示，AB，DC 是绝热过程，CEA 是等温过程，BED 是任意过程，四条曲线组成一个循环. 若图中 $EDCE$ 所围成的面积为 70 J，$EABE$ 所包围的面积为 30 J，整个过程中系统放出的热量为 100 J，则 BED 过程系统吸收的热量为多少？

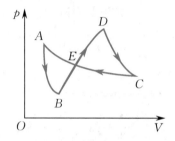

图 8－25　习题 8－17 图

8－18　一动力暖气装置由一台卡诺热机和一台卡诺致冷机组合而成. 热机靠燃料燃烧时释放的热量工作并向暖气系统中的水放热，与此同时，热机带动致冷机. 致冷机自天然蓄水池中吸热，也向暖气系统放热. 假定热机锅炉的温度为 $t_1 = 210$ ℃，天然蓄水池中水的温度为 $t_2 = 15$ ℃，暖气系统的温度为 $t_3 = 60$ ℃，一次循环过程中，热机依靠燃料燃烧获得的热量为 $Q_1 = 2.1 \times 10^7$ J，试求暖气系统所获得的热量.

上册习题答案

习题 1

1-1 (1) 位移大小约 17.35 m,方向为东偏北 9°,
平均速度大小约 0.35 m/s,方向与位移相
同,为东偏北 9°;

(2) 58 m,1.16 m/s.

1-2 (1) $-48,-36,-12$; (2) $12,-12$;

(3) 6.

1-3 (1) $\sqrt{y} = \sqrt{x} - 1$;

(2) $4\boldsymbol{i} + 2\boldsymbol{j}, 2\boldsymbol{i} + 2\boldsymbol{j}$.

1-4 不能击中,约 12.3 m.

1-5 $2\sqrt{2}$ m.

1-6 (1) 3.14 rad/s,98.7 m/s^2,

31.4 m/s^2;

(2) 103.5 m/s^2,72°21′.

1-7 $y = l\tan kt, \dfrac{4}{3}lk, \dfrac{8\sqrt{3}}{9}lk^2$.

1-8 速度大小约 0.636 m/s,方向沿切线向左,加
速度大小约 0.814 m/s^2,方向与速度的夹角
为 $\theta \approx 82°57′$.

1-9 374 m/s,314 m/s,343 m/s.

1-10 917 km/h,方向为西偏南 40°56′;

917 km/h,方向为东偏北 40°56′.

1-11 $x = \dfrac{v_0}{lv}y^2$,返回原岸的地点为 $x = \dfrac{3lv_0}{16v}$.

习题 2

2-1 (1) 154 m;

(2) 根据牛顿第三定律,当航天员对氧气罐
施加力的作用时,氧气罐就会向航天员施加
反作用力.这种反作用力使航天员加速向飞
船前进.

2-2 0.970 m/s^2,11.6 N,34.9 N.

2-3 3.6 m/s^2,17 N.

2-4 $mgt\cos\theta, mgt, mgt\sin\theta$.

2-5 (1) 0.447 m/s; (2) 0.387 m/s;

(3) 0.230 m/s.

2-6 1.92%,100%,物理意义略.

2-7 $\sqrt{\dfrac{m_2 m^2 v_0^2}{k(m_1 + m + m_2)(m + m_1)}}$.

2-8 (1) 1.1 m/s,与 x 轴正方向夹角约为 29.7°;

(2) 31.67%.

2-9 $v_A = 2.48$ m/s,$v_B = 2.25 \times 10^{-2}$ m/s.

2-10 (1) 20.93 m/s;

(2) 0.4%,机械能转化为内能等其他
能量.

2-11 (1) 6.26 m/s; (2) 302 J.

2-12 (1) 953 N/m; (2) 19.7 m/s.

2-13 证明略.

2-14 (1) $Gm_1 m_2 \left(\dfrac{1}{b} - \dfrac{1}{a} \right)$;

(2) $-Gm_1 m_2 \dfrac{1}{2R}$.

2-15 (1) 4.1×10^9 J,-8.2×10^9 J,-4.1×10^9 J;

(2) 7.4×10^3 m/s; (3) 1.0×10^4 m/s.

2-16 (1) 3.54 m/s; (2) 1.77 m;

(3) 3.54×10^4 N;

(4) 不守恒,竖直方向合外力不为零.

2-17 $\left(\dfrac{M+m}{m} \right)\sqrt{2\mu gd}$.

习题 3

3-1 (1) $\dfrac{mgr^2}{mr^2 + J}$;

(2) 0.4 m/s^2,293.75 kg·m^2;

(3) 0.8 rad/s^2,约 6.4 圈.

3-2 (1) 3 769.9 rad/s; (2) 188.5 m/s.

3-3 $\dfrac{2g(h_2 - h_1)}{4\pi R^2}$.

3-4 (1) 2.12×10^{29} J; (2) 7.47×10^{18} N·m.

221

3 - 5 (1) 99.0 kg·m²; (2) 44.0 kg·m²;
(3) 143 kg·m².

3 - 6 (1) 146.3 kg·m²; (2) 967.1 kg;
(3) 4.70 rad/s.

3 - 7 (1) 8.88 rad/s; (2) 94°52′.

3 - 8 $2\sqrt{\dfrac{mgh}{m_0 + 2m}}$.

3 - 9 (1) $\dfrac{2}{3}\mu Rmg$; (2) $\dfrac{3\omega R}{4\mu g}$;
(3) $\dfrac{1}{4}mR^2\omega^2$.

3 - 10 $\left(\dfrac{3m}{m' + 6m}\right)^2 h$.

3 - 11 (1) $\dfrac{l^2}{4}\left(\dfrac{M}{3} + m_1 + m_2\right)\omega$;
(2) $\dfrac{2(m_1 - m_2)g\cos\theta}{l\left(\dfrac{M}{3} + m_1 + m_2\right)}$.

3 - 12 (1) $\dfrac{1}{2}\sqrt{3gL}$; (2) $-\dfrac{1}{2}\sqrt{\dfrac{3g}{L}}$;
(3) 41.1°.

3 - 13 $\dfrac{u(M - 3m)}{M + 3m}$, $\dfrac{6mu}{(M + 3m)l}$.

3 - 14 304 rad/s.

习题 4

4 - 1 $A\omega\sin\varphi$.

4 - 2 0.

4 - 3 $x_2 = A\cos\left(\omega t + \varphi - \dfrac{\pi}{2}\right)$.

4 - 4 略.

4 - 5 0.

4 - 6 (1) 1.288×10^5 N/m; (2) 2.68 Hz.

4 - 7 $y = 0.05\cos(7t + 0.64)$ m.

4 - 8 $2\pi\sqrt{\dfrac{2ML}{3(Mg + 2kL)}}$.

4 - 9 (1) $x = 0.05\cos(6t)$ m; (2) -0.26 m/s;
(3) $x = 0.07\cos\left(6t - \dfrac{\pi}{4}\right)$ m.

4 - 10 (1) 3.0 m/s; (2) -1.5 N.

4 - 11 $x = \dfrac{A}{2}\cos\left(\dfrac{2\pi}{T}t + \dfrac{\pi}{2}\right)$.

4 - 12 $x = 0.05\cos\left(\omega t - \dfrac{\pi}{12}\right)$ m.

4 - 13 5.5 Hz, 1 Hz.

4 - 14 802 Hz.

4 - 15 26.8 m/s.

习题 5

5 - 1 0.5 m.

5 - 2 $\dfrac{\pi}{3}$.

5 - 3 $y = A\cos\left(\omega t + \dfrac{2\pi x}{\lambda} + \varphi - \dfrac{2\pi x_0}{\lambda}\right)$.

5 - 4 (1) $y = 0.1\cos(4\pi t - \pi)$ m;
(2) -1.26 m/s.

5 - 5 (1) $y = 0.04\cos\left(0.4\pi t - 5\pi x - \dfrac{\pi}{2}\right)$ m;
(2) $y_P = 0.04\cos\left(0.4\pi t + \dfrac{\pi}{2}\right)$ m.

5 - 6 (1) $y = 0.06\cos(\pi t - \pi)$ m;
(2) $y = 0.06\cos\left(\pi t - \dfrac{\pi x}{2} - \pi\right)$ m;
(3) 4 m.

5 - 7 π.

5 - 8 $y = \sqrt{2}A\cos\left(\omega t - \dfrac{\pi}{4}\right)$.

5 - 9 π.

5 - 10 $2L$.

5 - 11 (1) $y_\lambda = A\cos\left(2\pi\nu t + \dfrac{2\pi x}{\lambda} + \dfrac{\pi}{2}\right)$;
(2) $y = 2A\cos\left(\dfrac{2\pi x}{\lambda}\right)\cos\left(2\pi\nu t + \dfrac{\pi}{2}\right)$;
(3) $x = \dfrac{(2k+1)\lambda}{4}$ $(k = 0, 1, 2, \cdots)$.

5 - 12 (1) $y_{反} = A\cos\left(2\pi\nu t + \dfrac{2\pi x}{\lambda} + \varphi - \dfrac{4\pi L}{\lambda}\right)$;
(2) $y = 2A\cos\left(\dfrac{2\pi x}{\lambda} \pm \dfrac{\pi}{2} - \dfrac{2\pi L}{\lambda}\right)$
$\cdot\cos\left(2\pi\nu t \pm \dfrac{\pi}{2} + \varphi - \dfrac{2\pi L}{\lambda}\right)$.

5 - 13 698.6 Hz.

5 - 14 $\nu' = \dfrac{u - v_R}{u}\nu$.

习题 6

6 - 1 (1) 550 nm; (2) 1.5 mm.

6－2 (1) 0.11 m；(2) 7.

6－3 1.75×10^{-5} m.

6－4 0.72 mm, 3.6 mm.

6－5 $\arcsin \dfrac{\lambda}{2h}$.

6－6 428.6 nm, 600 nm.

6－7 正面：404.3 nm 以及 673.9 nm 相长干涉，因此呈紫红色；反面：505.4 nm 相长干涉，因此呈绿色.

6－8 789.5 nm.

6－9 100 nm.

6－10 8″.

6－11 1.7×10^{-4} rad.

6－12 (1) 明暗相间的直条纹；
(2) 1.69×10^{-6} m.

6－13 4.0×10^{-6} m.

6－14 1.22.

6－15 $\dfrac{R}{2}(k\lambda - 2e_0)$ $(k = 0,1,2,\cdots)$.

6－16 $\dfrac{r_k^2 R_1}{r_k^2 - R_1 k\lambda}$.

6－17 (1) 1.2 μm；
(2) 0,250 nm,500 nm,750 nm,1 000 nm；
(3) 条纹变密.

6－18 629.0 nm.

6－19 0.589 mm.

6－20 400 mm.

6－21 (1) 5.0 mm, 5.0×10^{-3} rad；
(2) 3.76×10^{-3} rad.

6－22 0.3 mm 或 1 μm.

6－23 (1) $\lambda_1 = 2\lambda_2$；
(2) 当 $k_2 = 2k_1$ 时，相应的暗纹重合.

6－24 (1) 600 nm；(2) 第 3 级明纹；
(3) 7 个半波带.

6－25 (1) 5×10^{-5} m；
(2) 有 $k = 0,\pm 1,\pm 2$ 的 5 个光栅衍射主极大.

6－26 0.043°.

6－27 3.

6－28 5.

6－29 (1) 6 cm；(2) 0.35 m.

6－30 (1) 2.4×10^{-4} cm；(2) 0.8×10^{-4} cm；
(3) 实际呈现 $k = 0,\pm 1,\pm 2$ 级明纹,共 5 条明纹.

6－31 (1) 690 nm,460 nm；(2) 55.9°；
(3) 11.9°,38.4°.

6－32 3 个,1 级光谱.

6－33 1 822.

6－34 9.84 km.

6－35 2.24 m.

6－36 0.13 nm,0.197 nm.

6－37 2:1.

6－38 $2.25I_0$.

6－39 (1) 54°44′；(2) 35°16′.

6－40 (1) 45°；(2) 3:8；(3) 169:500.

6－41 30.2°.

6－42 1.60.

6－43 $n_1 = n_2 \cot \theta_b = n_3$.

6－44 48°10′,光路略.

习题 7

7－1 4.43×10^5 Pa.

7－2 6.11×10^{-5} m³.

7－3 9 天.

7－4 111.85 ℃.

7－5 202.5 K.

7－6 $\dfrac{p_0}{8} \ln 5$.

7－7 2.33×10^3 Pa.

7－8 $\dfrac{1}{4} A v_m^4$.

7－9 (1) 1.44×10^{10}；(2) 6.4×10^8；
(3) 54 m/s；(4) 80 m/s.

7－10 (1) 394 m/s,558 m/s；
(2) 0.21%,0.15%；
(3) 0.042%.

7－11 1:8.

7－12 $\sqrt{3p/\rho}$,3p/2.

7－13 3:5.

7－14 5:6.

7－15 1:1:1.

223

7 - 16 $\dfrac{5}{2}pV,\sqrt{\dfrac{8RT}{\pi M}}.$

7 - 17 $\dfrac{pVM}{2N_A m}.$

7 - 18   (1) $\dfrac{3}{2}p_0 V_0, \dfrac{5}{2}p_0 V_0$;   (2) $\dfrac{8p_0 V_0}{13R}.$

7 - 19   (1) $1.67:1$;

         (2) 5.5×10^{-7} m, 8.56×10^8 s^{-1}.

习题 8

8 - 1   (1) 8.23×10^{-2} m^3;   (2) 3.3×10^{-2} kg.

8 - 2 $1\,246.5$ J, $4\,362.8$ J.

8 - 3   (1) 405.2 J;   (2) 0;   (3) 405.2 J.

8 - 4   (1) 1.56 g, 3.64 g;   (2) $1\,100$ J.

8 - 5   吸热，$2R\beta(V_2^2 - V_1^2)$.

8 - 6 $a^2\left(\dfrac{1}{V_1} - \dfrac{1}{V_2}\right), V_2:V_1.$

8 - 7 4.97×10^3 J.

8 - 8 1.5×10^6 J.

8 - 9   (1) $1\,875.6$ J;   (2) $2\,870.3$ J.

8 - 10 $\dfrac{5mgH}{2N}.$

8 - 11 $\dfrac{(p_1 + p_2)(V_2 - V_1)}{2}$,

         $\dfrac{5}{2}(p_2 V_2 + p_1 V_1) - \dfrac{1}{2}(p_1 + p_2)(V_2 - V_1).$

8 - 12 $2.5R.$

8 - 13   (1) $2\,000$ J, 0, $2\,000$ J;

         (2) $T_{\max} = 241$ K, $V = 20$ L.

8 - 14   (1) 29.4%;   (2) 425 K.

8 - 15 $\eta_2 < \eta_1.$

8 - 16 $a \to b$ 过程：5×10^3 J，

         $b \to c$ 过程：-3×10^3 J，

         $c \to a$ 过程：$-2\ln 2 \times 10^3$ J，

         效率为 12%.

8 - 17 140 J.

8 - 18 6.26×10^7 J.